냉동 및 공기조화

제2판

오정모 · 조대환 지음

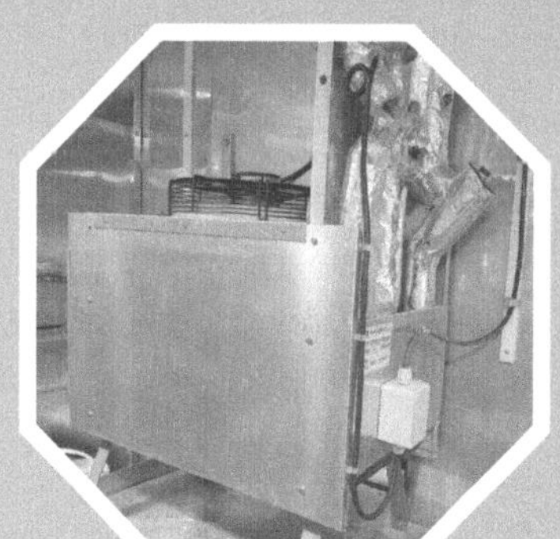

GS인터비전

차례

1편 냉동공학

2편 공기조화

1

냉동의 개요

1편 냉동공학

1.1 냉동의 역사

오래전부터 인류는 생활의 지혜를 통하여 식품저장을 위해 자연현상을 이용하고 있다. 겨울철의 얼음을 얼음 창고에 보관하여 이용하는 석빙고, 중동의 건조한 지역에서 증발잠열을 이용하여 물을 저장하는 토기 또는 물항아리 등이 있었다.

냉동기의 역사적 발달과정에서 기계적인 일에 의하여 얼음이나 저온의 물을 얻었던 것은 비교적 최근의 일로서 1755년 William Callen이 배기펌프를 이용하여 진공 속에서 물을 증발시켜 저온의 물을 얻었던 것이 기계식 냉동기의 효시였다.

그 후 1834년 Jacob Perkins(미)가 압축식 냉동기의 시초인 에테르(Ether) 밀폐사이클 압축식 냉동기를 고안하였으며, 1859년 James Harrison(호주)이 증기엔진 구동식 에테르 냉동기를 완성시켰다.

1849년 John Corrie(미)가 공기압축식 밀폐사이클 냉동기를 고안하였고, 1855년~1860년 Ferdinand Carré(프)는 흡수식 냉동기를 설계하였으며, **암모니아**식 흡수냉동기가 1862년에 Mignon과 Rouart에 의하여 공업화 되었다. 1823년에 Michael Farady(영)에 의하여 암모니아 가스압축식 냉동기의 원리가 발표되었고, 1872년 David Boyle(미)에 의하여 완성되었으며, 1873년 Carl von Linde(독)가 공업화에 성공하였다.

이 **암모니아 가스압축식 냉동기**는 매우 우수한 특성을 가지고 있어 프레온 압축식 냉동기가 출현하기 이전까지 오랫동안 사용되어왔다. 그 후, 1902년에 증기분사식 냉동기, 1918년에 가정용 전기냉장고, 1921년에 원심식 터보냉동기가 차례로 개발되었다.

1930년에 Thomas Midgley(미)가 새로운 냉매로 유기화합물(CFC계 냉매)이란 유명한 연구보고서를 발표하였으며, 이에 따라 Willis Haviland **Carrier**(미)는 R-11(CCl_3F, 삼영화불화탄소)를 사용한 냉동기를 개발함으로써 프레온가스 냉동기 계의 제1보를 내딛게 되었다. **프레온계 냉매**의 개발은 암모니아 가스압축식 냉동기의 퇴조를 가져왔으며 그들이 갖는 우수한 **열역학적, 화학적 특성**과 **안정성** 때문에 지난 반세기 동안 냉동, 냉장, 공기조화 분야 등에 다양하게 응용되어왔다.

그러나 기존에 사용되고 있던 **CFC계 냉매가 지구의 오존층을 파괴**한다는 사실이 밝혀지면서 지구온난화 문제가 가속화되었다. 이후 이미 설치되어 있는 냉동기(압축기)를 활용하면서 에너지 효율이 높고 환경을 파괴하지 않는 낮은 **ODP**(Ozone Depletion Potential), **GWP**(Global Warming Potential)를 갖는 친환경 대체냉매 개발이 활발히 이루어지고 있다.

최근 유럽에서는 공장의 폐열을 이용할 수 있고 지구온난화와 오존층 붕괴에 영향을 미치지 않는 리튬브로마이드 수용액($LiBr-H_2O$) 흡수식 냉동기가 공기조화 분야에 많이 채용되고 있다.

1.2 냉동의 응용

냉동(冷凍, Refrigeration) 이란 자연계에 존재하는 고체, 액체, 기체 등의 물체로부터 열을 제거하여 주위의 온도보다 낮은 온도로 유지하는 것을 말하며 유사한 말로 냉각, 냉장이라는 것이 있다. 냉각은 주위보다 높은 온도의 물질을 주위의 온도까지 낮추는 것을 말하며 냉장이란 식품을 얼지 않을 정도의 온도로 저장하는 것을 말한다.

이와 같은 저온의 이용에는 옛날에는 눈, 얼음, 온도가 낮은 동굴의 냉기를 이용한 식품의 저장 등이 이용되었다. 보통 냉동이란 빙점 이하로 내리는 것을 말한다.

어떤 장소 또는 특정 장소를 주위의 온도보다 낮은 저온을 유지하기 위하여 사용하는 기계를 **냉동기(Refrigerator)**라고 하며, 냉동기 내를 순환하면서 냉동에 사용되는 매개체인 작동유체(working fluid)를 **냉매(Refrigerant)**라고 한다.

냉동장치가 이용되고 있는 분야는 다음과 같다.

- **제강공장** : 공장 전체를 냉각시킨다는 것은 불가능하므로 작업자가 있는 부분만 국부적으로 냉각시킨다.
- **환경실험실** : 낮은 온도에서의 엔진실험은 영하 40℃가 유지되어야 한다.
- **인쇄** : 종이에 정교하게 인쇄하려면 적정한 습도를 유지하여야 한다. 그렇지 않으면 정전기에 의하여 종이가 구겨지거나 접히게 되며 잉크가 마르지 않는 등의 결점이 생긴다.

- **방적** : 섬유는 습도변화에 민감하며 온도변화에는 둔한 편이다. 섬유의 굴곡성과 강도 등이 개선되고 정전기 발생을 방지하기 위하여 이용된다.
- **정밀부품** : 정밀부품 가공실의 공기조화는 다음의 3조건이 요구된다. 즉 금속의 팽창과 수축을 방지하기 위하여 일정 온도를 유지하고 녹이 슬지 않도록 습도를 줄이며 분진을 최소화하도록 공기를 여과시키는 것이다. 특히 반도체 제조 공정에서 청결실이 운영된다.
- **사진제품** : 사진 재료의 원료는 고온·다습한 환경에서는 재질이 급속히 나빠지므로 필름에 도포된 재료는 세심한 온도조절이 요구된다.

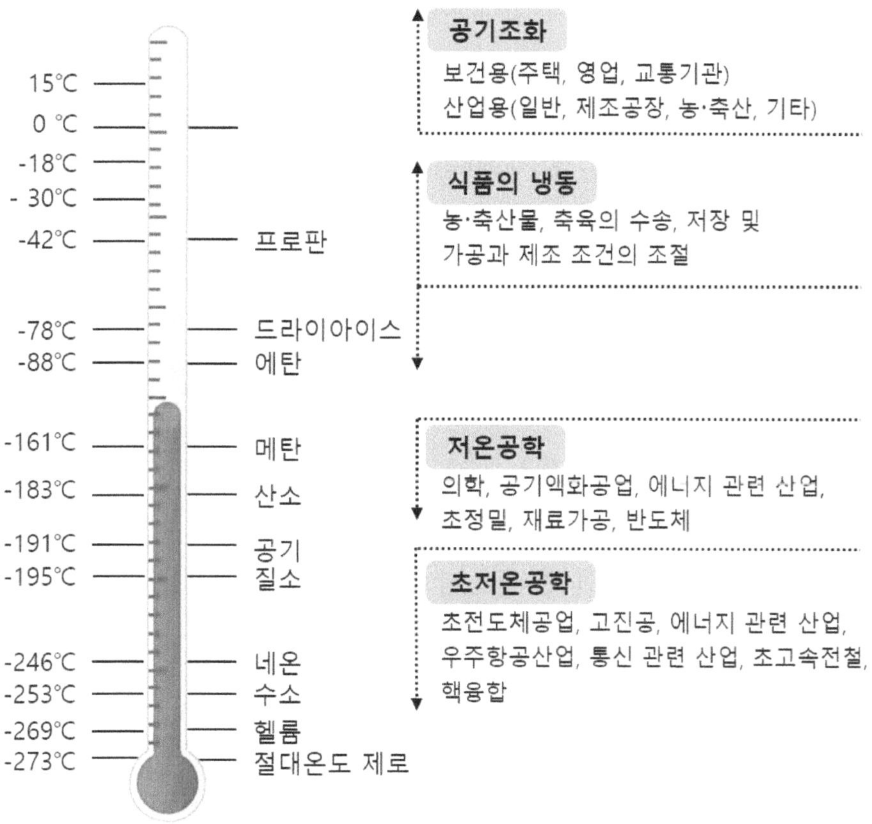

그림 1-1 기체의 비등점과 냉동의 이용영역

- **전산실** : 전산실의 공기조화는 온도, 습도, 청정도 등이 조절되어야 한다.
- **차량용 공기조화** : 승용차, 버스, 트럭, 크레인, 항공기, 선박 등의 공기조화에 응용된다.
- **식품저장 및 수송** : 유류, 어류, 과일, 채소 등의 유통과 저장 시 신선도 유지를 위하여 냉동장치가 이용된다.
- **낙농제품** : 우유, 아이스크림, 치즈 등의 제조 및 저장에 이용된다. 저온살균 우유는 약 73℃의 온도로 가열한 다음 20초 정도 유지시킨다. 그 후 3~4℃ 정도로 냉각시켜 보관하게 된다.
- **청량음료** : 과일, 주스, 맥주, 포도주와 같은 농축된 청량음료 제품은 냉장이 필수적으로 요구되며 차게 함으로써 맛을 훨씬 좋게 할 수 있다. 맥주 제조과정은 냉동에 의하여 8~12℃로 유지시킨 가운데 발효과정이 일어나게 하므로 전 제조과정에 응용되고 있다.
- **화학 및 제조산업** : 가스의 분리, 가스의 응축, 혼합물에서 한 물질을 고형화시켜 다른 물질로부터 분리, 용기를 저온으로 유지시켜 압력상승 방지, 반응열의 방지 등에 이용된다.
- **기타** : 식수대, 감습기, 제빙, 스케이트장, 건설, 해수의 탈염 등에 이용된다. 특히 건설 분야에서 콘크리트 덩치를 냉동시켜 양생 중의 화학반응열을 제거함으로써 콘크리트의 팽창과 응력 발생을 제어하는 목적으로 이용된다.

냉동과 관련된 용어는 다음과 같다.

- **냉장(冷藏)** : 음식물이나 약품 등을 차갑게 보관하는 것이다.
- **냉방(冷房)** : 일정 공간의 내부를 시원하게 유지시키는 것이다.
- **냉각(冷却)** : 더운 것을 차갑게 식히는 것(cooling)이며, 냉각기(cooler)와 같은 기기가 있다.
- **동결(凍結)** : 물이나 식료품 등을 얼리는 것(freezing)이며, 동결기(freezer)와 같은 기기가 있다. 좁은 의미의 냉동이다.

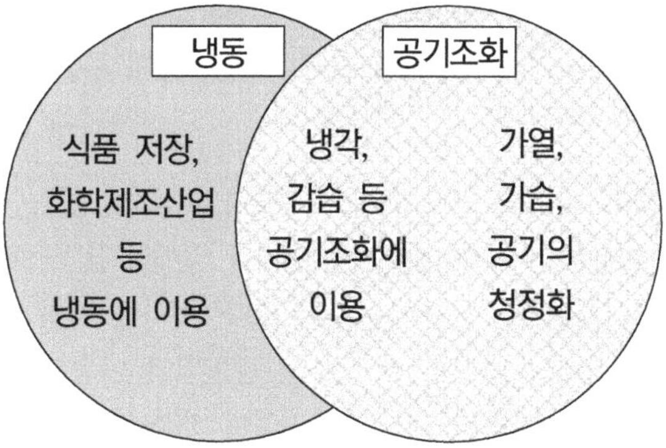

그림 1-2 냉동과 공기조화와의 관계

1.3 냉동의 방법과 종류

주위의 온도보다 낮은 온도를 얻는 방법을 대별하면 융해, 승화, 증발 등의 물리적 현상에 의한 흡열작용을 이용하는 것과 기계적인 일이나 열에너지를 소비해서 저온 물체로부터 열을 흡수하여 고온영역에 열을 방출하는 것이 있다. 전자를 **자연 냉동**, 후자를 **기계 냉동**이라 한다. 여러 가지 기계적 냉동법 중 냉매의 증발열이 이용하기 쉬우며 효과도 크므로 현재는 **증기압축식 냉동법**이 육상과 해상에 관계없이 가장 널리 사용되고 있다.

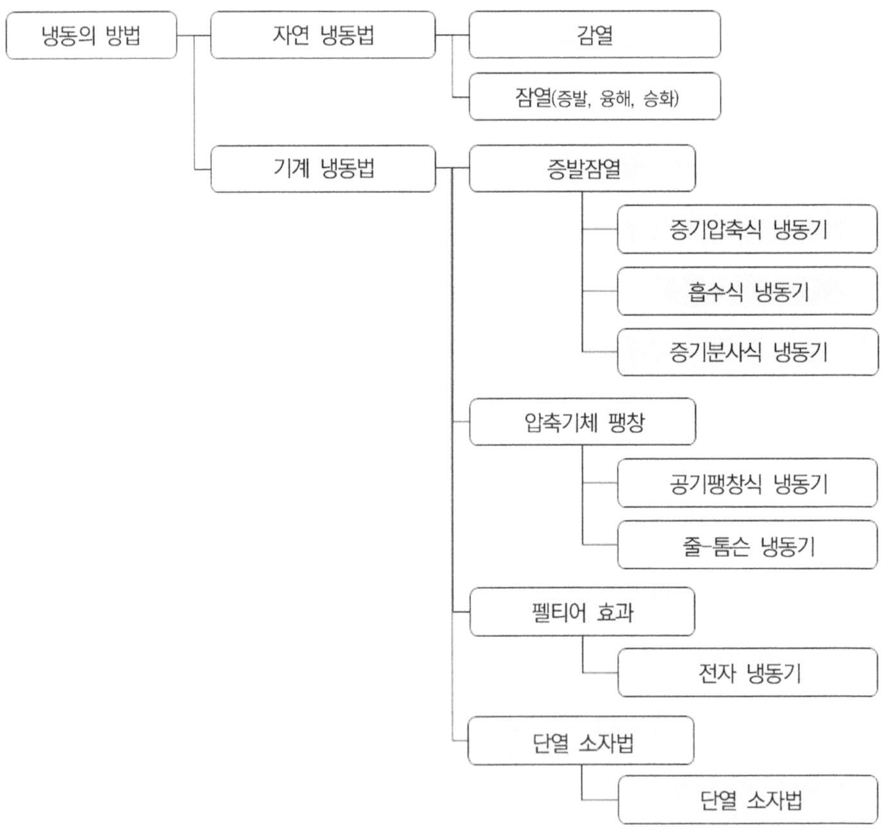

그림 1-3 냉동의 방법과 종류

1.3.1 자연 냉동법

자연의 물리적인 현상을 이용한 자연 냉동법은 저온을 얻는데 기계적인 에너지원을 필요하지 않으나 연속적인 냉동효과를 얻을 수 없고, 온도조절이 곤란하며, 다량의 물품을 냉각하기 곤란하여 비경제적이기 때문에 비교적 소량의 냉동에 이용된다.

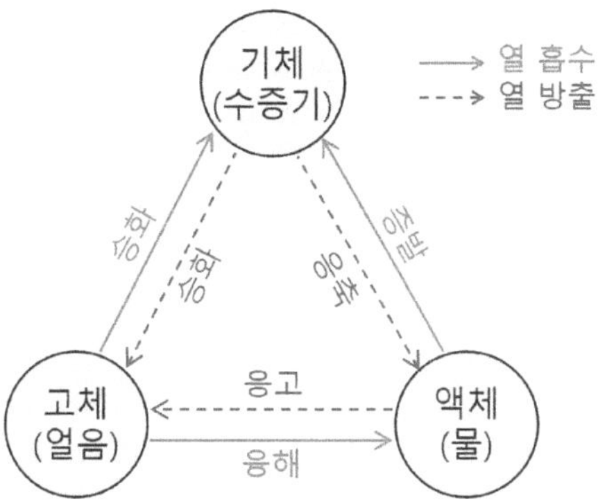

그림 1-4 물질의 상(相, phase) 변화

(1) 융해(fusion) 잠열을 이용하는 방법

주로 얼음이 이용되는데 얼음이 융해하여 물이 될 때 온도 0℃에서 79.7 $kcal/kgf$의 열을 흡수하는 현상을 이용한 것이다.

(2) 승화(sublimation) 잠열을 이용하는 방법

고체 이산화탄소(dry ice)는 탄산가스가 응고한 것으로 고체에서 직접 기체로 변화한다. 즉, 대기압 하에서는 승화할 때 -78.5℃에서 승화잠열로서 137 $kcal/kgf$의 열을 흡수한다. 이것은 얼음에 비하여 냉동능력이 크고 저온을 얻을 수 있으므로 식품의 동결, 저온에서의 화학반응을 촉진시키는 냉각제로 널리 이용된다. 그러나 기화한 탄산가스를 제거하여 신선한 공기로 환기시켜 주어야 한다.

(3) 증발(evaporation) 잠열을 이용하는 방법

건조한 공기에 접촉된 물은 그 표면에서 증발하면서 열을 흡수하게 되며 물과 공기의 접촉 면적이 클수록 그 효과는 크게 된다. 즉, 액화가스가 증발할 때 증발열이 흡수되는 현상을 이용하여 저온을 얻는 방법이다. 물의 증발잠열은 539 $kcal/kgf$ 이다.

그리고 액화질소는 약 -196℃의 저온에서 약 48 $kcal/kg$의 증발잠열을 흡수하며, 이를 이용하여 급속 동결장치나 식품수송 냉동차 등에 이용되고 있다. 액체질소를 살포하여 식품을 급속 동결시키는 경우 기계 냉동법으로 5~10시간이나 걸렸던 냉동시간이 불과 10분이면 가능하므로 식품의 신선도 유지나 작업의 능률화가 얻어지는 이점이 있다.

(4) 기한제를 이용하는 방법

얼음이 융해할 때의 온도는 0℃이나 얼음을 작게 깨뜨려서 소금을 가하면 -18℃ ~ -20℃의 저온으로 된다. 이와 같이 두 종류의 물질을 혼합하면 단독으로 사용할 때 보다 저온을 이용할 수 있다. 이러한 혼합물을 기한제라고 하며 소규모의 냉각제로서 사용된다.

얼음(또는 눈)과 염류(또는 산류)와는 혼합속도가 빨라 융해열을 미처 주위로부터 흡수하지 못하고 스스로의 열량으로 소비하게 되어 저온이 된다. 기한제의 종류와 이로부터 얻을 수 있는 온도를 표 1-1에 나타냈다.

<표 1-1> 기한제의 종류

기한제	중량비	얻을 수 있는 온도
눈 + 얼음	2 : 1	-20℃
눈 + 회염산	8 : 5	-32℃
눈 + 염화칼슘	4 : 5	-40℃
눈 + 탄산칼슘	3 : 4	-45℃

1.3.2 기계적 냉동법

기계적 냉동법은 공업과 상업적인 면에서 널리 채용되는 냉동법으로 전력, 증기, 연료 등의 에너지를 소비하여 냉동효과를 얻는 방법으로 다음과 같은 것이 있다.

(1) 증기압축식 냉동법(Vapor refrigeration)

이 방법은 오늘날 육상이나 해상을 불문하고 가장 널리 채용되고 있는 냉동 방법이다.

대기압에 가까운 압력에서 용이하게 증발하는 작동유체(냉매)의 증발과 액화(응축)를 반복시킴으로써 냉동 목적을 달성하는 것이다. 이와 같이 증발과 응축을 연속적으로 반복하여 냉동 작용을 행하는 사이클을 냉동사이클이라 한다. 이 장치의 개요를 그림 1-5에 나타냈으며 **압축기**, **응축기**, **팽창밸브**, **증발기**가 주요 구성요소 4가지이다.

증발기 내에서 흡열작용에 의하여 기화된 냉매가스는 기계적인 일에 의하여 압축기 내에서 고온고압의 가스로 변한다. 이 가스를 응축기에서 물 또는 공기로 냉각하면 응축하여 액체로 된다. 응축된 냉매액체는 팽창밸브를 거쳐 증발기에 보내면 증발하여 흡열작용이 되풀이 된다.

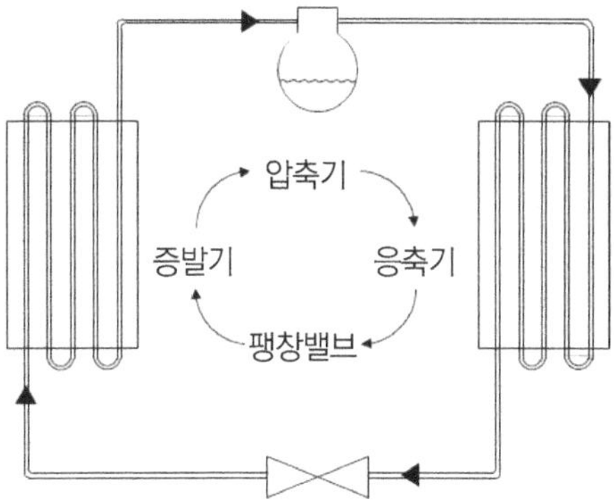

그림 1-5 증기압축식 냉동기

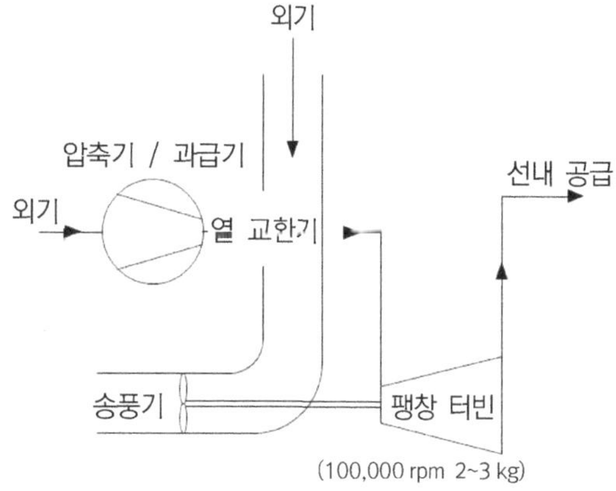

그림 1-6 공기압축식 냉동기

(2) 공기압축식 냉동법(Air refrigeration)

공기를 냉매로 하는 냉동기이며 공기사이클(기체) 냉동기라고 한다. 공기를 압축하면 고온으로 되고 팽창하면 저온으로 되는 성질을 이용하여 우선 공기를 압축하여 상온까지 냉각시킨 다음 다시 단열 팽창시키면 저온의 공기를 얻을 수 있다. 이 저온의 공기를 이용하여 냉동작용을 행하는 것이 공기압축 냉동법이다.

-150℃ 이하의 극저온으로 만드는 경우 효율이 다른 방법에 비하여 양호하므로 200 kgf/cm^2정도로 압축한 공기를 냉각한 후, 팽창기나 팽창밸브로 팽창시켜 비등점이 매우 낮은 액체공기(산소 -182.9℃, 질소 -196℃)를 만드는 목적에 이용된다. 또한, 소용량의 메탄을 액화(-164℃)하는데 유리한 사이클이다.

(3) 증기분사식 냉동법(Steam jet refrigeration)

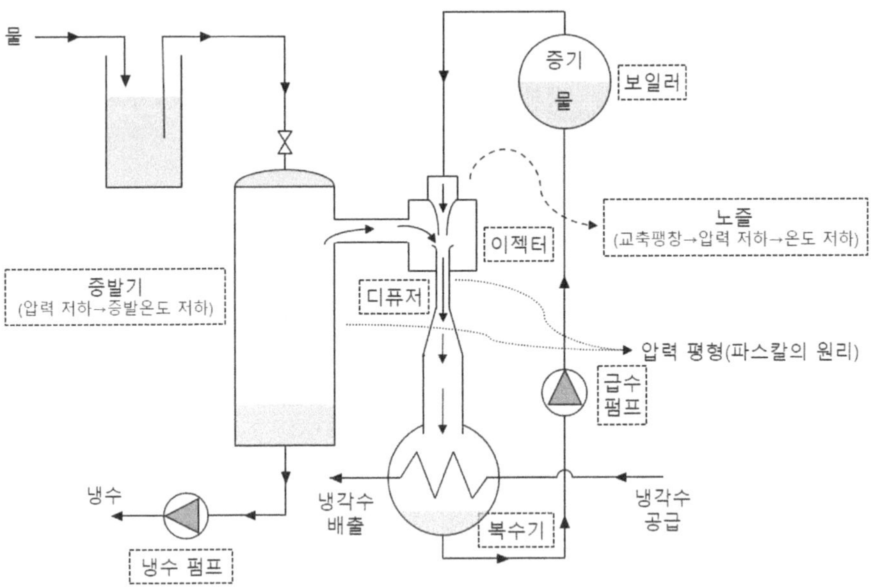

그림 1-7 증기분사식 냉동기

밀폐 용기 내에 물과 공기를 넣고 공기를 진공펌프로 배제하면 용기 내의 압력이 저하하면서 물의 일부는 증발되며, 이때 잠열을 흡수하여 나머지 물이 저온으로 되며 이 냉수를 냉동에 이용하게 된다.

대규모 냉동장치에서는 진공펌프의 동력이 과대해지기 때문에 증기 이젝터(steam ejector)가 이용된다. 고온·고압의 증기를 증기 이젝터(steam ejector)를 통하여 고속으로 분출시키면, 증발기 내부의 압력이 저하되면서 일부분의 물은 증발되고 나머지 물은 증발잠열을 빼앗겨 냉각되며, 이때 냉각된 냉수로 냉동을 수행하는 원리이다. 증기분사 냉동법은 사용 냉매가 쉽게 구할 수 있는 물(water)이고, 위와 같이 증기분사 에너지를 이용하여 냉동을 행하는 장치이다.

압축기가 없으므로 제작비가 저렴한 장점이 있으나, 성적계수가 0.25이하로 매우 낮다. 폐열을 이용하는 선박의 냉방용으로 사용된다.

(4) 흡수식 냉동법(Absorption refrigeration)

그림과 같이 용기(A) 속에 물을 넣고 용기 내의 압력을 대기압 이하로 내리면 용기 내의 물이 증발하게 되며 나머지 물은 증발열을 빼앗겨 온도가 내려가게 된다.

그러나 한정된 크기의 용기 내에서는 증발에 의하여 수증기가 곧 충만되어 버린다. 그러므로 연속적으로 물을 냉각시키기 위해서는 별도의 용기(B) 내에 수분의 흡수능력이 큰 리튬브로마이드(LiBr) 수용액을 넣고, 이 두 용기를 배관으로 연결하면 용기(B)의 LiBr 용액이 용기(A)에서 증발한 수증기를 흡수하게 되므로 연속적인 증발이 가능해져 물이 냉각된다.

그러나 이번에는 LiBr 용액이 희석되어 점차 물의 흡수능력이 저하되므로 물의 냉각작용이 멈춰지게 된다. 그러므로 희석된 LiBr 수용액을 빼내어 가열하게 되면, 수분은 증발되고 LiBr 수용액이 농축되므로 다시 사용할 수 있게 된다. 이와 같이 흡수작용을 이용한 냉동기를 흡수식 냉동기라 한다. 현재는 흡수제와 냉매로 LiBr-물(Libr/H_2O)과 물-암모니아(H_2O/NH_3)가 널리 이용되고 있다.

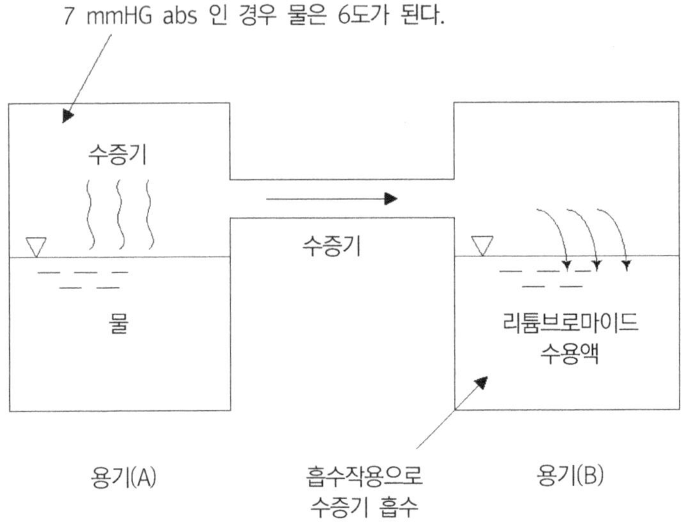

그림 1-8 흡수식 냉동법의 원리

흡수제는 온도가 낮을수록 수증기를 잘 흡수하고 온도가 높아지면 수증기와 분리된다. 흡수식 냉동기에서 증발과 응축을 반복하는 것은 냉매(물)이고 흡수액(리튬브로마이드 용액)은 증발해서는 안된다. 즉, 흡수액의 증발압이 높은 경우 증발이 쉽게 일어나므로 곤란하게 된다.

LiBr-물(Libr/H_2O) 흡수식 냉동기는 대형 공기조화 장치에 유용하며, 전력소비가 적어 기계식에 비하여 작고 폐열을 이용할 수 있다는 장점 때문에 수요가 꾸준히 증가되고 있다.

흡수식 냉동기는 압축기가 없으므로 운전 시 소음과 진동이 없고 운전비용이 낮은 장점이 있으나, 장치가 커지므로 설치공간 및 설치비용이 높은 단점이 있다.

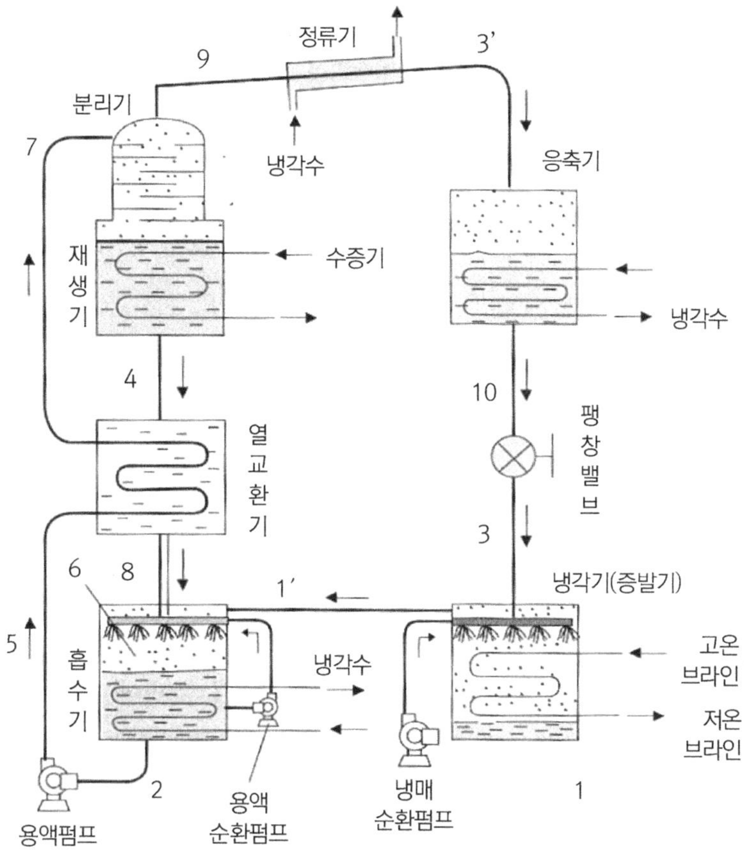

그림 1-9 흡수식 냉동장치의 개략도

(5) 열전 냉동법(Thermoelectric refrigeration)

종류가 서로 다른 금속을 링 모양으로 접속하여 전류를 흐르게 하면 한쪽의 접합점은 고온으로 되고 다른 접합점은 저온으로 된다. 이와 같은 열전효과를 **펠티어 효과(Peltier effect)**라 하는데, 이 방법을 이용하여 냉동 작용을 하는 것이 전자 냉동법(Electronic refrigeration) 또는 열전 냉동법(Thermoelectric refrigeration)이다.

열전 냉동법의 문제점은 고온과 저온 접합점 사이에 열전도에 의하여 유효한 냉각작용이 이루어지기 힘들다는 점이다. 최근 반도체기술의 발달로 전기적으로 양도체이면서 열의 불량도체가 되는 금속이 개발되면서 일부는 실용화가 추진되고 있다. 이 중 냉동효과가 큰 것을 냉동용 열전반도체라 하고, 비스무스(Bi)-텔루륨(Te)(비스무스텔루라이드), 비스무스(Bi)-텔루륨(Te)-안티몬(Sb), 비스무스(Bi)-텔루륨(Te)-란티넘(La) 등이 있으며, 주로 비스무스텔루라이드(Bi-Te)가 일반적으로 사용된다. 열전 냉동법은 그림과 같이 p형과 n형의 열전반도체를 금속편으로 접합한 p-n 접합대를 기본단위로 한 것이며, 이 단위를 필요한 수만큼 조합시켜 소요냉동능력을 얻는다.

열전 냉동기의 장점

① 열전소자의 수명이 반영구적이다.
② 압축기와 같은 운전 부분이 없으므로 소음, 진동 및 마모가 없다.
③ 냉매가 필요 없으므로 냉매에 의한 폭발의 위험도 없다.

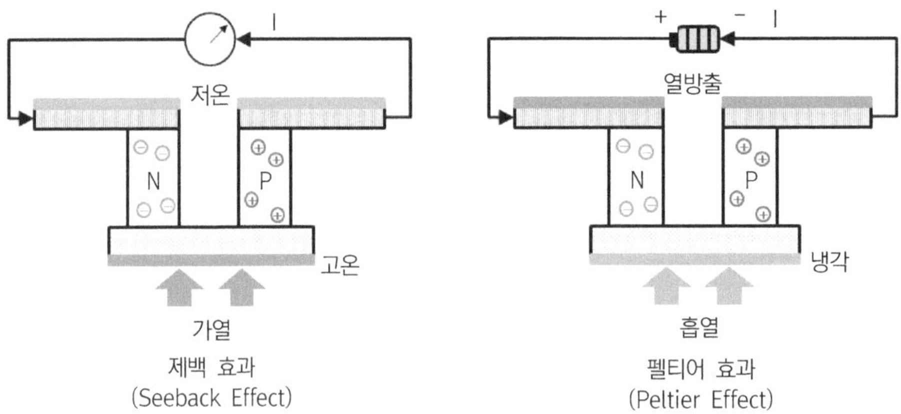

그림 1-10 열전 발전법(제백 효과)과 열전 냉동법(펠티어 효과)

④ 냉매 배관 등이 필요 없다.

⑤ 냉동능력은 전류량을 제어함으로써 간단히 바꿀 수 있다.

⑥ 소형, 경량화가 가능하다.

소형으로 고사양 PC의 CPU cooler, 소형 냉장고(차량용 냉장고)에 상용화되고 있으나 가격과 전력 소비 문제로 대형화는 아직 시작단계이고, 폐열회수 분야, 차량용 에어컨 등에 적용성을 검토하고 있으며, 가까운 장래에는 열전소자의 개발로 저렴하고 효율적인 열전 냉장고와 냉방장치가 보급될 수 있을 것이다.

(6) 진공 냉각법(Vacuum cooling)

증기 이젝터(steam ejector)를 이용하여 냉각작용을 얻는 방법이다.

예를 들어 진공용기 내에 수분이 많은 물질을 넣고 용기 내를 이젝터(ejector)를 이용하여 진공으로 하면 수분은 증발하면서 물질 자체는 냉각하게 된다. 밀폐 용기 내에 비교적 수분이 많이 함유된 양배추 등의 엽채류(leaf vegetable, 잎을 식용하는 채소)를 넣고 용기 내의 압력을 $4.6 mmHg abs$ 진공으로 유지하면 20~30분 후에 상온에서 0℃ 부근까지 냉각된다.

엽채류 속의 수분 1g은 1atm 하에서는 1cc이지만 $4.6 mmHg abs$에서는 약 200,000cc가 되므로 이를 제거하기 위해서는 매우 큰 용량의 진공펌프가 필요하기 때문에 비경제적으로 된다. 그러므로 증발된 수분이 진공펌프로 가기 전에 냉동장치를 이용하여 수분을 응결시켜 주면 진공펌프의 용량은 적어도 된다. 그러나 이 때문에 냉동장치가 필요하게 된다.

이와 같은 장치를 **콜드 트랩(Cold Trap)**이라 한다. 여기서 냉각 코일의 온도는 -10℃ 정도이고, 보통 플레이트 핀 튜브(Plate finned tube) 냉각기가 쓰이고 있다. 이러한 진공 냉각법의 특수한 이용방법으로는 식품의 건조 및 저장 또는 분말화를 위한 진공동결 건조장치가 있다.

(7) 단열 소자법(자기 소거법)(Adiabatic demagnetization)

자장 내에서 상자성체(Cd_2SO_4, 철알루미나, 크롬알루미나 등)의 분자배열을 이용한 것으로 절대온도 $0K$(-273℃)의 극저온을 얻는 유일한 방법이다. 상자성체는 자장 안에 두었을 때, 자장과 같은 방향으로 자성을 띠는 물질을 말한다.

극저온을 얻는 방법은 다음과 같다.

① 상자성염(예를 들면 Cd_2SO_4)을 $5K$ 이하로 냉각할 수 있는 저비등점($4.21K$)의 헬륨(He)으로 둘러 싼다.
② 상자성염에 자장을 갖게 하면 분자배열이 일렬로 정렬되므로 열이 발생된다. 이 발생된 열은 바로 He이 증발하면서 제거된다.
③ 그 후 He을 제거하고 상자성염을 단열한다.
④ 갑자기 자장을 없애면 분자배열이 흐트러지며, 이 때문에 에너지를 필요하게 되므로 상자성염 자신은 $0K$ 가까이 온도가 저하한다.

이와 같이하여 $0K$ 가까운 극저온을 얻게 된다. 이를 T-S 선도로 설명하면 다음과 같다.

그림 1-11에서 상태 A의 상자성체에 강한 자기장을 걸면 스핀(spin)이 자기장 방향으로 정렬하게 됨으로써 같은 온도에서 엔트로피는 감소되어 상태 B에 이르게 된다. 이 상태를 등온자화과정(等溫磁化過程, isothermal magnetization process)이라 한다. 상태 B에서 열을 차단하고 자기장을 갑자기 제거하면 엔트로피는 변하지 않으므로 상자성체는 상태 C로 되어 온도는 T_2 저하하게 된다. 이 방법은 기체를 압축시켜 엔트로피를 감소시킨 다음 단열팽창시켜 온도를 낮추는 방법과 같은 원리이다.

단열 소자법(adiabatic demagnetization)으로 실현 가능한 온도는 $10^{-3}K$이지만 핵스핀을 이용하면 $10^{-5}K$까지 내릴 수 있다.

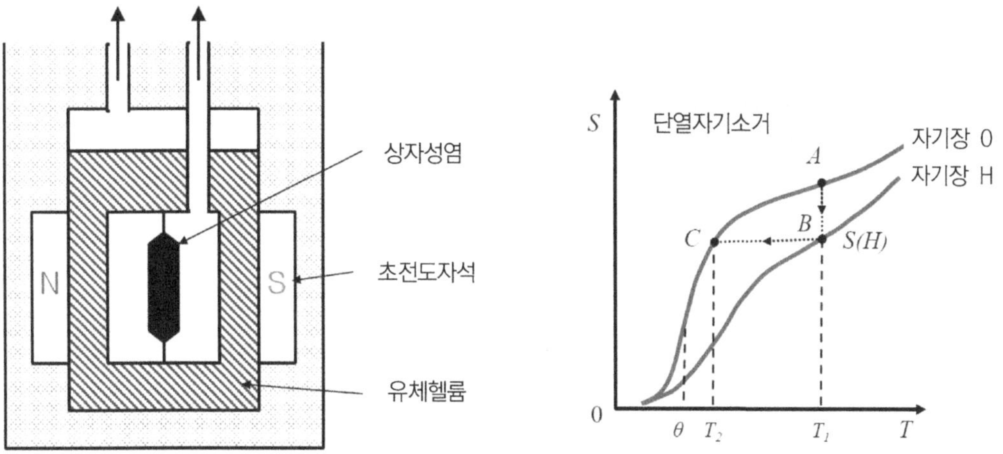

그림 1-11 단열 소자법

1.4 기체의 액화

1.4.1 공기

William Thomson과 James Prescott Joule이 1853년에 발표한 것으로 압축 기체를 가는 구멍을 통하여 팽창시키면 교축작용에 의하여 온도가 저하하게 된다는 사실을 실험을 통하여 확인하였으며, 이를 줄-톰슨 팽창(Joule-Thomson expansion) 또는 줄-켈빈 효과(Joule-Kelvin effect)라 하며, 기체의 액화에 많이 응용된다.

그림 1-12의 Linde법 공기액화기는 압축된 기체를 교축팽창시켜 공기 등을 액화시키는 장치로 1895년 독일의 Linde가 최초로 고안하였다. 압축기에서 압축된 고압의 공기를 냉각 및 교축시키면 온도가 강하하며, 이 과정을 되풀이하여 -195℃ 정도에서 공기를 액화시킬 수 있다.

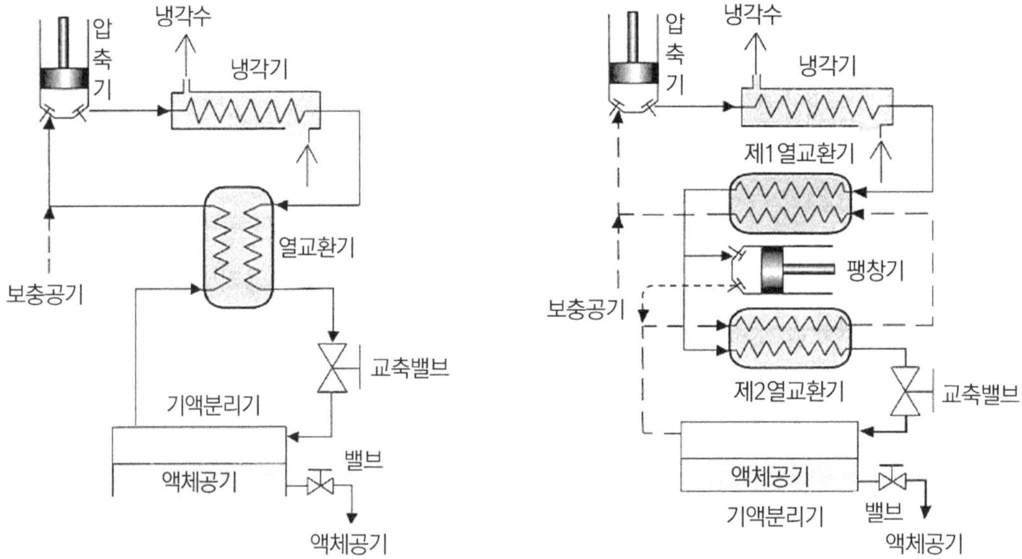

(a) Linde법(Hampson법)　　(b) Claude법

그림 1-12 압축기체의 팽창을 이용한 공기의 액화장치

(1) 산소(Oxygen)

산소(Oxygen)는 상온에서 두 산소원자가 이중결합하여 이원자 분자(O_2)로 존재한다. 산소는 색, 맛, 냄새가 없고 물에 조금 녹는 공기보다 무거운 기체이다. 지각의 49.2%, 바다의 88.9%를 구성하는 요소이며, 공기 중 전체 체적의 약 78%를 질소가 차지하고 산소는 21%를 차지한다. 비등점(끓는 온도)은 90.2K(-183℃)이다.

산소는 대부분 녹색식물의 광합성 작용에 의해서 만들어지며 공업적으로는 액체공기의 분별증류 또는 공기의 분별액화(分別液化) 방법이 널리 사용된다.

(2) 수소(Hydrogen)

수소(Hydrogen)는 대기와 지각의 구성 물질로 지구상에 풍부하며 주로 순수한 수소 기체 상태가 아닌 화합물 상태로 존재하는데, 물이나 기솔린·천연가스·프로판·메탄올과 같은 유기화합물로 발견된다. 비등점(끓는 온도)은 -252.8℃(20.28K)로 매우 낮다.

수소는 연소하기 쉬운 기체로 공기나 산소와 접촉하면 쉽게 불이 붙는다. 수소-공기 혼합 기체는 불꽃을 가하면 폭발적인 연소 반응을 보인다. 불이 붙는 발화 에너지가 작아 아주 미세한 정전기에도 쉽게 발화된다. 공업적으로는 보통 천연가스를 비롯한 탄화수소를 열분해하여 수소를 제조한다.

(3) 질소(Nitrogen)

질소(Nitrogen)는 지구의 대기의 약 78% 정도를 차지하고 있으며 지구 생명체의 구성 성분으로 상온에서 주로 이원자 분자(N_2)를 이루고 냄새, 색깔, 맛이 없는 기체상태로 존재한다. 비등점(끓는 온도)은 -196 atm℃이다.

제조법은 공업적으로는 공기를 압축시켜 액화시킨 다음 액체 공기로부터 끓는점 차이에 의한 분별 증류법으로 얻을 수 있다. 이것은 액체 공기의 온도를 서서히 높여 주면 질소가 -196℃에서 산소(끓는점 -183℃)보다 먼저 기화되어 나오므로 산소와 분리할 수 있다. 질소의 액화 방법으로 린데법(Linde), 클로드법(Claude), 헤이랜드법(Heyland)이 있다.

클로드법 : 클로드식 질소 분리 장치를 이용하는 방법이다. 줄-톰슨 효과를 이용하여 상온, 200기압의 공기를 만들고 이를 팽창기를 이용하여 대기압까지 단열 팽창시켜 그 온도 저하에 의해 공기를 액화하고 이것을 분별 증류하는 방법이다.

1.4.2 LNG(Liquefied Natural Gas)

LNG(Liquefied Natural Gas)는 주성분이 메탄(CH_4)인 천연가스이며, LNG(액화천연가스)는 이를 액화시킨 것이다. 액화 방법으로 $1atm$ 상태에서 -162℃ 이하로 가스를 냉각시키든가, $46atm$ 이상의 압력에서 액체질소를 이용하여 -83℃ 이하로 냉각하여 액화시킨다. 천연가스가 액화되면 가스 상태일 때보다 부피는 1/600 정도로 줄어들기 때문에 가스의 이송과 저장에 매우 유리하다.

LNG의 대부분은 도시가스로 사용되고 있으며, 냄새가 전혀 없으므로 가정에서 사용 중 누출할 때의 위험을 예방하기 위하여 도시가스에 소량의 달걀 썩는 냄새가 나는 황화디메칠(CH_3-S-CH_3)이란 유황 화합물을 첨가한다. 특히 천연가스를 200~250atm으로 압축한 가스를 시내버스의 연료로 이용하기도 하는데 이를 CNG(Compressed Natural Gas)라고 한다.

1.4.3 LPG(Liquefied Petroleum Gas)

LPG(Liquefied Petroleum Gas)는 일반적으로 프로판가스(Liquefied propane gas)로 알려져 있다. 석유 채굴 시 유전에서 원유와 함께 나오는 천연가스 또는 원유를 정제할 때 나오는 탄화수소가스를 $1atm$에서 -200℃로 냉각시키든가, 혹은 상온 15℃에서 7~10atm으로 압축하여 액화시킨 연료이다.
LPG의 주성분은 프로판(C_3H_8)이며 발열량이 다른 연료에 비해 높고, $1atm$ 상태에서 약 -42℃ 이하로 가스를 냉각시키거나 상온에서 약 $7atm$으로 압력을 가하면 액화되고, 부피는 1/250로 줄어들어 저장과 운송에 편리하다. 프로판은 주로 취사용으로 사용된다.

LPG는 원래 무색 · 무취이나 질식, 화재, 환각의 위험성 때문에 쉽게 식별할 수 있는 냄새가 나는 메르캅탄을 첨가한다. 연소과정에서 산소 소모가 많아 밀폐된 공간에서의 사용이 위험하고, 흡입하게 되면 뇌의 산소공급 부족으로 환각 현상을 유발한다.

1.4.4 부탄(Butane)

부탄(Butane)은 석유의 정제과정에서 발생하는 탄화수소(C_4H_{10})이며, 2종의 이성물체로 노멀부탄(n-butane)과 이소부탄(iso-butane)이 있다. $1atm$에서 노멀부탄(n-butane)의 경우 약 -0.5℃ 이하로 냉각시키고, 이소부탄(iso-butane)의 경우 약 -17.5℃ 이하로 냉각시키면 액화된다. 상온 15℃에서 $5atm$ 정도 가압하면 액화되며 체적은 1/230로 줄어들며 택시, 승합차의 연료, 난방, 이동용 버너의 연료 등으로 많이 사용된다.

1.5 냉동의 장래

최근 연구가 진행되고 있는 냉동방법으로 펠티어(Peltier)효과를 이용한 열전냉동(熱電冷凍, Thermoelectric refrigeration)이 있으며, 반도체의 연구 및 상용화 개발로 실현되었다. 또한, 공업기술의 혁신과 더불어 냉동장치의 자동화가 중요한 문제로 대두되고 있다.

저온기술의 진보에 따라 천연가스의 액화, 원자로의 냉각, 감속재로서 귀중한 중수(重水)나 핵융합반응의 연료인 중수소(重水素)의 제조 등도 냉동의 새로운 분야로 주목받고 있다. 그리고 저온기술에서 중요한 것은 단열문제이며, 외기와의 단열을 위한 고도의 진공기술과 저온취성(低溫脆性)이 없는 우수한 단열재 개발에 대한 어려운 문제를 극복하여야만 새로운 저온기술이 발달될 것이다.

이와 같이 냉동의 역사와 광범위한 활용도에 따른 냉동기술의 개발 등을 보면 냉동은 우리의 생활과 밀접한 관계가 있으며, 또한 앞으로의 발전양상에 대하여 계속 관심을 가져야 할 것이다.

2

냉동열역학의 기본

2.1 냉동의 기본단위

여기서는 냉동에서 많이 사용되는 기본적인 단위에 대하여 알아보자. 차원(Dimension)은 물리량의 특성을 규정한 것이며, 차원에 부여한 크기를 단위(Unit)라고 한다.

SI 단위계에서는 기본차원을 **질량(M), 길이(L), 시간(T)**로 표현하므로 **MLT계**라고 하며, **공학단위계**에서는 질량 대신에 **힘(F)**을 사용하므로 **FLT계**라고 한다.

SI 단위계에서는 힘은 N(Newton)으로 정의하며, 질량 1kg의 물체에 $1m/s^2$의 가속도가 작용할 때의 힘을 말한다.

$$1\ N = 1\ kg \times 1\ m/s^2 = 1\ kg \cdot m/s^2$$

공학단위에서는 힘의 단위를 kgf을 사용한다. 1 kgf의 중량에는 중력가속도 $g = 9.8m/s^2$ 이 작용하므로 다음과 같이 변환된다.

$$1\ kgf = 1\ kg \times 9.8\ m/s^2 = 9.8\ N$$

2.1.1 온도, 압력

온도(temperature, 溫度)는 물체의 차거나 따뜻함을 나타내는 척도이다. 열역학 제0법칙은 물체 A와 물체 B가 다른 물체 C와 각각 열평형을 이루면, 물체 A와 물체 B도 열평형을 이룬다는 것이다. 즉, 한 물체 C와 각각 열평형 상태에 있는 두 물체 A와 B는 서로 열평형 상태에 있다. 이는 온도계를 이용한 온도 측정의 근거이다.

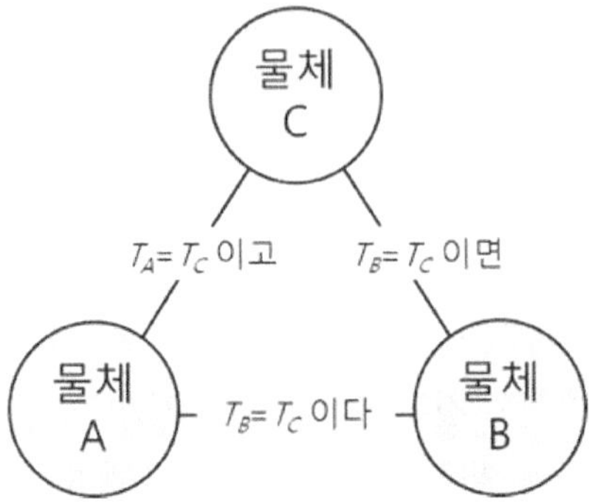

그림 2-1 열역학 제0법칙의 열평형 상태

온도는 **섭씨온도**와 **화씨온도** 및 **절대온도**로 구분된다. 섭씨온도(t_C, Celsius, ℃)는 SI 단위계의 온도 눈금으로써, 대기압에서 얼음의 융점은 0℃, 물의 비등점은 100℃이다. 화씨온도(t_f, Fahrenheit, °F)는 영국 단위계의 온도 눈금으로써, 대기압에서 얼음의 융점은 32°F, 물의 비등점은 212°F이다.

절대온도는 열역학적 온도이며, 물질 자체 또는 물질의 상태량에 무관한 독립적인 온도 눈금으로써, SI 단위계에서는 켈빈의 절대온도(T_K 또는 T, Kelvin, K)를 사용하고 영국 단위계에서는 랭킨의 절대온도(T_R, Rankine, R)를 사용한다. 캘빈의 절대온도에서 가장 낮은 온도는 분자 운동이 완전히 정지되는 온도가 0K(-273.15℃)이고, 이상기체 온도의 절대압력 0(영)에 해당한다. 물의 삼중점(Triple point, 三重點)을 273.15K(0.01℃)로 정하고 눈금 간격은 섭씨온도와 같다.

단위면적(A, cm^2)에 작용하는 수직방향의 힘(F, kgf)을 **압력(pressure, P)**이라고 한다.

$$P = \frac{F}{A} \quad [kgf/cm^2]$$

SI 단위에서는 주로 Pa(Pascal)을 사용한다.

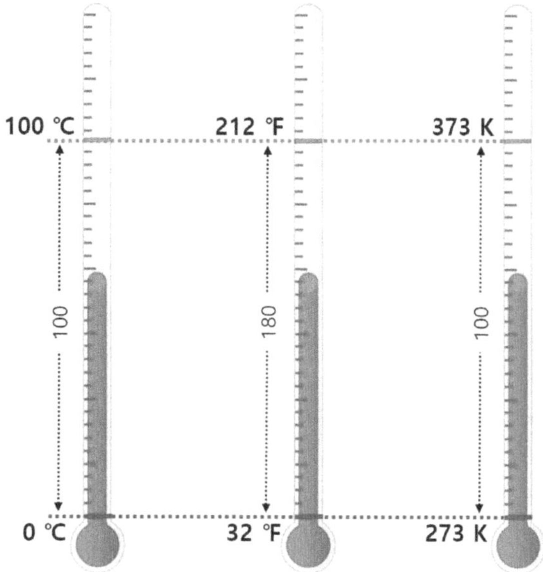

그림 2-2 온도 단위의 비교

압력을 측정하는 방법은 크게 2가지로 구분한다. 완전진공 상태를 기준으로 하여 측정한 압력을 **절대압력(** P_a **: Absolute pressure)**이라 하고, 대기압(P_o) 상태를 기준으로 하여 측정한 압력을 **계기압력(** P_g **: Gauge pressure)**이라 하며, 각각 다음의 관계가 있다.

절대압력 = 대기압 + 계기압력 $\qquad P_a = P_o + P_g$

절대압력 = 대기압 - 진공압력 $\qquad P_a = P_o - P_v$

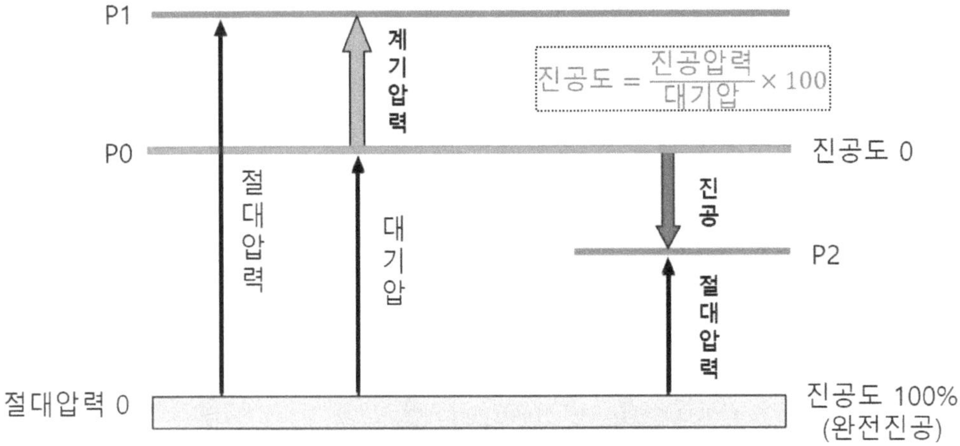

그림 2-3 계기압력과 절대압력 및 진공압력

표준대기압 $1\ atm$ = $760\ mmHg$

= $1.0332\ kgf/cm^2$

= $10.332\ mH_2O$(mAq, 미터 아쿠아)

= $1.01325\ bar$ ☞ ($1\ kgf/cm^2 ≒ 0.9807\ bar$)

= $1013.25\ mbar$(밀리바)

= $101325\ Pa$ = 1013.25 hecto Pa ☞ ($1\ bar = 10^5\ Pa$)

= $101.3\ kPa$ = $0.1\ MPa$

= 14.696 psi(lb/in^2)

공학기압 $1\ ata = 1\ kgf/cm^2 = 1.0332\ atm$

2.1.2 밀도, 비중량, 비중

밀도(Density, ρ)는 단위 체적당의 질량으로 정의한다. SI 단위에서는 kg/m^3이며, 물리학에서는 4℃, 표준대기압 상태 하에서 순수한 물의 밀도는 1000 kg/m^3이다. 공학단위에서는 $kgf \cdot s^2/m^4$이다.

비중량(Specific weight, γ)은 단위 체적당의 중량(무게)로 정의되며, 단위는 kgf/m^3이다. 이들과는 다음의 관계가 있다.

$$\gamma = \rho g$$

비중(specific gravity, S)은 4℃ 순수한 물과 같은 체적을 갖는 다른 물질과의 밀도의 비이다. 또는 비중량의 비로 정의한다.

$$S = \frac{\rho}{\rho_w} = \frac{\gamma}{\gamma_w} = \frac{W}{W_w}$$

2.1.3 비열

단위 질량(또는 단위 중량)의 어느 물질을 단위 온도만큼 변화시키는데 필요한 열량을 **비열(Specific heat, C)** 이라고 하며, 물질에 따라 고유한 값을 가진다. SI 단위로는 $[J/kg \cdot K]$가 이용되며, 공학단위는 $[kcal/kgf \cdot ℃]$이다.

비열은 물질에 따라 또는 온도나 압력에 따라 서로 다르며, 열을 가하는 방법에 따라 정압비열과 정적비열로 구분된다. 물과 같이 비압축성 유체인 경우는 정압비열과 정적비열은 거의 같아 $c = c_v \simeq c_p$로 된다. 반면, 압축성 유체인 기체인 경우는 서로 다르므로 비열비($\kappa = \frac{c_p}{c_v}$)는 항상 1보다 더 크다.

2.1.4 일과 동력

일이란 힘과 그 힘이 작용한 방향으로 움직인 거리의 곱이다. SI 단위계에서 일과 공학단위와의 관계는 다음과 같다.

$$1\ J = 1\ N{\cdot}m$$

$$1\ W = 1\ J/s = 1\ N{\cdot}m/s = 1\ kg{\cdot}m^2/s^3$$

$$1\ kgf{\cdot}m = 9.8\ J\ ,\quad 1\ J = \frac{1}{9.8}\ kgf{\cdot}m$$

단위 시간당 한 일의 크기를 동력이라 하며 kW 또는 PS로 나타낸다.

$$1\ kW = \frac{1000}{9.8}\ kgf{\cdot}m/s = 102\ kgf{\cdot}m/s = 860\ kcal/h$$

$$1\ PS = 75\ kgf{\cdot}m/s = 632.3\ kcal/h$$

$$1\ kWh = 3600\ kJ(1\ kW = 1\ kJ/s = 3600\ kJ/h)$$

$$1\ PSh = 75 \times 3600 \times 9.8\ J = 2647\ kJ$$

$$1\ kcal = 4.1868\ kJ = 427\ kgf{\cdot}m$$

2.1.5 냉동톤

냉동기는 저온부에서 고온부로 열을 이동시키는 기계이므로 그 능력의 표시는 단위 시간에 몇 $kcal$의 열량을 운반하는가를 나타내면 된다. 보편적으로 많이 사용되는 증기압축식 냉동기에서 냉동능력(Refrigeration capacity)은 단위 시간 동안 증발기(Evaporator)에서 흡수할 수 있는 열량 [$kcal/h$] 이다. 냉동능력을 나타내는 공식은 다음과 같다.

냉동능력 $Q = q_e \times G \quad [kcal/h]$

여기서, q_e : 냉매의 냉동효과 [$kcal/kgf$]

G : 냉매순환량 [kgf/h]

냉동능력을 나타내는데 사용되는 실용단위로 **냉동톤(Ton of refrigeration : RT)**과 미국 냉동톤(USRT)이 있다.

1 냉동톤(RT)은 0℃의 물 $1ton(1{,}000kgf)$을 24시간 동안에 0℃의 얼음으로 만드는 능력을 말한다.

$$1\ [RT] = \frac{79.68[kcal/kgf]\times 1{,}000[kgf]}{24[h]} = 3{,}320\ [kcal/h]$$

즉, **1시간에 3,320 $kcal$의 열량을 빼앗을 수 있는 냉동기를 1 냉동톤의 냉동기**라고 한다. 얼음의 융해열은 79.68 $kcal/kgf$이다.

1 미국냉동톤(USRT)은 32℉의 물 $1ton(2{,}000lb)$을 24시간 동안에 32℉의 얼음으로 만드는 능력을 말한다.

$$1\ USRT = \frac{144[Btu/lb]\times 2{,}000[lb]}{24[h]} = 12{,}000\ [Btu/h] = 3{,}024\ [kcal/h] = 0.91\ [RT]$$

위 식에서 $1\ ton = 2{,}000\ lb$, 융해열 $= 144\ BTU/lb$

2.1.6 제빙동력과 결빙시간

제빙(製氷)능력(Ice making capacity)이란 제빙기가 하루에 생산할 수 있는 얼음의 톤수를 말한다. 제빙에 필요한 냉동기의 냉동능력을 계산하는 방법은 다음과 같다.

예를 들어 한 시간에 20℃인 물 1 ton을 -9℃의 얼음으로 만들고자 할 때 제거해야 할 열량을 계산하여 보자.

① 물을 0℃까지 냉각하는데 필요한 열량

$$20[℃] \times 1\,[kcal/kgf℃] \times 1{,}000\ [kgf] = 20{,}000\ [kcal]$$

② 0℃의 물을 0℃의 얼음으로 만드는데 필요한 열량

$$79.68\ [kcal/kgf] \times 1{,}000\ [kgf] = 79{,}680\ [kcal]$$

③ 0℃의 얼음을 -9℃의 얼음으로 만드는데 필요한 열량

$$9[℃] \times 0.5\ [kcal/kgf℃] \times 1{,}000\ [kgf] = 4{,}500\ [kcal]$$

④ 장치의 열손실이 없을 때 제빙장치가 제거해야 할 총열량은 다음과 같다.

$$Q = 20{,}000 + 79{,}680 + 4{,}500 = 104{,}180\ [kcal/h]$$

⑤ 이 열량을 냉동톤으로 계산하면 다음으로 된다.

$$\frac{104{,}180\,[kcal/h]}{3{,}320\,[kcal/h]} = 31.38\,[RT]$$

결빙시간 즉 얼음을 얼리는데 소요되는 시간 H(Hours)는 얼음의 두께 $t(cm)$의 제곱에 비례하고 브라인의 온도 T_b(℃)에는 반비례한다.

$$H = \frac{0.56\,t^2}{-T_b}$$

2.2 기체의 상태변화

냉동장치에서 냉매는 상변화(相變化, phase change)를 할 때 증발기에서 흡열(吸熱, heat absorption)과 응축기에서 방열(放熱, heat dissipation)을 행한다. 이때 액상(液相)과 기상(氣相)으로 서로 교환됨으로써 엄밀한 의미에서는 가스로 취급할 수 없다. 그러나 압축기에서의 변화과정은 근사적으로 가스로 취급한다.

즉, Boyles-Charles의 법칙

$$\frac{P_1 V_1}{T_1} = \frac{P_2 V_2}{T_2}$$

가스의 상태방정식

$$PV = GRT$$

이 성립된다.

냉동장치의 압축기에서 냉매가스의 압축과 팽창을 단열변화로 해석한다. 가스를 압축할 때 외부와 열의 출입이 없도록 완전히 단열시켜서 압축을 행하는 것을 말하며, 열의 출입이 없는 단열변화이므로 변화 전·후의 엔트로피가 일정하게 된다.

실제 유체가 유동할 때는 마찰, 교축, 전열 등에 의하여 비가역적으로 되기 때문에 가역 단열 변화는 존재하지 않는다. 그러나 우리가 취급하는 이상기체가 마찰 등이 없는 이상적인 상내에서 단열팽창을 준정적으로 하는 경우를 고려할 수 있다.

따라서 내연기관이나 냉동기 압축기, 공기압축기 등 기계장치에서 가스를 압축하거나 팽창할 때 그리고 노즐에서 유체의 흐름을 이론적으로 계산을 행할 때에는 외부와의 열의 출입이 없는 **가역단열변화**로 취급한다.

단열과정 중의 압력 P, 체적 V, 온도 T와의 관계는 다음과 같다.(κ는 단열지수이다.)

$$Pv^{\kappa} = e^{c} = const.$$

$$P^{1-\kappa} T^{\kappa} = const.$$

$$Tv^{\kappa-1} = const.$$

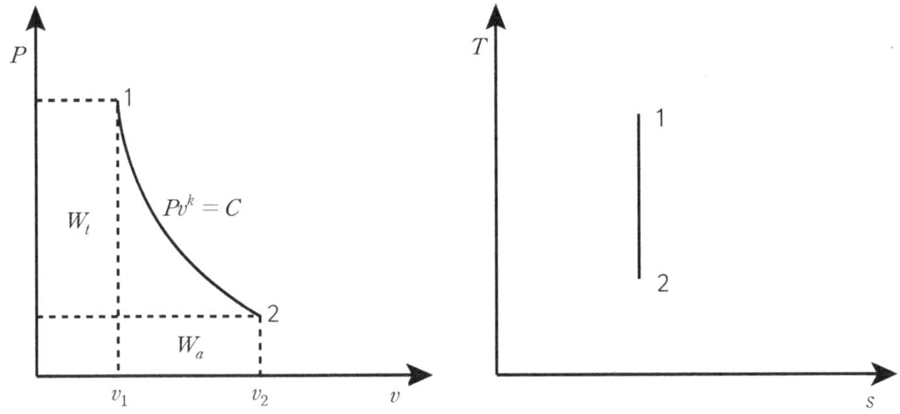

그림 2-4 단열과정 변화 중의 P, v, T 관계

외부에 한 일은

$$W_a = \int_1^2 P\,dv = \frac{1}{\kappa-1} P_1 v_1 [1-(\frac{v_2}{v_1})^{-\kappa+1}]$$

$$= \frac{1}{\kappa-1} P_1 v_1 [1-(\frac{P_2}{P_1})^{\frac{\kappa-1}{\kappa}}]$$

또는 $W_a = \frac{1}{\kappa-1}(P_1 v_1 - P_2 v_2) = \frac{1}{\kappa-1} R(T_1 - T_2)$

단열변화 중에 **출입한 열량**은 외부와 열의 출입이 없으므로

$$q = \int_1^2 dq = 0$$

이 되며, 외부로부터 계로 열의 공급이 없으므로 기체가 보유하고 있는 내부에너지를 소모하여 외부에 일을 한다.

단열변화 중의 **엔탈피 변화**

$$h = \int_1^2 dh = \int_1^2 (dq + Avdp) = \int_1^2 C_p dT$$

$$= C_p (T_2 - T_1) = \frac{\kappa}{\kappa - 1} AR (T_2 - T_1)$$

$$= \frac{\kappa}{\kappa - 1} A (P_2 v_2 - P_1 v_1)$$

단열변화 중의 **공업일**은 $dq = dh - AvdP = 0$, $\frac{1}{A}\int dh = \int v dP$ 이므로

$$W_T = -\int_1^2 v dP = -\frac{1}{A}\int_1^2 dh$$

$$= \frac{\kappa}{\kappa - 1} (P_1 v_1 - P_2 v_2) = \kappa W_a$$

상태 1(P_1, v_1, T_1)의 가스를 상태 2(P_2, v_2, T_2)로 압축하는 경우, 압축기 출구의 냉매가스 온도 T_2는 다음과 같이 구한다.

$$T_2 = T_1 \left(\frac{P_2}{P_1}\right)^{\frac{k-1}{k}} = T_1 \left(\frac{v_1}{v_2}\right)^{\kappa - 1}$$

정압비열과 정적비열과의 비($\frac{C_p}{C_v} = \kappa$) 를 **비열비** 또는 **단열비**라 하며 공기는 k = 1.4, 암모니아는 k = 1.313, 프레온-22(R-22)는 k = 1.18 이다.

압축기 출구에서의 냉매가스의 온도는 압축기 입구의 냉매가스 온도와 압축비와 냉매의 종류에 따라 크게 변화한다. 따라서 압축기 입구온도와 압축비가 동일한 경우 압축 후 온도는 공기 〉 암모니아 〉 R-22가 된다.

2.3 증기의 성질

2.3.1 증기의 기본 성질과 상태변화

일반적으로 액화하기 쉬운 기체 또는 증발되기 쉬운 액체는 기체가 액체로, 혹은 액체가 기체로 되는 온도는 일정한 압력 하에서는 동일하다.

액체를 일정한 압력으로 가열할 때 어느 온도 이상으로 상승하지 않는다. 이 압력에 상응한 온도를 **포화온도(Saturated temperature)**라고 하고, 이 온도에 대한 압력을 **포화압력(Saturated pressure)**이라고 한다.

액체를 일정한 압력에서 가열하면 액체가 전부 증발할 때까지 온도는 포화온도로 유지된다. 이 포화온도와 포화압력 하에 있는 증기를 **포화증기(Saturated vapour)**라고 한다. 포화증기를 다시 가열하면 액체가 전부 증기로 된 상태 즉 액체를 전혀 포함하지 않는 증기를 **건포화증기(Dry saturated vapour)**라 한다.

포화증기를 포화압력 하에서 포화온도 이상으로 가열한 증기를 **과열증기(Superheated steam)**라 하며 과열증기와 포화온도와의 차를 **과열도(Degree of super heat)**라 한다. 그리고 포화압력 하에서 포화액을 포화온도 이하로 냉각하는 것을 **과냉각(Subcooling)**이라고 하며 이 상태의 액을 **과냉각액(Subcooled liquid)**이라고 한다.

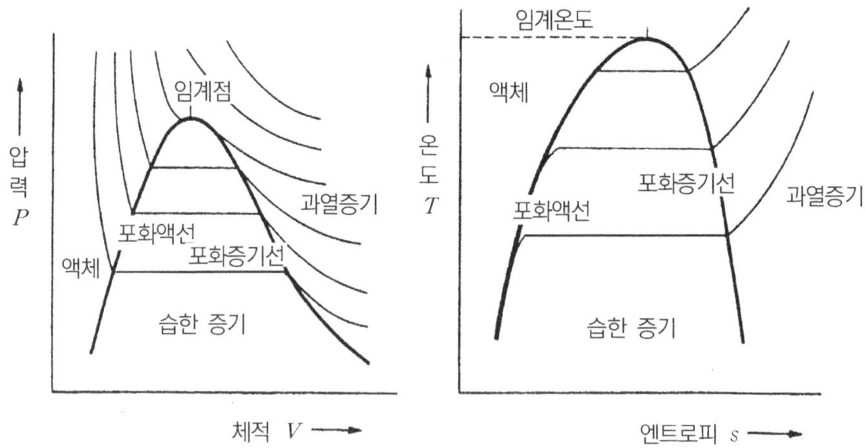

그림 2-5 증기의 성질

표 2-1 물질의 임계압력과 임계온도

물질명	분자기호	임계압력(kgf/cm^2)	임계온도(℃)
물	H_2O	225.6	374.1
암모니아	NH_3	115.2	132.4
에탄	C_2H_6	50.5	35.0
공기		38.5	-140.7
프레온 R-22	$CHClF_2$	50.3	96
탄산가스	CO_2	75.3	31

또한, 과냉각액 온도와 포화온도와의 차이를 **과냉각도(Degree of subcoolong)**라 한다. 이상의 관계를 표시하면 그림 2-2와 같다.

기체는 고유의 어느 온도에서는 포화상태의 액체로 되지만, 어느 온도 이상에서는 아무리 압력을 높여도 액화되지 않는 한계가 있다. 이 점을 **임계점(Critical point)**이라 하고 이때의 온도와 압력을 **임계온도(Critical temperature)** 및 **임계압력(Critical pressure)**이라 한다.

이러한 임계점에서는 물질의 상태가 액체 또는 기체로 구분되지 않고 비용적이 같다. 또한, 포화액에서 포화증기로 증발하기 위하여 필요한 증발잠열도 필요 없게 된다. 이 상태에서는 임계온도 이상의 기체는 아무리 압축하여도 액화가 불가능하다. 표 2-1은 여러 물질의 임계압력과 임계온도를 나타낸 것이다.

2.3.2 액체의 증발

물체를 차갑게 하는데 가장 많이 사용되고 있는 방법은 증발열(기화열)을 이용한 방법이다. 피부에 물이나 알코올을 한 방울 떨어뜨리고 입으로 불면 차갑게 느껴진다. 이것은 일상생활에서 자주 경험하는 일이며 이는 액체가 증발할 때 주위로부터 증발열을 뺏기 때문이다.

즉, 액체는 주위와 같은 온도가 되기 위해서는 열을 필요로 하며 반대로 증기가 액체로 되기 위해서는 이 열을 방출하게 된다. 대기압 하에서 물의 비등점은 100℃이며 증발열은 539 $kcal/kgf$이다. 물이 비등하는 경우에 대하여 생각하여 보자.

표 2-2 물질의 비등점($1atm$)

물질의 종류	비등점 ℃
물	100
공기	-194.5
산소	-182.97
질소	-195.81
수소	-252.78
네온	-246.1
암모니아	-33.35
탄산가스	-78.52

표 2-3 암모니아의 포화증기표

온도 ℃	압력 kgf/cm^2ata	증발열 $kcal/kgf$
-50	0.147	337.9
-30	1.219	324.5
-20	1.940	317.3
-10	2.966	309.7
0	4.379	301.5
10	6.271	292.8
30	11.895	273.6

용기에 물을 넣고 가열하면 물의 온도가 올라가면서 수면으로부터 증발현상이 일어나게 된다. 계속 온도를 높이면 포화증기압은 대기압과 같아지며 수중에서는 기포가 발생한다. 이 현상을 비등이라 하며 비등하는 동안 물의 온도는 일정하다. 이 온도를 **비등점(Boiling point)**이라 하며 순수한 액체는 각각 일정한 비등점을 갖는다.

높은 산에서 물이 100℃ 이하에 비등하는 것과 같이 진공펌프로 압력을 감소시키면 물은 더 낮은 온도에서 비등하게 된다. 반대로 액체의 압력을 올리면 100℃이상이 되어도 비등은 일어나지 않는다. 압력솥이나 라디에이터의 캡(cap)은 이를 응용한 예가 된다.

이와 같이 압력을 낮게 하면 비등점도 낮아지며 압력을 높이면 비등점도 높아진다. 만일 암모니아의 증발온도를 낮게 하고자 할 때는 암모니아 증기를 펌프로 흡출(吸出)하여 내부 압력을 낮게 하여 증발시키면 된다. 액체의 종류에 따라 비등점은 압력이 일정하여도 크게 변화한다.

$1atm$ 하에서 물의 비등점은 100℃이지만 암모니아는 -33.35℃가 되어 매우 낮은데 증발열은 325 $kcal/kgf$이 되어 3/5이 된다.

암모니아의 포화증기표에 의하면 -10℃에서는 포화압력이 2.966 kgf/cm^2가 된다. 즉 압력 2.966 kgf/cm^2에서는 포화온도가 -10℃이며 이 온도에서 암모니아는 비등, 기화하게 된다. 압력을 1.219 kgf/cm^2까지 더 낮추면 비등은 -30℃에서 일어난다.

참고로 압력기준 물의 포화증기표를 표 2-4에 나타냈다.

표 2-4 물의 포화증기표(압력기준)

압력 (kgf/cm^2)	포화온도 (℃)	비체적(m^3/kgf)		엔탈피$(kcal/kgf)$	
		v′	v″	i′	i″
0.01	6.7	0.0010001	131.6	6.73	600.1
0.10	45.45	0.0010101	14.94	45.41	616.8
0.5	80.86	0.0010296	3.299	80.81	631.4
1.0	99.09	0.0010428	1.725	99.12	638.5
5.0	151.11	0.0010918	0.3818	152.04	656.1
10.0	179.04	0.0011262	0.1981	181.19	663.2
20.0	211.38	0.0011749	0.1015	215.82	668.5
40.0	249.17	0.0012492	0.05079	258.25	669.2

2.4 열역학 사이클

2.4.1 역카르노 사이클(Reversed carnot cycle)

카르노 사이클(Carnot cycle)은 가역성이 있으므로 역카르노 사이클(Reversed Carnot cycle)도 가능하다.

역카르노 사이클은 카르노 사이클(열기관)과 열의 이동 방향과 일의 방향이 반대가 되므로 저온의 열원에서 열을 흡수하여 고온의 열원에서 방출하는 이상적인 냉동사이클이 되며 성적계수가 가장 큰 냉동기가 된다.

실제의 냉동사이클은 가능한 이 사이클에 접근하도록 고안된 사이클이며 성적계수는 카르노 냉동사이클의 60% 정도가 된다.

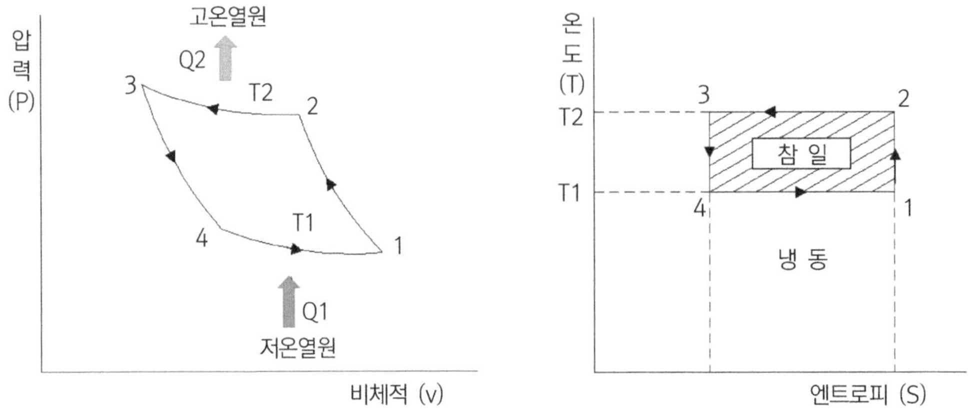

그림 2-6 역카르노 사이클의 P-v 선도와 T-s 선도

2.4.2 냉동사이클

증발열을 이용한 냉동사이클은 카르노 냉동사이클에 가장 가까우며, 따라서 다른 냉동사이클보다 효율이 높다.

그림 2-47은 증기압축식 냉동사이클을 나타낸 것이며, 이를 역카르노 사이클과 비교, 검토하기로 하자.

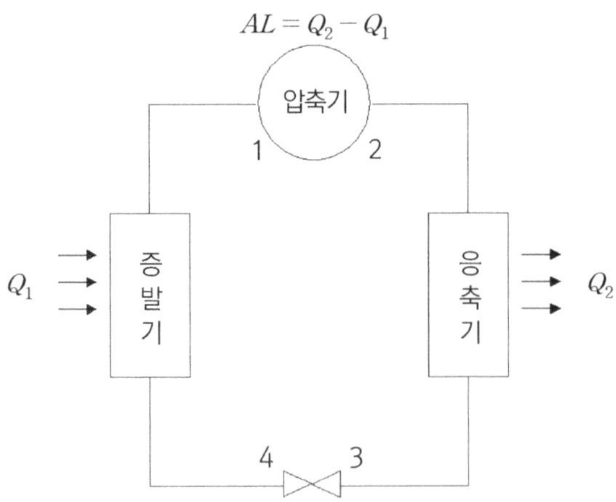

그림 2-7 증기압축식 냉동사이클

- 1 → 2 : **단열압축** 과정으로 **압축기**의 압축과정에 상당한다.
- 2 → 3 : **등온압축** 과정으로 **응축기** 내에서의 응축이 되며 등압변화로 해석한다.
- 3 → 4 : **단열팽창** 과정으로 **팽창밸브**의 교축작용에 상당한다. 여기서 이 사이클의 가역성은 상실된다. 즉, 냉동기의 역방향인 압축기에서 증발기, 팽창밸브를 거쳐 응축기로 냉매를 이동시킬 수는 없다.
- 4 → 1 : **등온팽창** 과정으로 **증발기** 내에서 냉매의 증발작용에 상당하며 등압변화로 해석한다.

냉동기에서 증발기에서 저온의 열원으로부터 열을 흡수하여 증발된 저온·저압의 냉매가스는 압축기에서 압축되어 압력과 온도가 상승되어 응축기로 보내진다. 응축기에서 공기나 물에 의하여 냉각·액화되어 액체상태의 냉매로 된다.

그 후 냉매액은 팽창밸브에 의하여 저온열원의 온도에 상당하는 포화압력까지 팽창하여 증발기에 보내지게 되어 사이클을 완성하게 된다. 이것을 냉동사이클이라 한다.

열기관에서는 공급된 열량 중에서 일로 변화한 일량의 비율을 열효율(Thermal efficiency)이라고 하며, 이는 열기관에서 유효한 에너지로 변화된 비율을 나타낸다.

냉동사이클에서도 열효율에 상당한 것이 있으며 저온물체 즉 증발기로부터 흡수한 열량 Q_1과 압축기 등의 동력에 상당하는 열량 AL의 비를 **성적계수, 성능계수 또는 작동계수**(COP : Coefficient of performance, ϵ_r)라고 한다.

$$\epsilon_r = \frac{Q_1}{AL} = \frac{Q_1}{Q_2 - Q_1} = \frac{T_1\,(S_1 - S_4)}{(T_2 - T_1)\,(S_1 - S_4)} = \frac{T_1}{T_2 - T_1}$$

여기서 Q_2는 고온의 열원(응축기)에서 방출하는 열량을 나타낸다.

위 식에 나타낸 바와 같이 역카르노 사이클의 성적계수는 온도만의 함수로 되고 제로(0)에서 무한대로 변할 수 있다.

T_2가 낮으면 성적계수는 크게 된다. T_1이 크게 되면 분자는 증가하고 분모는 감소하여 성적계수는 증가하게 된다. 그러므로 T_1의 값이 T_2보다 성적계수에 많은 영향을 미친다고 할 수 있다.

2.4.3 표준 냉동사이클

냉동장치의 냉동능력과 소요동력의 크기는 응축온도, 증발온도, 액의 과냉각도 및 흡입증기의 과열도에 따라 변화한다. 그러므로 표준이 되는 온도조건을 정하여 냉동장치의 성능을 비교하는 것이 편리하다.

이와 같이 표준이 되는 온도조건에 의한 냉동사이클을 **표준 냉동사이클**이라 하고, 온도조건은 다음과 같으며, 그림 2-8는 이를 **모리엘 선도**에 나타낸 것이다.

증발온도 -15℃

응축온도 +30℃

압축기의 흡입가스온도(과열도가 0인 건포화증기) -15℃

팽창밸브 직전의 액온도(과냉각도 5℃) +25℃

(한국, 일본에서는 과열도 = 0℃ 이지만, 미국에서는 과열도 = 5℃)

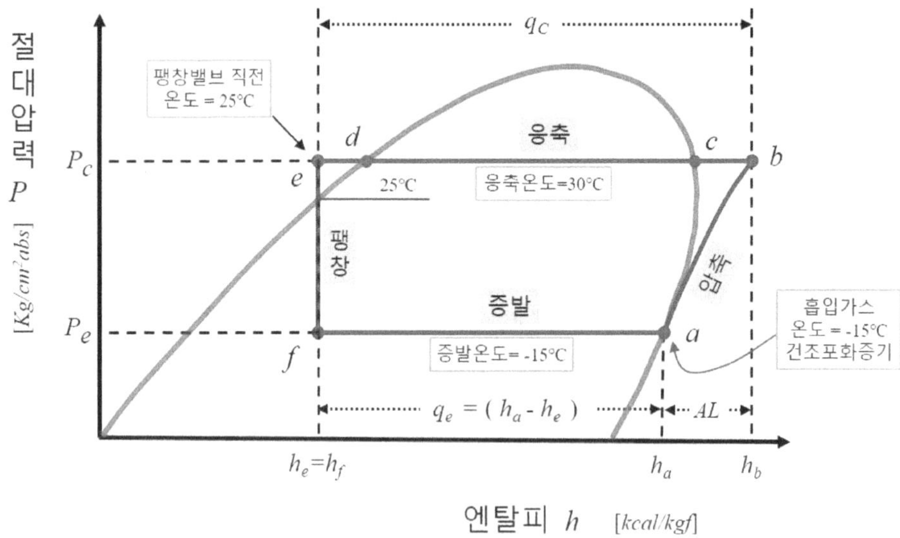

그림 2-8 표준 냉동사이클의 모리엘 선도

표 2-5 표준 냉동사이클에서 각 점의 상태량

상태	온도 (℃)		압력 (kgf/cm^2)		비체적 (m^3/kgf)		엔트로피 $(kcal/kgfK)$		엔탈피 $(kcal/kgf)$	
	R-22	NH_3	R-22	NH_3	R-22	NH_3	R-22	NH_3	R-22	NH_3
a	-15	-15	3.015	2.410	0.078	0.509	1.185	2.153	147.7	397.1
b	55.0	98.8	12.15	11.895	0.023	0.147	1.185	2.153	156.1	452.4
c	30	30	12.15	11.895	0.020	0.111	1.170	2.019	151.2	407.4
d	30	30	12.15	11.895	0.00085	0.0017	1.030	1.117	108.8	133.8
e	25	25	12.15	11.895	0.00084	0.0017	1.025	1.098	107.2	128.1
f	-15	-15	3.015	2.410	0.019	0.073	1.031	1.111	107.2	128.1

표 2-5는 현재 가장 많이 사용하고 있는 냉매인 R-22와 암모니아의 표준 냉동사이클에서의 상태량을 나타낸 것이다.

표준 냉동사이클에서 압축기가 발휘하는 냉동능력을 **호칭냉동능력**이라 하며, 고압가스 안전관리법에서 법정 냉동톤의 값을 결정하는 기준으로 쓰이고 있다.

즉, 피스톤의 압출량($V\ [m^3/h]$)을 기준으로 하여 압축기의 호칭냉동능력을 정한다.

$$R = \frac{(\text{피스톤 압출량}) \times (h_a - h_e)}{(-15℃\text{의 건포화 증기의 비체적}) \times 3{,}320} \times \text{체적효율}$$

단, h_a 는 -15℃의 건포화증기의 엔탈피

h_e 는 응축온도 30℃, 팽창밸브 직전의 냉매액(25℃)의 엔탈피

여기서 체적효율은 압축기의 기통 1개당 체적이 5,000 cm^3 이하의 것은 0.75, 넘는 것은 0.80으로 하고 있다.

호칭냉동능력의 계산식은 피스톤 압출량만 제외하고 나머지 값들은 기준냉동사이클에 있어서 각 냉매마다 일정한 값이 되므로 일괄 계산하여 정수 C로 정리하면, 다음과 같은 고압가스 안전관리법에서 규정된 냉동능력의 산정식이 된다.

표 2-6 법정 냉동톤 산정식의 C의 값

냉매	압축기 기통당 체적 5,000 cm^3이하	압축기 기통당 체적 5,000 cm^3 초과
프레온 12(R-12)	13.9	13.1
프레온 22(R-22)	8.5	9.0
프레온 500(R-500)	12.0	13.1
프레온 502(R-502)	8.4	7.9
암모니아(NH_3)	8.4	7.9

$$R = \frac{V}{C}$$

여기서 R : 냉동능력(냉동톤)

V : 피스톤 압출량(m^3/h)

C : 정수(표 2-6)

2.4.4 냉동기와 열기관·펌프와의 비교

냉동기나 증기기관은 작동유체가 순환한다는 점은 같지만 여러 점에서 다르다.

증기기관은 고온의 열원에서 열을 받아 팽창함으로써 외부에 대하여 일을 하고 나머지는 저온열원에 방출하나, 냉동기는 저온열원으로부터 열을 흡수하여 고온의 열원에 방출한다.

따라서 냉동기와 증기기관은 일의 방향이 서로 반대가 된다. 이것은 펌프와 수차와의 관계와 유사하다.

즉, 냉동기는 펌프에 상당하며 일을 소비하여 낮은 곳(저온열원)에서 높은 곳(고온열원)으로 열을 이동시키는데 반하여, 열기관은 수차에 상당하며 높은 곳(고온열원)에서 낮은 곳(저온열원)으로 떨어지는 물(열)이 갖는 에너지를 이용하여 동력을 발생시켜 외부에 일을 하게 된다.

펌프의 송출량이 $Q\,[m^3/\text{min}]$, 양정이 $H\,[m]$일 때 소요동력 N은 다음과 같다.

$$N = \frac{\gamma QH}{75 \times 60}[PS] = \frac{\gamma QH}{102 \times 60}[kW]$$

이 때 펌프의 양정이 클수록 일을 많이 하는 것과 마찬가지로 냉동기에서도 응축온도와 증발온도 차이가 클수록 동력 소비가 커진다.

펌프의 경우는 끌어올리려는 수면의 높이에 관계없이 양정과 수량이 변하지 않으면 소요동력은 변하지 않으나, 냉동기의 경우는 증발온도와 응축온도의 차이가 같고 냉동능력이 동일하여도 응축온도가 높아지면 응축압력 또한 높아지므로 소요동력은 증가한다. 이 점이 펌프와 냉동기가 본질적으로 다른 점이다.

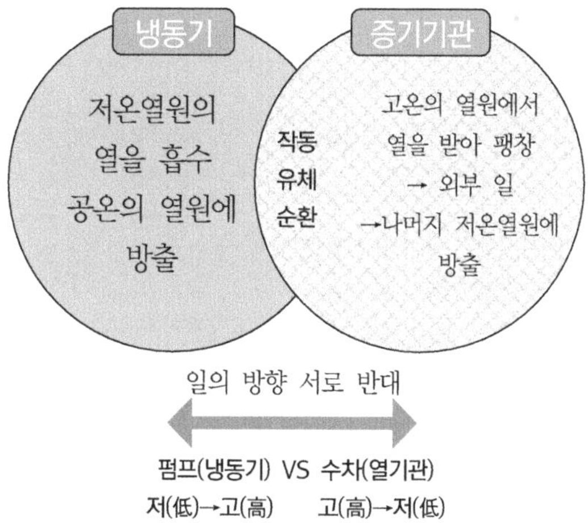

그림 2-9 냉동기와 열기관·펌프와의 비교

2.5 냉매의 모리엘 선도

2.5.1 T-S 선도와 모리엘 선도

냉매의 물리적 성질은 **온도** T, **압력** P, **비체적** ν, **비내부에너지** u, **비엔탈피** h**(또는** i), **비엔트로피** s 등의 관계를 이용하여 나타낼 수 있다. 또한, 이들은 서로 일련의 관계를 가지고 있으며, 일부의 값을 알면 나머지 값은 상호 간의 관계에서 구할 수 있다. 47

따라서 상호 물리적인 관계를 표시하기 위하여 $P-\nu$ **선도**, $T-s$ **선도**, $h-s$ **선도(또는** $i-s$ **선도)**, $P-h$ **선도(**$P-i$ **선도)**, $P-T$ **선도** 등의 냉매 증기선도를 사용하고 있다. 그 중에서도 가장 편리하고 주로 이용되는 선도는 $P-h$ **선도(Mollier 선도)**, $T-s$ **선도**이다.

모리엘(Mollier) 선도는 냉매의 종류마다 세로축에 **압력**, 가로축에 **비엔탈피**를 취하여 냉매의 각종 특성치(온도, 비체적, 엔트로피, 건조도)를 나타낸 선도이다.

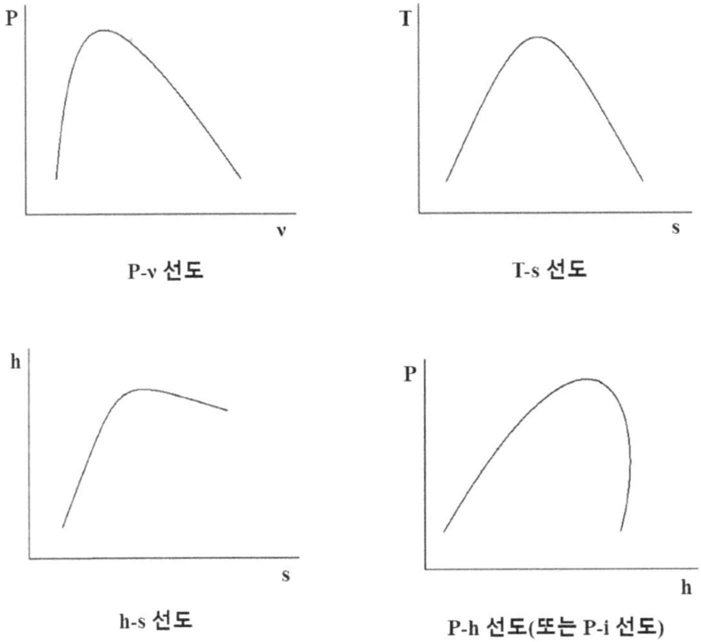

그림 2-10 냉매의 증기선도 종류

그림 2-11과 같이 냉매는 포화액선과 포화증기선에 의하여 과냉각액, 습포화증기, 과열증기의 세 상태로 나뉜다. 왼쪽 아래에서 오른쪽 위로 그어진 곡선이 포화액선이며, 곧 증발을 시작하고자 하는 냉매의 상태는 바로 이 곡선상에 있다. 이 곡선보다 왼쪽은 포화액보다 온도가 낮은 과냉된 액의 상태를 나타낸다.

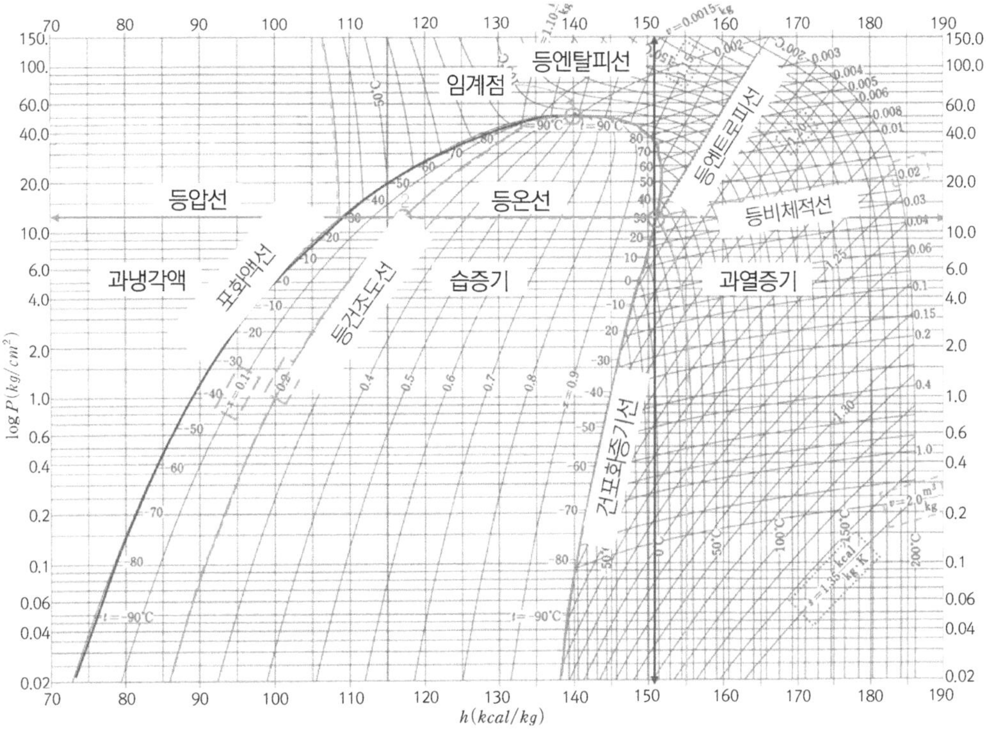

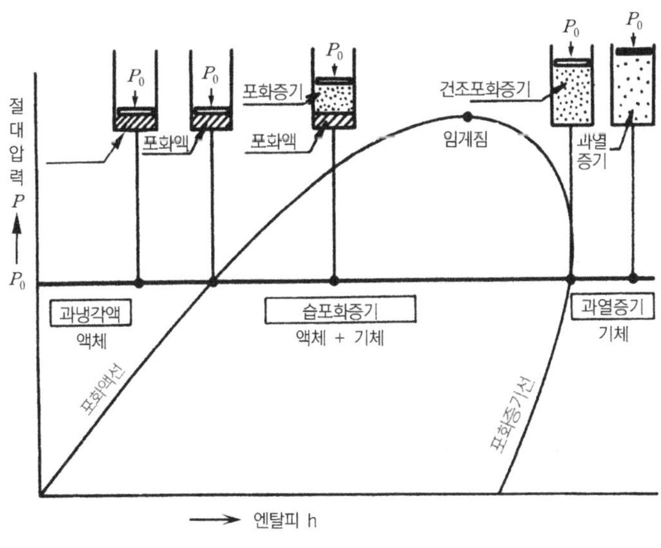

그림 2-11 모리엘 선도의 특성

포화증기선은 아래에서 오른쪽 위로 향하여 그어진 곡선이며 이 곡선상의 냉매의 상태는 건포화증기이다. 포화액선과 포화증기선 사이의 냉매 상태는 증발한 냉매 증기와 액이 혼합된 상태, 즉 습포화 증기상태를 나타낸다. 포화증기선의 오른쪽 부분은 포화증기보다 온도가 높은 과열증기 영역을 나타낸다.

2.5.2 모리엘 선도와 냉동사이클

모리엘 선도는 냉매의 특성치를 하나의 선도상에 모아 놓은 것이며, 냉동장치의 기본적인 변화(압축 → 응축 → 팽창 → 증발)를 선도상에 그려 넣어 계산을 하거나 운전상태를 체크할 수 있다. 모리엘 선도 상에 냉동사이클과 냉매의 상태변화는 다음과 같다.

(1) 증발기 내에서 냉매가 증발하는 것과 응축기 내에서 냉매가 응축되는 동안의 변화는 정압변화이다. 엔탈피 변화는 증발기에서 흡수한 열량이나 제거된 열량과 같다.

(2) 압축기 내에서의 냉매가스의 압축은 단열압축으로 간주하여 엔트로피 일정하에서 일어나는 것으로 한다. 따라서 압축과정은 등엔트로피선으로 표시되며 압축기의 일량은 압축기 입구와 출구의 엔탈피 변화와 같다.

(3) 팽창밸브를 통과할 때의 교축과정은 등엔탈피선으로 표시되며, 팽창밸브 전·후의 엔탈피는 같다.

(4) 증발기와 응축기를 제외한 부분에서는 냉매와 주위 사이에 열의 수수(受授)가 없고 장치 내에서 마찰 등에 의한 압력손실이 없는 것으로 간주한다. 따라서 모리엘 선도 상에서 구한 냉동사이클($A-B-C-D$)은 실제의 냉동사이클($A'-B'-C'-D'$)과는 약간 다르게 된다.

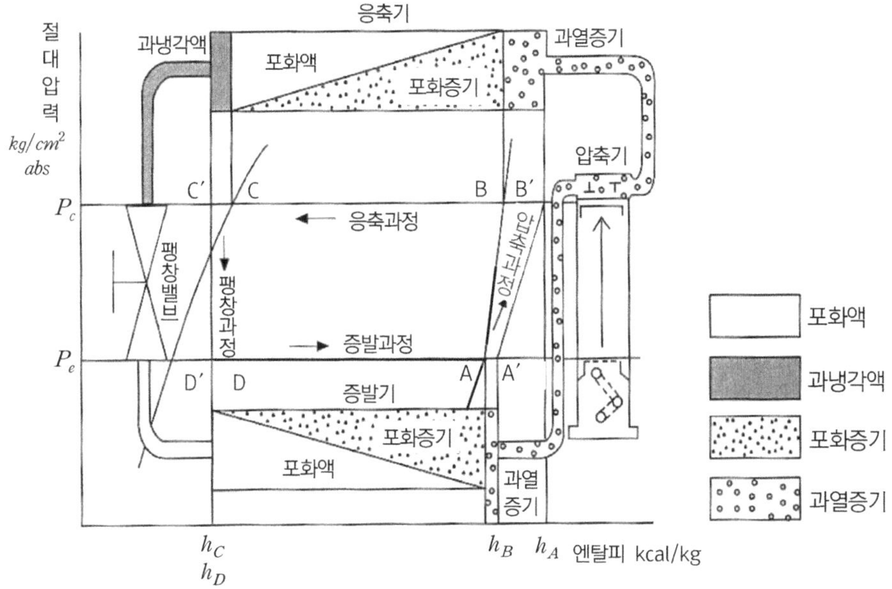

그림 2-12 냉동사이클(냉매의 상태변화)

2.6 냉동사이클의 계산

모리엘선도 상에는 냉동기의 운전압력이나 온도 등과 같은 측정치나 설계치를 반영함으로써 냉동사이클을 선도 상에서 다음의 여러 값을 구할 수 있다. 그림 2-13은 증기압축식 냉동사이클에서의 냉매의 흐름을 P-h 선도에 나타낸 것이다.

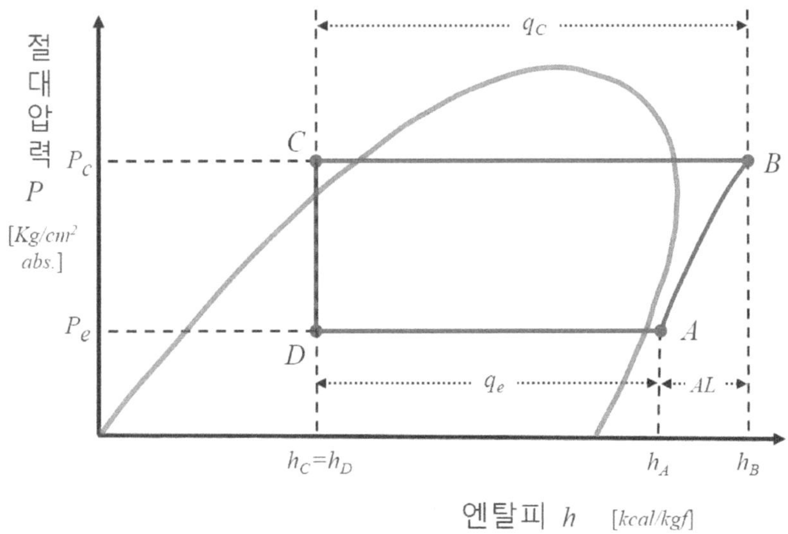

그림 2-13 증기압축식 냉동사이클에서 냉매의 흐름

2.6.1 냉동효과(Refrigerating effect)

팽창밸브에서 감압되어 팽창된 냉매액은 습포화증기 상태로 증발관을 흐르게 되며 증발기 출구에서는 습포화증기, 건포화증기 또는 과열증기 상태로 압축기에 흡입된다. 압축기 입구의 냉매 상태점이 습포화 증기영역에 있는 경우를 습압축, 건포화 증기선 상에 있는 경우를 건조압축, 과열증기 영역에 있는 경우를 과열압축이라 한다.

증발기에서 흡수하는 **냉매 단위중량 당 열량** $q_e[kcal/kgf]$으로 나타내며 냉동사이클에서 중요한 값이 된다. 증발기 출구와 입구의 엔탈피 차이로 구해진다.

다음 식에서 x는 D점에서의 냉매의 건도(건조도)이며 γ 는 냉매의 증발잠열$(kcal/kgf)$이다. 또한, 냉동효과 $q_e[kcal/kgf]$에 냉매유량 $G[kgf/h]$를 곱한 값을 **냉동능력** Q_e (Refrigerating capacity, $kcal/h$)라고 한다.

$$q_e = h_A - h_D = (1 - x) \times \gamma \ [kcal/kgf]$$

$$Q_e = G \times q_e = G(h_A - h_D) \ [kcal/h]$$

2.6.2 압축일의 열당량

압축기 내에서 냉매가스의 상태변화는 단열변화로 간주하므로 등엔트로피선을 따라 변화하며 압축기 출구에서 냉매는 고온·고압의 과열증기로 되어 응축기로 들어가게 된다.

압축기의 일에 상당하는 열량 $AL[kcal/kgf]$는 압축기 출구와 입구의 엔탈피 차로 표시된다.

$$AL = h_B - h_A \ [kcal/kgf]$$

2.6.3 응축기에서의 방출 열량

응축기에서 방출하는 열량 q_c은 냉동효과 q_e와 압축할 때 냉매에 주어진 일의 열당량 AL와의 합으로 된다.

$$q_c = q_e + AL = (h_A - h_D) + (h_B - h_A) = h_B - h_D = h_B - h_C \quad [kcal/kgf]$$

여기서 $h_D = h_C$ 이므로 응축기 입구와 출구에서의 엔탈피 차이로 구할 수 있다.

2.6.4 냉매 순환량

필요한 냉동능력을 얻기 위해서 몇 kgf의 냉매를 공급하여 증발시켜야 하는가 하는 값이 냉매 순환량 G[kgf/h]이다. 필요한 냉동능력을 Q[$kcal/h$]라 할 때 냉매 순환량 G는 다음 식과 같다.

$$G = \frac{Q}{q_e} [kgf/h]$$

2.6.5 압축기 피스톤의 압출량

필요한 냉동능력을 확보하기 위한 냉매순환량을 처리하는 압축기의 크기를 결정하기 위해서는 위의 냉매순환량을 압축기의 흡입가스량으로 환산할 필요가 있다. 압축기 입구(A점)에서의 냉매가스의 비체적을 v_A라고 하면 필요한 압축기의 피스톤 압출량(m^3/h)는 다음과 같이 구할 수 있다.

피스톤의 압출량은 일정하므로 냉매가스의 비체적이 적을수록 냉매순환량은 증가하게 된다.

$$V = G \cdot v_A = \frac{Q}{q_e} \times v_A$$

$$= \frac{Q \cdot v_A}{h_A - h_D} \ [m^3/h]$$

2.6.6 성적계수(COP)

냉동사이클의 능력을 나타내는데 **성적계수(COP: Coefficient of performance)**가 쓰인다.

일반적으로 열기관의 효율은 가해진 입력에너지 중 유효하게 이용된 출력에너지의 비로써 표시되고 성능계수 또는 작동계수라고도 불리며, 1보다 작은 값이 된다.

즉, 가해진 에너지는 어느 정도의 손실을 수반한다는 것을 뜻한다.

그러나 냉동사이클은 열기관과는 달리 열을 운반하는 것이며 압축기에 가해진 열량과 냉동능력(냉동효과)을 비교하면 냉동능력(냉동효과)이 훨씬 큰 값을 갖게 된다. 따라서 효율이 아닌 성적계수(ϵ_r)로 나타낸다.

$$\text{성적계수}(\epsilon_r) = \frac{\text{냉동효과}(q_e)}{\text{소요일의 열당량}} \quad \text{또는}$$

$$\text{성적계수}(\epsilon_r) = \frac{\text{냉동능력}(Q_e)}{\text{공급일}} = \frac{\text{냉동능력}(Q_e)}{\text{압축기에 필요한 축동력}(KW) \times 860}$$

$$= \frac{\text{냉동능력}(Q_e)}{\text{압축기에 필요한 축동력}(PS) \times 632.3}$$

$$COP(\epsilon_r) = \frac{q_e}{AL} = \frac{(h_A - h_D)}{(h_B - h_A)} \quad \text{또는}$$

$$COP(\epsilon_r) = \frac{Q_e}{G \cdot AL} = \frac{G \cdot q_e}{G \cdot AL} = \frac{q_e}{AL}$$

성적계수는 압축일의 열당량에 비하여 큰 냉동효과가 얻어질수록 능률이 좋은 것이다. 성적계수는 1보다 크며, 성적계수가 클수록 냉동기 성능이 좋은 것을 나타낸다.

또, 고온열원에서 방출하는 열량은 압축일에 상당하는 열량과 냉각효과의 합이 되는데 이것을 **가열효과** $q_h [kcal/kgf]$라고 하며, 이것에 냉매유량 $G[kg/h]$을 곱한 값을 **가열능력** Q_h(Heating capacity, $kcal/h$)라고 한다.

$$q_h = q_e + AL = h_B - h_C \ [kcal/kgf]$$

$$Q_h = G(q_e + AL) = G(h_B - h_C) \ [kcal/h]$$

그런데 응축기에서 방출하는 열량은 온수를 만들거나 난방을 위하여 사용될 수 있으므로 이 목적을 위하여 사용되는 냉동기를 **열펌프(Heat pump)**라고 한다.

열펌프는 열량을 고온열원에 방출하는 것이 목적이므로 성적계수 ϵ_h는 다음과 같다.

$$\epsilon_h = \frac{q_h}{AL} = \frac{q_e + AL}{AL} = 1 + \frac{q_e}{AL} = 1 + \epsilon_r$$

$$= \frac{h_B - h_C}{h_B - h_A} = \frac{(h_B - h_A) + (h_A - h_C)}{h_B - h_A} = 1 + \frac{h_A - h_C}{h_B - h_A} = 1 + \epsilon_r$$

이와 같이 냉동기는 냉각뿐만 아니라 난방도 할 수 있다. 만일 증발기로 냉수를 만들고 응축기로 온수를 만들어 양자를 모두 이용한다면 이때의 성적계수 ϵ_{rh}는 매우 큰 값이 되며 냉동기와 열펌프 성적계수의 합으로 표시된다.

$$\epsilon_{rh} = \epsilon_r + \epsilon_h = 1 + 2\epsilon_r$$

예제 2-1

냉동기의 성적계수가 6.84일 때 증발온도가 -13 [℃]이다. 응축온도는 몇 [℃]인가?

풀이 $COP = \dfrac{Q_1}{Q_2 - Q_1} = \dfrac{T_1}{T_2 - T_1}$ 에서

$$6.84 = \frac{273-13}{(273+t_2)-(273-13)} \qquad \therefore t_2 = 25 \ [℃]$$

예제 2-2

외기온도가 -5 [℃]일 때 공급공기를 25 [℃]로 유지하는 역카르노 사이클로 난방을 실시한다. 방의 총 열손실이 50,000 [$kcal/h$]일 때 소요동력[kW]을 구하시오.

풀이 $COP(\epsilon_h) = 1 + \epsilon_r = 1 + \dfrac{Q_1}{Q_2 - Q_1} = 1 + \dfrac{T_1}{T_2 - T_1} = 1 + \dfrac{268}{30} = 9.933,$

$$COP = \frac{Q_h}{AL}, \qquad AL = \frac{Q_h}{COP} = \frac{50,000}{9.933} \ [kcal/h],$$

$$N = \frac{AL}{860} = \frac{50,000}{9.933 \times 860} = 5.853 \ [kW]$$

예제 2-3

냉동용량이 10 냉동톤인 어느 냉동기의 성적계수가 4.5라면 이 냉동기를 작동하는데 필요한 동력은 몇 [PS] 인가?

풀이 $\epsilon_r = \dfrac{Q_e}{AL} = \dfrac{Q_e}{N[PS] \times 632.3} = \dfrac{Q_e}{N[kW] \times 860}$ 이므로

$$N[PS] = \frac{10 \times 3,320[kcal/h]}{4.5 \times 632.3[kcal/h]} = 11.668 \ [PS]$$

$$N[kW] = \frac{10 \times 3,320[kcal/h]}{4.5 \times 860[kcal/h]} = 8.579 \ [kW]$$

예제 2-4

1단 압축 암모니아 냉동장치에서 냉매순환량이 10 [kgf/min], 축동력 60 [kW]이다. 이 장치의 이론성적계수와 실제 성적계수를 구하시오. (단, 압축기의 흡입증기 엔탈피 397 [$kcal/kgf$], 토출가스의 엔탈피가 453 [$kcal/kgf$], 팽창밸브 직전의 냉매액 엔탈피 128 [$kcal/kgf$]이다)

풀이 이론 성적계수 $= \dfrac{397-128\,[kcal/kgf]}{453-397\,[kcal/kgf]} = 4.804$

실제 성적계수 $= \dfrac{10\times 60\times(397-128)\,[kcal/h]}{60\times 860\,[kcal/h]} = 3.128$

예제 2-5

어떤 냉동기가 20 [℃] 물에서 -10 [℃] 얼음 1 [ton]을 제조하는데 40 [kWh]의 동력이 소비되었다면 이 냉동기의 성적계수는 얼마인가? (단, 물의 융해열은 80 [$kcal/kgf$], 얼음의 비열은 0.5 [$kcal/kgf$℃]이다)

풀이 공급일 $AL = 40\times 860 = 34,400\ [kcal/h]$

냉동능력 $Q_e = (20+80+0.5\times 10)\times 10^3 = 105,000\ [kcal/h]$

$$\therefore\ \epsilon_r = \frac{Q_e}{AL} = \frac{\text{냉동능력}}{\text{공급일}} = \frac{105,000}{34,400} = 3.052$$

예제 2-6

응축압력 P_1, 증발압력 P_2 사이에서 작동하는 카르노 공기냉동기의 성적계수는 얼마인가?

(단, 압축비 $\dfrac{P_1}{P_2} = 4$ 이고 비열비는 1.4이다)

풀이 냉동장치에서 압축할 때의 변화는 단열변화이므로

$P_1^{\,1-\kappa}\,T_1^{\,\kappa} = P_2^{\,1-\kappa}\,T_2^{\,\kappa}$ 의 관계를 갖는다.

$$\epsilon_r = \frac{T_2}{T_1 - T_2} = \frac{1}{(\frac{T_1}{T_2}) - 1} = \frac{1}{(\frac{P_1}{P_2})^{\frac{\kappa-1}{\kappa}} - 1} = \frac{1}{(4)^{\frac{0.4}{1.4}} - 1} = 2.058$$

예제 2-7

압축기 입구, 응축기 입구, 팽창밸브 입구의 엔탈피가 각각 397, 452, 134 [$kcal/kgf$] 인 1단 압축, 1단 팽창 냉동장치로 시간당 30 [℃]의 물 1,000 [kgf]을 -10 [℃]의 얼음으로 만들려고 한다. 다음에 대하여 답하시오. 단, 이 제빙장치의 열손실이 없다.

풀이

(1) 이 냉동장치의 제빙능력(냉동부하)은 몇 [RT]인가?

30 [℃]의 물을 0 [℃]의 물로 만들 때 제거해야 할 열량은

$$dQ_1 = GcdT = 1000 \times 1 \times 30 = 30,000\ [kcal/h]$$

0 [℃]의 물을 0 [℃] 얼음으로 만들 때 제거해야 할 열량은

$$dQ_2 = 79.68 \times 1,000 = 79,680\ [kcal/h]$$

0 [℃]의 얼음을 -10 [℃] 얼음으로 만들 때 제거해야 할 열량은

$$dQ_3 = GcdT = 1000 \times 0.5 \times 10 = 5,000\ [kcal/h]$$

그러므로 제거해야 할 총열량은

$$dQ = dQ_1 + dQ_2 + dQ_3 = 30,000 + 79,680 + 5,000 = 114,680\ [kcal/h]$$

$$\therefore\ \frac{114,680\ [kcal/h]}{3,320\ [kcal/h]} = 34.542\ [RT]$$

(2) 냉매의 유량은 몇 [kgf/h] 인가?

$$G = \frac{Q_e}{q_e} = \frac{114,680\ [kcal/h]}{397 - 134\ [kcal/kgf]} = 436.046\ [kgf/h]$$

(3) 응축기에서 버려야 할 총열량은 몇 $[kcal/h]$ 인가?

$$Q_c = G \cdot q_e = 436.046\,[kgf/h] \times (452-134)[kcal/kgf] = 138{,}663\,[kcal/h]$$

(4) 압축기의 소요동력은 몇 $[kW]$ 인가?

$$N[kW] = \frac{G \cdot AL}{860[kcal/h]} = \frac{436.046[kgf/h] \times (452-397)[kcal/kgf]}{860[kcal/h]} = 27.887\,[kW]$$

(5) 냉동장치의 성적계수는?

$$\epsilon_r = \frac{q_e}{AL} = \frac{397-134\,[kcal/kgf]}{452-397\,[kcal/kgf]} = \frac{263\,[kcal/kgf]}{55\,[kcal/kgf]} = 4.782$$

(6) 이 장치로 냉동과 히트펌프를 동시에 이용할 경우 성적계수는?

$$\epsilon_{rh} = \frac{q_e + q_c}{AL} = \frac{q_e + q_e + AL}{AL} = 1+2\epsilon_r = 1+2\times 4.782 = 10.564$$

예제 2-8

실내온도가 25 [℃]인 거실에 설치된 김치냉장고의 온도를 -3 [℃]로 유지하기 위하여 3,000 $[kcal/h]$의 열을 제거해야 한다. 이 경우 김치냉장고에 요구되는 동력은 최소 몇 $[kW]$인가?

풀이

$$\epsilon_r = \frac{Q_e}{AL} = \frac{\text{저온의 열원}(T_1)}{\text{고온의 열원}(T_2) - \text{저온의 열원}(T_1)}$$

$$= \frac{(273-3)}{(273+25)-(273-3)} = \frac{270}{28} = 9.643$$

$$AL = \frac{q_e}{\epsilon_r} = \frac{3{,}000\,[kcal/h]}{9.643} = 311.107\ [kcal/h]$$

1 $[kW]$ = 860 $[kcal/h]$이므로 $N[kW] = \dfrac{311.107\,[kcal/h]}{860\,[kcal/h]} = 0.362\,[kW]$

3

증기압축식 냉동사이클

3.1 냉동기의 구성

물체를 냉각시키는 방법 중 가장 많이 사용되고 있는 방법은 증발열을 이용하는 방법이며 냉동기는 주로 이 원리를 이용한 것이다. 따라서 이 절에는 냉동의 조건과 냉동기의 구성, 액체의 증발, 압축기의 역할에 대하여 설명하고 냉동기와 열기관·펌프를 비교함으로써 냉동기를 이해할 수 있도록 한다.

3.1.1 냉동의 조건과 냉동기의 구성

높은 운전효율을 유지하면서 경제적이며 연속적인 냉동을 하기 위한 필요조건은 다음과 같다.

첫째, 증발하기 쉬운 상태의 냉매를 연속적으로 공급하여야 한다. 냉동기에서 냉각의 역할을 다한 냉매를 대기 중에 버린다는 것은 비경제적일 뿐만 아니라 환경을 파괴하는 원인이 되므로 다시 압축하여 냉각하면 액화되므로 이 방법을 이용하면 연속적이며 경제적인 공급을 할 수 있다. 즉, 사용하고 난 냉동장치의 냉매나 증기터빈의 증기는 상변화(응축)시켜 연속하여 사용할 수 있으나 가스터빈이나 내연기관의 경우 연소가스는 다시 재활용할 수 없다.

둘째, 저온물체로부터 빼앗은 열을 고온부에서 장치에 지장을 주지 않는 적절한 방법으로 방출하여야 한다.

셋째, 냉매를 증발시켜 증발열을 유효하게 뺏는 방법을 강구하여야 한다.

넷째, 되도록 안전하고 작용이 양호한 냉매를 선택해야 한다.

이상과 같은 냉동조건을 만족하도록 만든 시스템이 냉동기이다.

열을 운반하는 매체(작동유체)를 냉매(Refrigerant)라고 하며, 냉매를 사용하는 대표적인 증기압축식 냉동기에서 냉매는 그림 3-1과 같이 화살표를 따라 순환하며 팽창밸브에서 압축기 이전까지는 저압측이며, 압축기에서 팽창밸브 이전까지는 고압측이 된다.

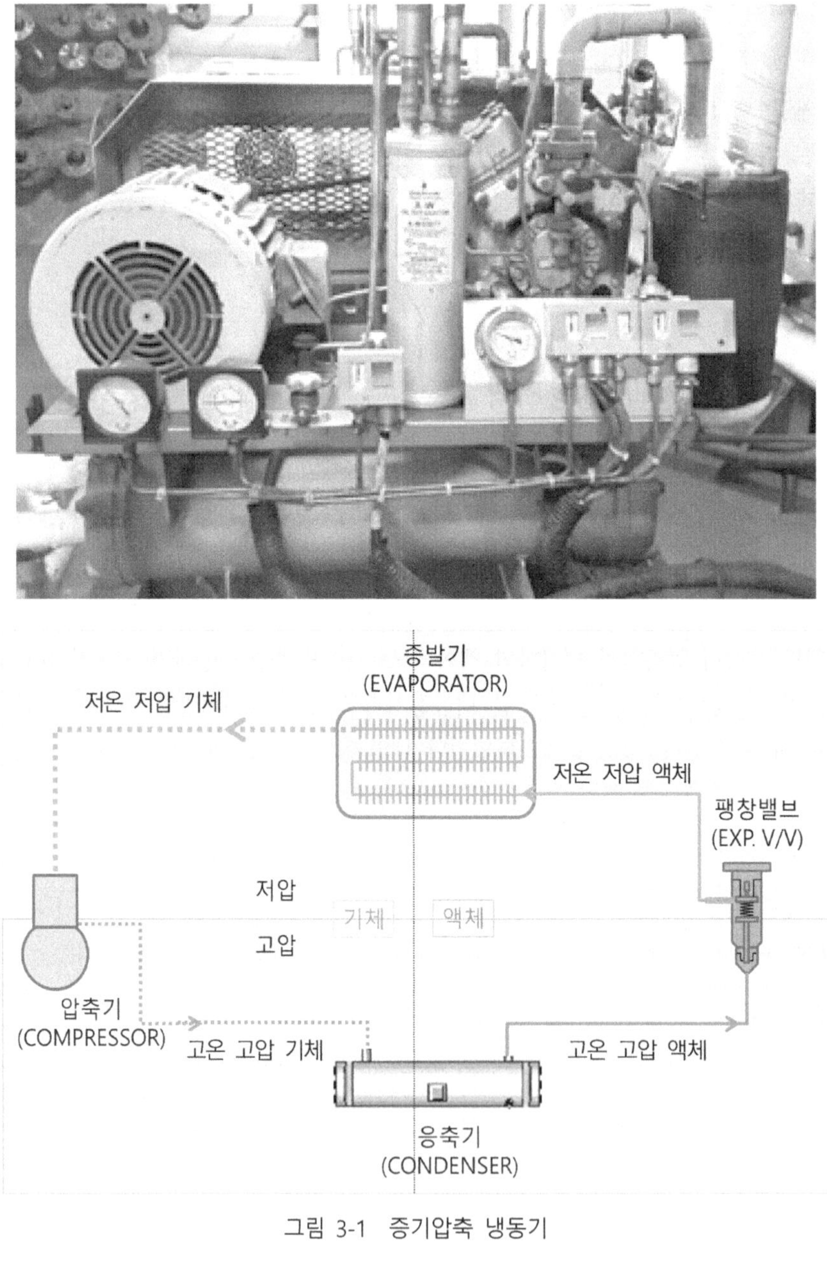

그림 3-1 증기압축 냉동기

증기압축식 냉동기의 작동원리는 다음과 같다.

① 응축기로부터 고압의 냉매액이 팽창밸브(expansion valve)를 통과함으로써, 기화하기 쉬운 액냉매로 변환된다.

② 팽창밸브를 나온 액냉매는 저압 하에 있는 증발기로 들어간다. 이때, 냉매액은 증발기 주위의 열을 흡수하여 기화한다.

③ 증발기를 나온 기체 냉매는 압축기에 들어가서 피스톤의 압축으로 압력과 온도가 상승하게 되며, 응축하기 쉬운 압축 기체로 변화된다.

④ 압축기를 나온 압축 기체는 응축기로 들어가며, 응축기에서 냉매의 열이 냉각수 또는 공기에 의하여 방출됨으로써, 기체는 다시 액체화되어 수액기(liquid receiver)에 저장된다.

다음은 현재 가장 많이 사용되고 있는 **증기압축식 냉동기의 구성요소**에 대하여 기술하기로 한다.

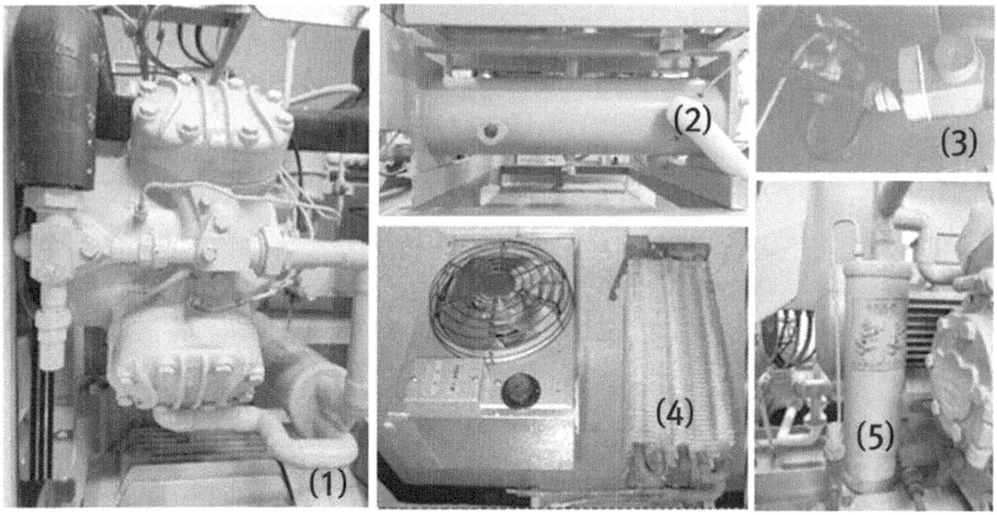

그림 3-2 증기압축식 냉동기의 구성요소

(1) 압축기(Compressor)

증발기에서 증발한 냉매가스를 흡입하여 응축이 가능한 압력까지 압축하여 응축기로 보내는 역할을 하며 냉동기의 심장부라고도 할 수 있다.

(2) 응축기(Condenser)

압축된 냉매증기를 물 또는 공기로 냉각하여 액체냉매로 만든다.

(3) 팽창밸브(Expansion valve)

밸브의 **교축작용**에 의하여 고압의 냉매액은 팽창하면서 저압으로 되고 비등점이 저하하므로 증발기에서 증발이 용이해지며 냉매유량도 조절된다. 소형냉장고의 경우 모세관(Capillary tube)이라고 하는 내경이 0.5~2 mm이며 길이가 수 미터(meter)가 되는 긴 관을 사용하는 경우가 많다.

(4) 증발기(Evaporator)

냉매가 액체상태에서 기체상태로 상변화하면서 주위로부터 증발열을 빼앗아 저온으로 만든다.

이상의 4개 부분이 냉동기를 구성하는 가장 기본적인 요소이다.

냉동기의 작용을 냉매의 흐름에 따라 조사하면 증발기에서는 냉매액이 증발하면서 주위로부터 열을 빼앗으면서 가스 상태로 압축기로 흡입되며, 압축기에서는 고온·고압의 냉매가스로 되며, 응축기에서는 냉각수(또는 공기)와의 열교환에 의하여 냉매는 다시 액상으로 변하여 다시 팽창밸브를 거쳐 증발기로 되돌아간다.

중·대형 냉동기에는 위의 4대 구성요소에 부가하여 다음의 장치들과 자동제어 장치들이 추가로 설치된다.

(5) 유분리기(Oil separator)

압축기와 응축기 사이에 설치되며 냉매증기의 압축 시 증발하여 냉매가스와 함께 반출된 기름을 분리하는 역할을 한다.

(6) 수액기(Receiver)

응축기에서 응축된 냉매액을 일시 저장하는 용기이다.

(7) 액분리기(Liquid separator)

증발기에서 미처 증발되지 못한 냉매액을 분리하여 수액기로 되돌려 보내며 냉매가스만이 압축기에 흡입되도록 하는 장치이다.

3.1.2 압축기의 역할

작동유체는 증발하기 쉬운 액체상태로 연속적으로 공급되고 흡수한 열량은 지장을 주지 않는 적당한 장소에 방출되어야 한다. 이와 같은 문제를 해결하기 위하여 냉동기가 이용되며 작동유체인 냉매(Refrigerant)를 반복적으로 증발과 응축시켜 냉동사이클을 운전한다.

다음은 압축기를 사용하면 왜 **냉매의 반복 사용**이 가능한 것인가에 대하여 논의해 보자.

증발기에서 증발된 냉매증기를 반복하여 사용하기 위해서는 응축기에서 다시 액화시켜야 한다. 이를 위해서는 냉매증기 온도보다 낮은 온도의 물질을 많이 필요로 하며, 만일 이와 같은 물질을 손쉽게 사용할 수 있다면 냉매나 냉동기 등은 불필요할 것이다.

그러나 그와 같은 물질은 존재하지 않으므로 다른 방법을 강구하여야 한다. 다행히 액체가 증발하는 온도와 압력 사이에는 일정한 관계가 있으며 일반적으로 **포화압력이 높아지면 이에 상응하는 포화온도 또한 상승**하게 된다.

이 관계를 이용하면 냉매의 반복 사용이 가능해진다. 예를 들어 가정용 에어컨에서 프레온-12를 이용하여 30℃의 공기를 20℃로 냉각하고 증발된 냉매증기를 30℃의 물로 액화시켜 반복 사용하는 경우에 대하여 설명하기로 한다.

그림 3-3은 각종 냉매의 포화압력-온도 곡선을 표시한 것이다.

예를 들어 프레온-12를 사용하여 공기를 20℃까지 냉각시키기 위해서는 냉매의 증발온도는 20℃ 이하이어야 하며, 이때의 포화압력은 5.8 kgf/cm^2abs 이다.

이를 30℃의 냉각수로 액화시킨다는 것은 불가능하다. 포화온도 30℃에 상응하는 포화압력

7.6 kgf/cm^2abs 이상으로 압력을 높여 주어야만 30℃의 냉각수로 냉매증기를 액화할 수 있으므로 압축기로 포화압력 이상으로 압축하여야 한다. 이와 같은 이유로 압축기가 필요한 것이다.

즉, **압축기는 냉매증기가 액화하기 쉬운 압력으로 압축시키고, 저온의 열원(증발기)에서 열을 흡수하여 고온의 열원(응축기)으로 이동시키는 역할**을 한다.

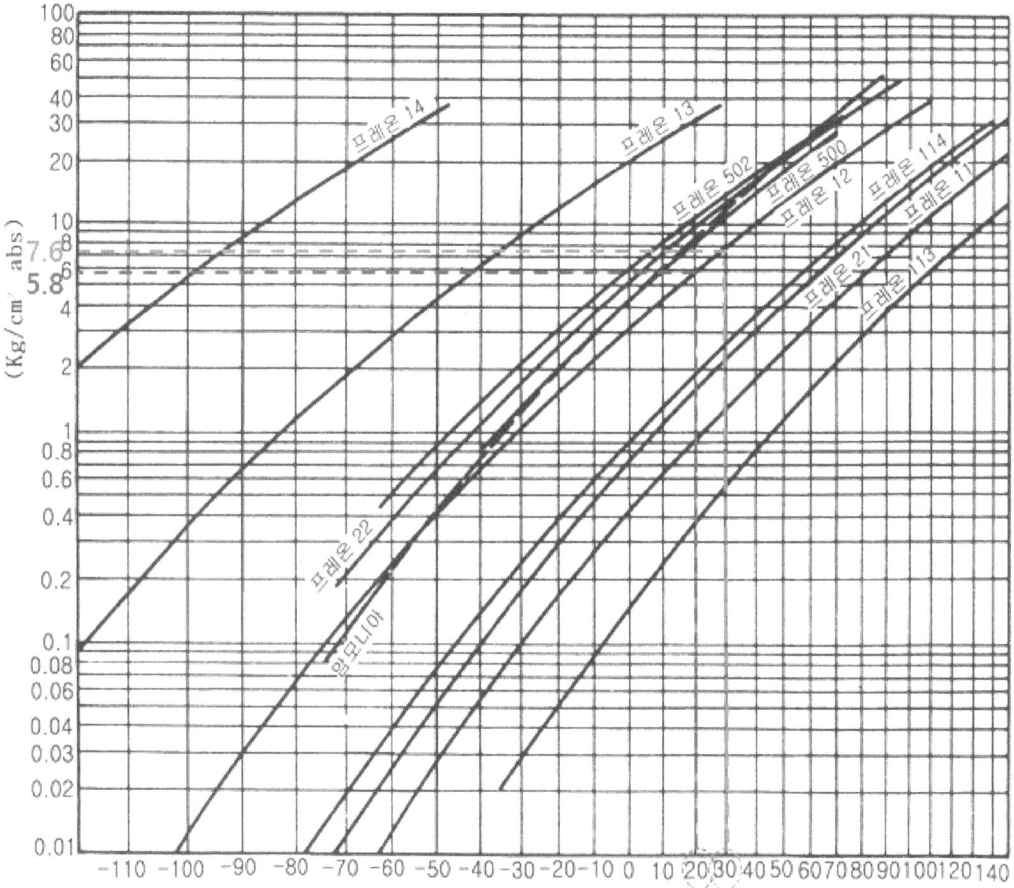

그림 3-3 냉매의 포화압력-온도곡선

3.2 냉매온도와 상태가 냉동사이클에 미치는 영향

성적계수(성능계수)를 증가시키는 방법은 냉동효과를 크게 하거나 압축기의 압축일량을 작게 하는 것이다.

$$\varepsilon_r \uparrow = \frac{q_L \uparrow}{W \downarrow} = \frac{q_e \uparrow}{AL \downarrow} = \frac{T_1 \uparrow}{T_2 - T_1 \downarrow}$$

냉동효과와 압축일량에 영향을 주는 냉매의 열역학적 상태는 증발온도, 응축온도, 압축기 입구의 냉매증기의 온도(과열도), 팽창밸브 입구의 냉매액의 온도(과냉각도)의 영향을 받는다. 이 절에서는 증발온도(또는 증발압력), 응축온도(또는 응축압력), 압축기 입구의 냉매증기의 상태(습증기일 때는 건도, 과열증기일 때는 과열도) 및 팽창밸브 직전에서의 냉매액의 과냉각도가 냉동기의 성능에 미치는 영향에 대하여 검토하기로 한다.

3.2.1 증발온도의 영향

냉동사이클에서의 증발온도의 영향을 조사하기 전에 먼저 성적계수가 카르노 냉동사이클에 미치는 영향에 대하여 검토하기로 하자.

카르노 냉동사이클의 성적계수 $\epsilon_{rc} = \dfrac{T_1}{T_2 - T_1}$ 에서 증발온도 T_1이 낮을수록 분모(T_2-T_1)의 차는 커지므로 성적계수는 상당히 작아진다. 반대로 증발온도 T_1이 높으면 높을수록 성적계수는 커진다. 또한, 응축온도보다 증발온도가 성적계수에 미치는 영향이 크다는 것을 알 수 있다.

냉동사이클도 이와 마찬가지의 효과가 있으며 $P-h$ 선도 상에서는 그림 3-4와 같이 표시된다. 이 그림은 냉동사이클에서 응축온도 T_2는 변하지 않고 증발온도가 T_1에서 T_1'로 낮아지는 경우의 변화를 나타낸다.

여기서 냉동효과는 q_e에서 q_e'로 떨어진다. 압축일은 반대로 AL'가 되어 증가된다. 따라서 성적계수 ϵ_r은 $\dfrac{q_e}{AL}$ 에서 $\dfrac{q_e'}{AL'}$가 되어 상당히 작아진다.

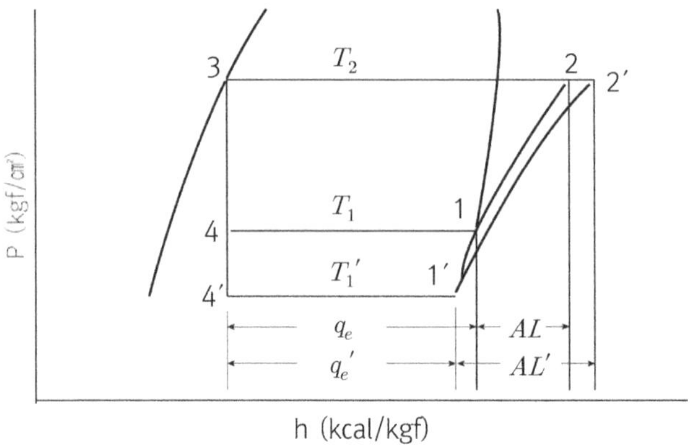

그림 3-4 증발온도의 영향

또 압축기 출구의 냉매증기 온도는 T_2에서 T_2'가 되어 증발온도가 낮을수록 높아지며, 압축기 입구증기의 비체적도 증발온도가 낮을수록 커져서 v_1에서 v_1'가 된다. 압축기 출구에서의 냉매증기 온도는 T_2에서 T_2'로 높아져 동일한 응축온도에 대해서 증기의 과열도는 증가된다.

이와 같이 온도상승이 커지면 압축기가 소손되거나 압축기의 윤활유 질이 떨어져 기능을 저하시키므로 바람직한 일은 못된다. 포화온도나 포화압력의 저하로 증기의 비체적이 커지고, 이로 인하여 압축기의 단위 흡입체적 당 냉동효과($\frac{q_e}{v_1}$)는 적어지며 압축기의 이론적 냉동능력은 감소한다. 따라서 냉동능력 Q_o의 감소로 냉각하는 능력은 감소하며, 성적계수 ϵ_r의 감소로 인하여 필요한 냉동능력 Q_o에 대하여 압축기의 이론적일 $AL = \frac{Q_o}{\epsilon_r}$ $[Kcal/h]$은 반대로 증가하게 된다.

이 밖에 증발압력 P_1이 낮아지므로 압축비(Compression ratio: $\frac{P_2}{P_1}$)가 커지며 체적효율 η_v(Volumetric efficiency)와 압축효율 η_c(Compression efficiency)가 낮아져서 나쁜 영향을 가져온다.

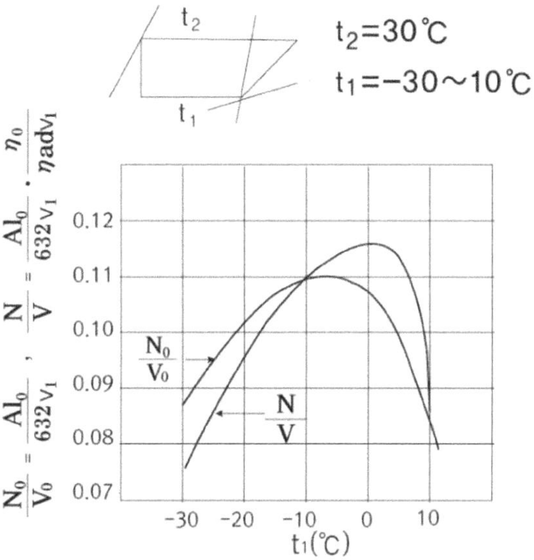

그림 3-5 R-12에 미치는 증발온도의 영향

그림 3-5에서 알 수 있듯이 증발온도의 감소에 의한 비체적 v_1의 증가가 현저하지만 결국 압축기 구동 동력 N은 그다지 커지지 않으며 증발온도가 -30℃ 근처에서는 오히려 감소하는 경향이 있다. 따라서 증발온도 저하는 냉동능력의 감소를 가져오지만 압축기 구동 전동기가 과부하로 파손될 염려는 없다.

3.2.2 응축온도의 영향

증발온도는 T_1으로 일정한 상태에서 응축온도가 T_2에서 T_2'로 증가할 때의 영향을 $P-h$ 선도에서 검토하기로 하자.

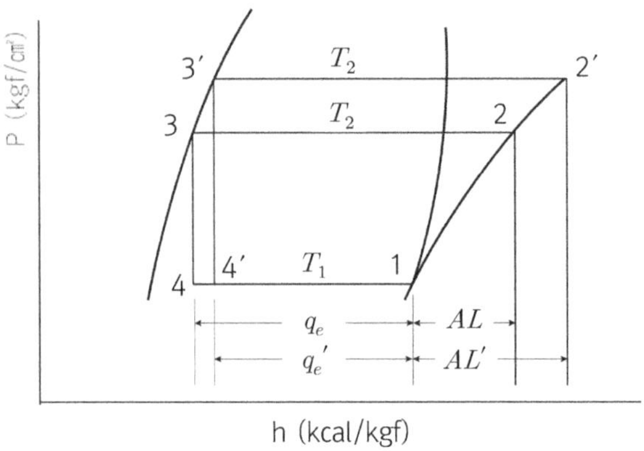

그림 3-6 응축온도의 영향

그림 3-6에서 알 수 있듯이 응축온도가 증가함에 따라 냉동효과는 감소하며, 압축일의 열당량은 증가한다. 따라서 성적계수는 현저히 떨어지게 된다.

그러나 압축기 입구의 냉매증기 비체적은 증발온도의 변화와 관계없이 일정하고 Al은 증가하므로 압축기 구동 동력은 계속 증가하게 된다. 따라서 심할 때는 응축온도의 상승에 의하여 압축기가 과부하로 되어 파손이 일어날 염려가 있다.

또 응축온도의 상승으로 응축압력은 P_2에서 $P_2{}'$로 상승하므로 압축기 베어링에 걸리는 하중의 증가나 압축기의 강도에도 영향을 미치게 된다.

응축온도의 상승은 설계의 잘못이나 응축기 냉각수 펌프의 정지, 냉각수량의 감소, 응축기의 오염 등에 기인된다.

3.2.3 압축기 입구 냉매증기 상태의 영향

증발온도와 응축온도가 일정하고 과냉각도가 없는 냉동사이클에서 압축기에 흡입되는 냉매증기의 상태가 건포화증기, 과열증기 및 습증기 일 때를 고찰하기로 하자.

(1) 건포화압축

그림 3-7에서 냉동사이클(A → B → C → D)은 냉매액의 증발이 증발기 출구에서 완료하고 건포화증기 상태로 압축기로 흡입되고 있는 것을 나타낸다.

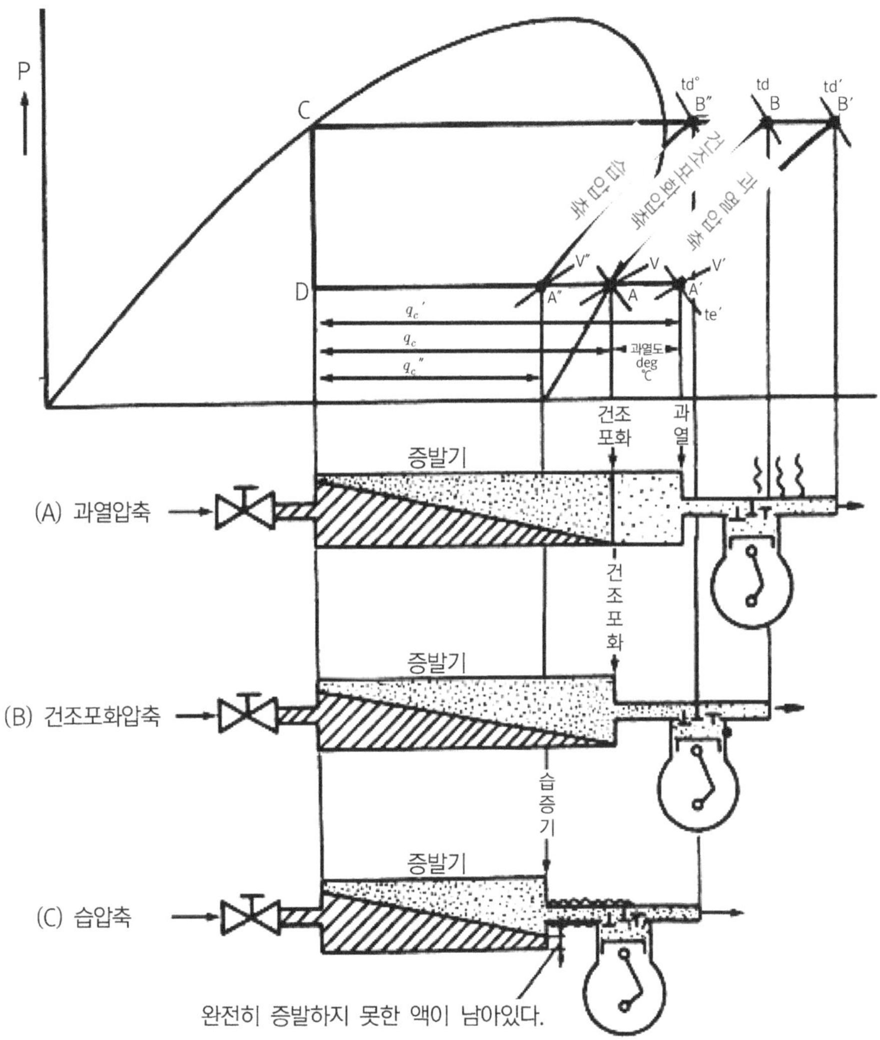

그림 3-7 흡입가스 상태와 압축

이와 같은 압축을 **건포화압축**이라고 하며 이때의 냉동효과는

$$q_e = h_A - h_D \ [kcal/kgf]$$

실제 냉동사이클에서는 건포화 증기압축이 바람직하지만 냉동부하의 변동 등으로 조절이 어려우므로 **과열도를 5℃** 정도로 하는 것이 보통이다.

(2) 과열압축

냉매유량이 감소되거나 부하가 증가하여 증발기 출구에 이르기 전에 이미 냉매의 증발이 완료되고, 그 다음에도 계속 열을 흡수하여 동일 증발압력의 상태 하에서 온도만이 상승한 과열증기의 상태로 압축기에 흡입되는 것을 나타내고 있다.

이 냉동사이클은 그림 3-7에서(A' → B' → C → D)와 같이 변화한다. 동일 압력 하에서의 과열증기온도와 포화증기온도와의 차를 **과열도**라고 하며 냉동효과는 q_e'로 된다.

모리엘선도 상에서는 q_e 〈 q_e'가 되지만 실제로 A점보다 A′ 점의 증기 비체적이 더 크기 때문에 냉매순환량(kgf/h)이 감소되며, 압축기 출구가스 온도가 높아져 압축기의 체적효율이 나빠지고, 나아가 냉매순환량이 감소됨으로써 q_e의 증가 효과는 없어진다. 따라서 **과열도를 5℃정도**로 유지하는 것이 좋다.

(3) 습압축

부하가 감소하거나 냉매유량이 증가하게 되면 증발기 출구에 아직 증발하지 않는 냉매가 액체상태로 있게 되고 이것이 압축기에 흡입되는 경우가 있다. 이때의 냉동사이클은 그림 3-7에서(A″ → B″ → C → D) 로 변화된다. 이와 같은 압축을 **습압축**이라고 하며, 냉동효과는 q_e''로 표시된다. 냉동효과는 q_e''로 작아지고 토출가스 온도가 낮아진다.

습압축은 흡입가스 중에 액이 남아 있는 상태이므로 냉동사이클의 효율도 저하하게 되며, **리퀴드백(Liquid back)**이 심해져 압축기에서 **액압축(Liquid compression)**의 위험성이 있으므로 피해야 할 압축방식이다. 리퀴드백이 일어나면 흡입관에서 실린더까지 적상(積箱 : 서리가 쌓인 모습)이 일어나는 것을 볼 수 있다.

3.2.4 팽창밸브 입구 냉매액 온도의 영향(과냉각도)

팽창밸브 입구에서의 냉매액이 과냉각될 때의 영향을 그림 3-8에 표시하였다. 그림에서 알 수 있는 바와 같이 동일한 압축일 AL에 대하여 냉동효과가 증가하므로 성적계수는 높아진다. 그러나 응축온도 T_2이하로 냉각하기 위해서는 응축온도보다 낮은 실온(室溫)에서 냉각되는 특별한 경우를 제외한 냉각방법이 필요하게 된다.

그림 3-9와 같이 열교환기(Heat exchanger)를 설치하면 증발기 출구의 냉매는 과열되는 반면 응축기 출구의 냉매는 과냉되어 성적계수가 향상된다.($\Delta h_C = \Delta h_H$)

증발기 출구의 저온 냉매증기와 응축기 출구의 고온 냉매액을 서로 열교환시켜 **과열도**와 **과냉각도**를 동시에 일어나게 하여 효율을 높이는 방법이다. 이를 위해서 열교환기가 이용되며 효과는 냉매의 종류에 따라 다르다. 프레온-12나 프레온-22에 대해서는 열교환기 효과가 크게 나타난다. 그러나 암모니아 냉동장치에서는 압축기의 흡입가스 온도가 높아지면 압축기 출구의 가스온도가 상승하여 윤활유가 열화되며 성적계수도 저하하기 때문에 이 방법을 사용하지 않는다.

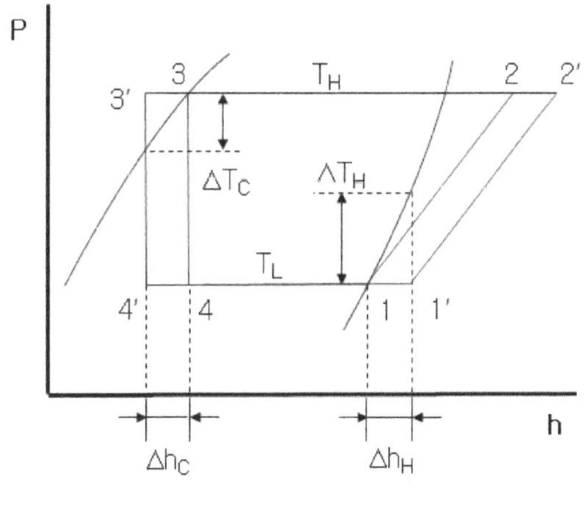

그림 3-8 과냉각의 효과

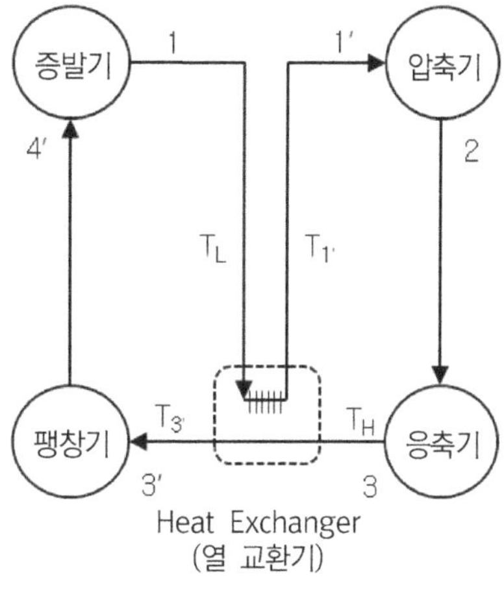

그림 3-9 열교환기의 효과

예제 3-1

성적계수가 4.8, 압축일의 열당량이 56 $[kcal/kgf]$인 냉동기의 1 냉동톤 당 냉매순환량은 몇 $[kgf/h]$ 인가?

풀이 $\epsilon_r = \dfrac{Q_e}{AL}$ 에서 $Q_e = 4.8 \times 56\,[kcal/kgf] = 268.8\,[kcal/kgf]$

$$G = \frac{3,320\,[kcal/h]}{268.8\,[kcal/kgf]} = 12.351\ [kgf/h]$$

예제 3-2

증발온도 -30 [℃], 응축온도 25 [℃]인 냉동장치의 1 [RT] 당의 소요동력은 몇 $[kW]$인가?

풀이

$$\epsilon_r = \frac{Q_1}{Q_2 - Q_1} = \frac{T_1}{T_2 - T_1} = \frac{(273-30)}{(273+25)-(273-30)} = 4.418$$

$$AL = \frac{Q_e}{\epsilon_r} = \frac{3,320\,[kcal/h]}{4.418} = 751.471\,[kcal/h]$$

$$\therefore N\,[kW] = \frac{AL}{860} = \frac{751.471\,[kcal/h]}{860\,[kcal/h]} = 0.874\,[kW]$$

예제 3-3

암모니아를 사용하는 냉동장치의 운전상태 중 증발기 입출구의 엔탈피는 각각 128, 397 $[kcal/kgf]$이다. 이 냉동장치에 사용된 압축기의 피스톤 압출량이 100 $[m^3/h]$로 되면 냉동능력은 몇 $[kcal/h]$인가? 단, 체적효율은 0.75, 압축기에 흡입되는 냉매가스의 비체적은 0.5 $[m^3/kgf]$이다.

풀이

$$R = \frac{(\text{피스톤 압출량}) \times [(h_a) - (h_e)]}{(-15℃\text{의 건포화증기의 비체적}) \times 3320} \times \text{체적효율}$$

$$R = \frac{V_{th}\,\eta_v \cdot q}{v} = \frac{V_{th}\,\eta_v \cdot (h_1 - h_4)}{v}$$

$$= \frac{100[m^3/h] \times 0.75}{0.5[m^3/kgf]} \times (397 - 128)[kcal/kgf] = 40,350\ [kcal/h]$$

예제 3-4

비중 1.2, 비열 0.705 [$kcal/l℃$]의 염화칼슘 브라인을 이용한 냉동장치에서 냉각관 입구의 브라인 온도 -10 [℃], 출구온도 -4 [℃], 냉동부하 36,000 [$kcal/h$]일 때, 브라인 순환량은 몇 [l/min] 인가?

풀이 염화칼슘 브라인이 흡수할 수 있는 총열량

$$Q_1 = G\,c\,dT = G \times 1.2 \times 0.705 \times (-4 - (-10))\ [kcal/h]$$

제거해야 할 총열량(냉동부하)은 $Q_2 = 36,000\,[kcal/h]$

이 두 열량 $Q_1 = Q_2$ 이어야 하므로

$$G = \frac{36,000}{1.2 \times 0.705 \times (-4 - (-10))} = 7092.199\,[l/h] = 118.203\ [l/\text{min}]$$

3.3 2단 압축 냉동사이클 (2 Stage compound refrigeration cycle)

2단 압축 냉동사이클에는 주로 선박용 암모니아 및 프레온냉동설비에 주로 사용되는 '1단 팽창 - 2단 압축 냉동사이클'과 육상용 암모니아 냉동설비에 이용되는 '2단 팽창 - 2단 압축 냉동사이클'이 있다.

여기서는 '1단 팽창 - 2단 압축 냉동사이클'에 대하여 설명한다.

이 사이클은 그림 3-10 및 그림 3-11에 나타낸 바와 같이 증발기에서 흡열작용에 의하여 기화된 냉매를 저단압축기로 압축하고, 이것을 중간냉각기에서 냉각한 후 고단압축기로 보낸다. 중간냉각기에서의 냉각은 응축기용 냉각수를 함께 이용하는 방법과 그림 3-10과 같이 응축기에서 응축한 냉매액 중의 일부를 중간냉각기에서 팽창시켜 냉각효과를 얻는 방법이 이용되기도 한다.

1단 압축기를 사용하여 보통의 냉매로부터 -30℃ 이하의 저온을 얻으려 할 때는 증발압력이 매우 낮아지므로 증발압력으로부터 응축압력까지 압축하려면 압축비가 커지게 된다.

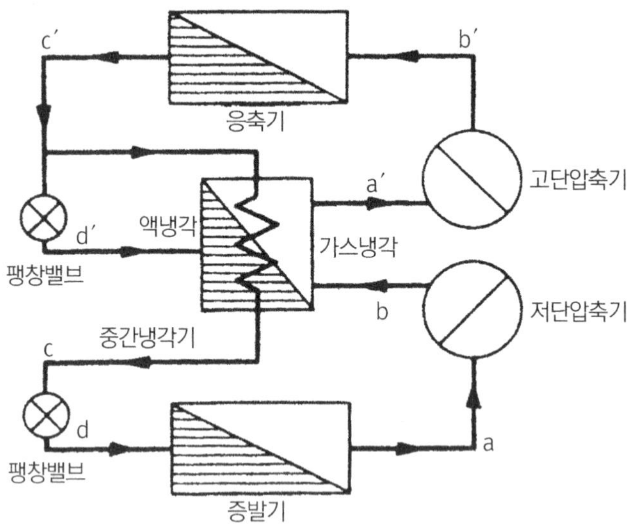

그림 3-10 1 단 팽창 2 단 압축 냉동사이클 계통도

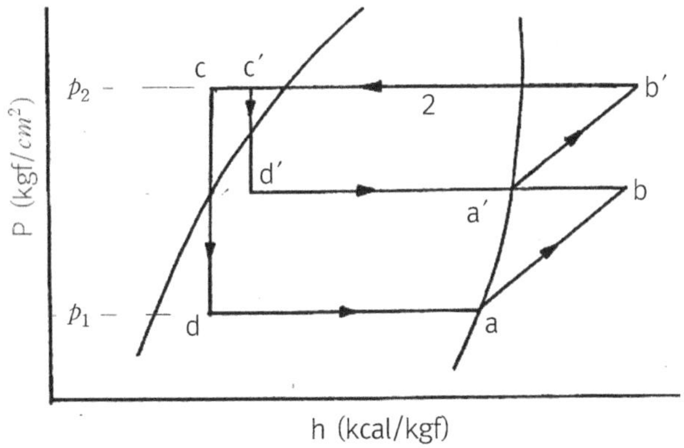

그림 3-11 1단 팽창 2단 압축 냉동사이클 P-h선도

압축비가 커지게 되면 압축기 출구의 냉매가스 온도가 상승, 윤활유의 열화·탄화, 체적효율의 감소, 성적계수의 저하 등을 초래하게 된다. 따라서 저온을 얻을 경우 2대 또는 2대 이상의 압축기를 사용할 필요가 있게 된다. 일반적으로 압축비가 6 이상인 경우에 다단압축 냉동사이클을 채택한다.

다단 압축 냉동사이클에 사용되는 중간 냉각기는 저단압축기의 토출가스 온도를 낮추어 주며, 응축기 출구의 냉매액 온도를 과냉시켜 냉동효과를 증대시키며, 고단측의 **액백(Liquid back)을** 방지하여 줌으로써 **액분리기**의 역할을 하기도 한다.

냉동효과는

$$q_e = h_a - h_d \ [kcal/kgf]$$

저단압축기의 냉동능력을 $Q_e[kcal/h]$, 저단압축기의 **냉매순환량**(가스흡입량)을 $G_L[kgf/h]$라 하면

$$G_L = \frac{Q_e}{h_a - h_d} \quad , \quad Q_e = G_L \times q_e = G_L(h_a - h_d)$$

중간냉각기에서 냉매가스와 냉매액의 냉각에 필요한 **냉동능력**을 $Q_m[kcal/kgf]$라 하면

$$Q_m = G_L\left[(h_{c'} - h_c) + (h_b - h_{a'})\right]$$

중간냉각기에서 증발되는 **냉매량**을 $G_m[kgf/h]$라 하면

$$G_m = \frac{G_L[(h_{c'} - h_c) + (h_b - h_{a'})]}{h_{a'} - h_{c'}}$$

고단압축기의 가스흡입량을 $G_H[kgf/h]$라 하면

$$G_H = G_m + G_L$$

저단압축기에 필요한 **압축일의 열당량**을 AL_L $[kcal/h]$, **고단압축기**에 필요한 **압축일의 열당량**을 AL_H $[kcal/h]$라고 하면

$$AL_L = G_L(h_b - h_a), \quad AL_H = G_H(h_{b'} - h_{a'})$$

따라서 **성적계수**는 다음과 같이 된다.

$$COP = \frac{Q_e}{AL_L + AL_H}$$

만약 시스템 내부의 냉매액으로 중간냉각기의 냉각을 하지 않고 별도의 냉각수를 이용하여 냉각을 시키는 경우의 계산은 매우 간단하다.

그리고 저단압축기의 증발압력을 P_1, 고단압축기의 응축압력을 P_2 일 때, 저단압축기와 고단압축기의 압축비를 동일하게 하는 것이 성적계수가 최대로 된다.

저단압축기 출구의 **냉매가스 압력** P

$$\frac{P}{P_1} = \frac{P_2}{P}, \qquad P = \sqrt{P_1 \cdot P_2}$$

의 값을 택하는 것이 일반적이다.

예제 3-5

다음의 중간냉각기에서 주 냉동사이클을 순환하는 냉매량이 1 $[kgf/h]$이라고 할 때 중간냉각기를 순환하는 냉매량은 얼마인가? (단 각 점의 엔탈피는 다음과 같다)

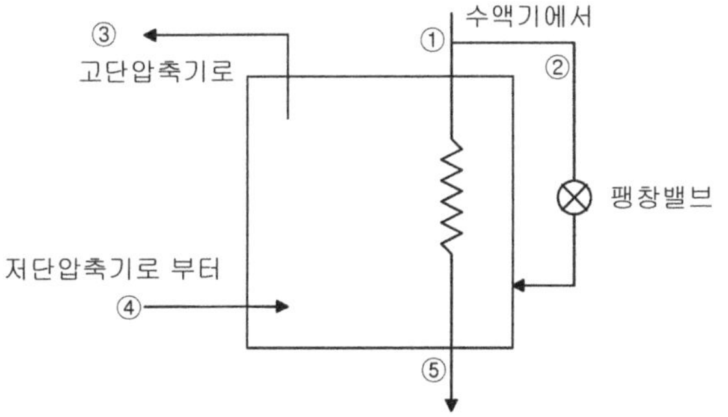

① 110.6 $[kcal/kgf]$
② 110.6 $[kcal/kgf]$
③ 148.4 $[kcal/kgf]$
④ 152.4 $[kcal/kgf]$
⑤ 99.7 $[kcal/kgf]$

풀이 $G_m(h_3 - h_2) = G_L(h_4 - h_3) + G_L(h_2 - h_5)$이므로

$$G_m = \frac{G_L(h_4 - h_3) + G_L(h_2 - h_5)}{h_3 - h_2}$$

$$= \frac{1 \times (152.4 - 148.4) + 1 \times (110.6 - 99.7)\,[kcal/h]}{148.4 - 110.6\,[kcal/kgf]} = 0.394\ [kgf/h]$$

예제 3-6

그림과 같이 2단 압축 1단 팽창을 하는 R-22 냉동기가 있다. 저단압축기로 흐르는 냉매량 $G_L = 2\ [kgf/h]$ 일 때 중간냉각기로 통하는 냉매량 G_m은 몇 $[kgf/h]$ 인가? 그리고 성적계수는 얼마인가? (단, 각 점의 엔탈피는 $a = 115$, $c = 143$, $d = 154$, $e = 149$, $f = 158$, $g = 120$ $[kcal/kgf]$ 이다)

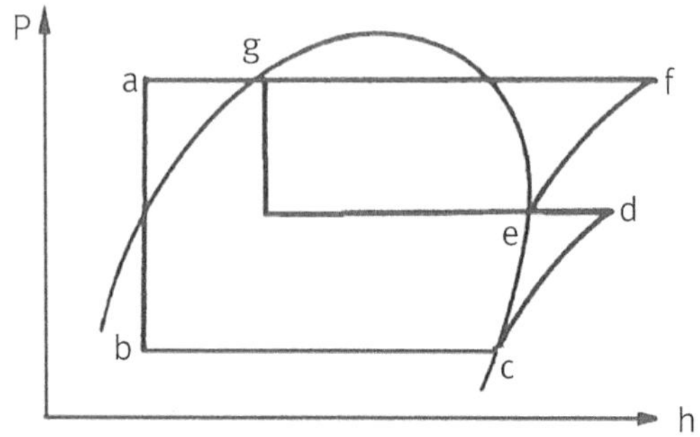

풀이 $G_L = 2\ [kgf]$ 일 때 중간냉각기로 흐르는 냉매량 G_m은

$G_m(h_e - h_g) = G_L[(h_g - h_a) + (h_d - h_e)]$ 이므로

$$\therefore G_m = \frac{2 \times [(120 - 115) + (154 - 149)]}{149 - 120} = \frac{20\ [kcal/h]}{29\ [kcal/kgf]} = 0.69\ [kgf/h]$$

고압압축기로 통하는 냉매량 $G_H = G_L + G_m\ = \ 2.69\ [kgf/h]$

저단압축기의 압축일량 $AL_L = G_L(h_d - h_c) = 2(154 - 143) = 22\ [kcal/h]$

고단압축기의 압축일량 $AL_H = G_H(h_f - h_e) = 2.69(158 - 149) = 24.21\ [kcal/h]$

냉동능력 $Q_e = G_L(h_c - h_b) = 2(143 - 115) = 56\ [kcal/h]$

$$COP = \frac{Q_e}{AL_L + AL_H} = \frac{56\ [kcal/h]}{46.21\ [kcal/h]} = 1.212$$

예제 3-7

아래 그림과 같은 2단 압축 2단 팽창 암모니아 냉동장치에서 저단측 압축기의 피스톤 배출량이 444.4 $[m^3/h]$일 때 이 냉동장치의 냉동능력은? 단, 저단, 고단압축기의 체적효율은 각각 0.7, 0.8 이다.

풀이 저단압축기의 냉매순환량

$$G_L = \frac{V_L \bullet \eta_{VL}}{v_1} = \frac{444.4 \times 0.7\,[m^3/h]}{1.55\,[m^3/kg]} = 200.7\ [kg/h]$$

따라서 냉동능력은

$$R = G_L\,(h_1 - h_8) = 200.7\,(388 - 89) = 60{,}009.3\ [kcal/kg]$$

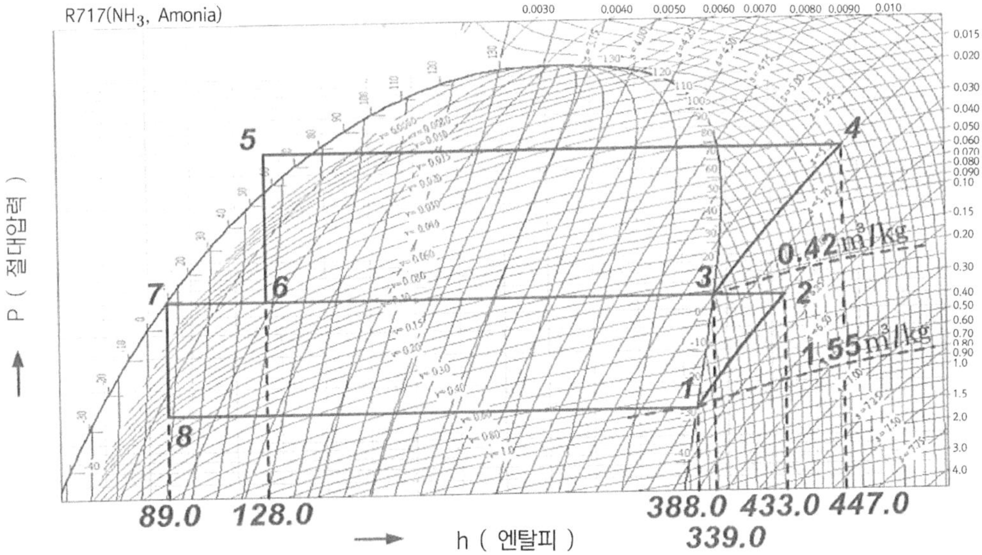

3.4 다원 냉동사이클 (Multi-stage cascade refrigeration cycle)

왕복식 압축기에서는 흡입가스 압력이 어느 정도 되지 않으면 체적효율이 극히 감소하므로 다단압축 냉동사이클을 채용하여도 동일냉매를 사용하는 경우 저압압축기의 흡입압력이 현저히 낮게 되거나, 또는 고압압축기의 토출압력이 너무 높게 되어 어느 것도 저온을 얻는 데에는 한계가 있다.

다원 냉동사이클을 **캐스케이드 사이클(Cascade cycle)**이라고도 부르며, 저온부에는 비교적 고압의 냉매를, 고온부에서는 저압의 냉매를 사용하여 저온을 얻는 방법으로 -100℃까지는 2원 냉동사이클, -130℃ 이하의 초저온 냉동설비에는 3원 또는 4원 냉동사이클을 채택하고 있다.

저온부 냉동사이클의 응축기는 고온부 냉동사이클의 증발기에 의하여 냉각되도록 한 것이며, Q_1를 저온부 냉동사이클의 냉동능력, G_1를 저온부 냉동사이클의 냉매 순환량이라 하면

$$G_1 = \frac{Q_1}{h_a - h_c}$$

Q_2를 고온부 냉동사이클의 냉동능력, G_2를 고온부 냉동사이클의 냉매순환량이라 하면

$$G_2 = \frac{Q_2}{ha' - hd'}$$

$$G_1(h_b - h_c) = G_2(ha' - hd') \text{ 이므로}$$

$$Q_2 = \frac{Q_1(h_b - h_c)}{h_a - h_c}$$

저온부 압축기의 일량을 AL_1, 고온부압축기의 일량을 AL_2라 하면

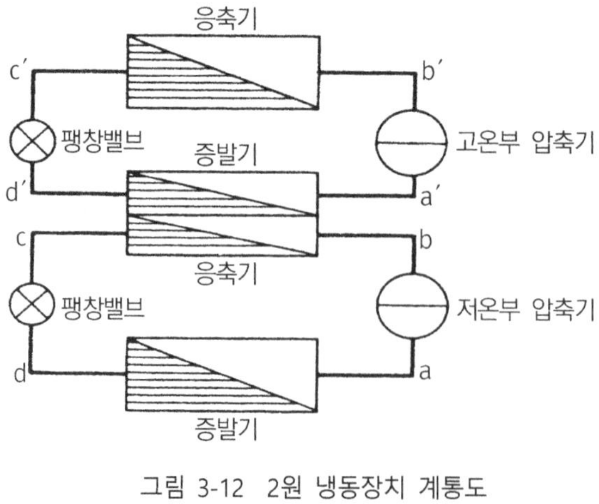

그림 3-12 2원 냉동장치 계통도

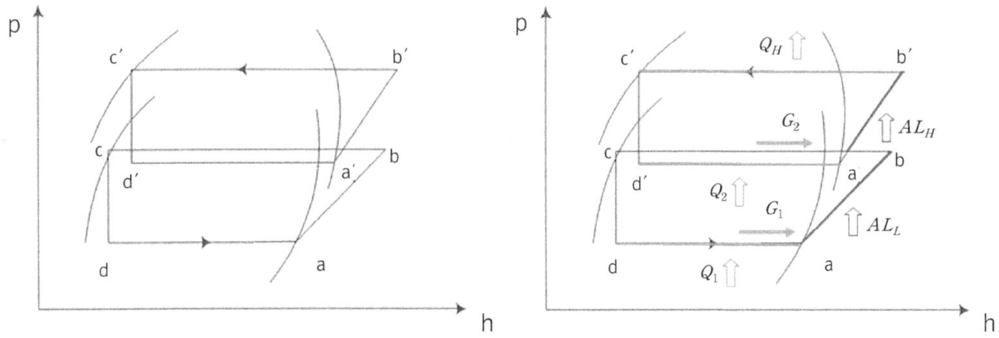

그림 3-13 2원 냉동사이클

$$AL_1 = G_1(h_b - h_a), \qquad AL_2 = G_2(h_{b'} - h_{a'})$$

냉동설비 전체의 일량 $AL = AL_1 + AL_2$ 이므로

성적계수 ϵ_r은 다음과 같다.

$$COP(\epsilon_r) = \frac{Q_1}{AL_1 + AL_2}$$

예제 3-8

저온측의 냉매는 R-13 이고, 증발온도 -75 [℃], 응축온도 25 [℃], 팽창밸브 직전의 온도 23 [℃]이다. 고온측의 냉매는 R22이고 증발온도 -30 [℃], 응축온도 26 [℃], 팽창밸브 직전의 액 온도 22 [℃]인 2원 냉동사이클의 성적계수를 구하시오. 단, 저온 및 고온측은 모두 건조포화증기 압축이며, 각 점의 엔탈피는 $h_1 = 116.3$, $h_2 = 124.1$, $h_4 = 93.5$, $h_5 = 146$, $h_6 = 157.5$, $h_8 = 107$ $[kcal/kgf]$이다.

풀이

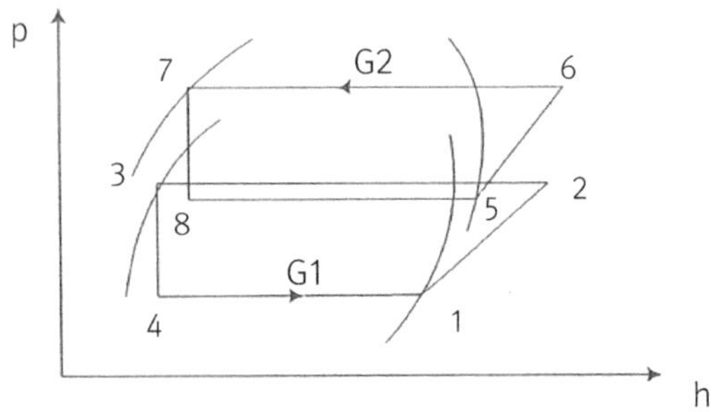

저온측 냉동사이클에서 $G_1 = 1\,[kgf/h]$ 일 때 고온측 냉동사이클의 G_2는 $h_2 - h_3 = G_2(h_5 - h_8)$이므로

$$G_2 = \frac{h_2 - h_3}{h_5 - h_8} = \frac{124.1 - 93.5}{146 - 107} = 0.785\ [kgf/h]$$

이 냉동장치의 냉동능력

$Q_e = G_1(h_1 - h_4) = 1 \times (116.3 - 93.5) = 22.8\ [kcal/h]$

총 필요이론동력

$AL = G_1(h_2 - h_1) + G_2(h_6 - h_5) = 1 \times (124.1 - 116.3) + 0.785 \times (157.5 - 146)$

$= 16.828\,[kcal/h]$

성적계수

$$COP = \frac{Q_e}{AL} = \frac{22.8\,[kcal/h]}{16.828\,[kcal/h]} = 1.355$$

증기압축식 냉동사이클과 이상적인 냉동사이클(역카르노 사이클)의 성적계수는 약간의 차이가 있다. 이는 증기압축식 냉동사이클은 팽창과정에서 교축 행정을 하는데 비하여 역카르노 사이클은 단열팽창을 하기 때문이다.

4

냉매

1편 냉동공학

4.1 개요

냉매(Refrigerant)란 냉동사이클 내를 순환하면서 열을 이동시키는 역할을 하는 물질로써 저온의 열원으로부터 열을 흡수하여 고온의 열원으로 열을 운송하고 주위에 열을 방출하여 냉동효과를 얻는 작동유체(Working fluid)를 말한다. 이들에는 기체, 액체, 고체 등이 있다.

일반적으로 증발 또는 응축의 상변화(相變化, phase change) 과정에서 잠열을 이용하여 열을 흡수 또는 방출하는 냉매를 **1차 냉매(Primary refrigerant)**, 그리고 상태변화 없이 현열 열전달을 통하여 열교환을 하는 냉매를 **2차 냉매(Secondary refrigerant)**로 구분한다.

그러나 기체 냉동사이클에 적용되는 공기, 헬륨 또는 수소기체 등은 1차 냉매로 분류되며, 저온의 물, 브라인(Brine), 얼음 등은 2차 냉매라고 한다.

냉동에 요구되는 온도는 공기조화에서와 같이 비교적 높은 온도로부터 기체의 액화와 같이 극히 낮은 온도까지 광범위하다.

냉매에는 많은 종류가 있으나 각각 그 성질이 다르며, 모든 목적에 만족하는 만능적인 냉매는 없으므로 사용목적에 따라 적절한 냉매를 선택하여야 한다.

4.2 냉매의 구비조건

냉매는 종류에 따라 열역학적 특성, 물리 및 화학적 특성, 안전 및 환경적 특성(생물학적 특성, 경제적 특성)이 서로 다르며, 냉동사이클의 목적 및 적용온도 범위에 따라 시스템에 적절한 냉매를 선정하여야 한다. 냉매는 냉동시스템의 성능을 최적화하고 안정성 및 운전의 신뢰성을 확보할 수 있어야 한다. 특히 최근에는 환경에 대한 친화성을 가져야만 한다.

4.2.1 냉매의 열역학적 특성

(1) 증발잠열이 크고 액체비열이 작을 것

증발잠열이 크면 적은 양의 냉매로도 소요냉동능력을 얻을 수 있으며, 표 4-1에 각종 냉매의 증발열을 비교하였다. 증발잠열에 비하여 액체 비열이 크면 팽창밸브를 지나서 액체의 온도가 떨어질 때 액체를 냉각시키기 위하여 증발하는 냉매량이 많아져 다량의 냉매증기가 발생한다.

예를 들면 +25℃의 액화 암모니아를 팽창밸브로 팽창시켜 -15℃로 온도를 강하시키면 약 14%의 냉매증기가 발생한다. 따라서 냉매증기가 발생한 만큼 냉동능력이 없는 냉매증기가 증발기를 통과하게 되므로 전열작용이 방해되며, 또한 증발관(냉각관) 내에서의 압력강하도 증가하게 된다.

표 4-1 주요 냉매의 특성

분 류	프 레 온					암모니아
	메탄계		에탄계		공비혼합냉매	
냉매의 종류	R-12	R-22	R-113	R-114	R-502	R-717
화학식	CCL_2F_2	$CHCLF_2$	$C_2CL_3F_3$	$C_2CL_2F_4$	$CHCLF_2$ + C_2CLF_5	NH_3
분자량	120.92	86.47	187.39	170.93	111.6	17.03
비등점(℃)	-29.8	-40.8	47.57	3.55	-45.6	-33.3
응고점(℃)	-158	-160	-35	-94	-	-77.7
임계온도(℃)	112	96.0	214.1	145.7	90.1	133.0
임계압력	40.9	50.3	34.8	33.2	42.1	116.5
비중(액 30℃, G/L)	1.294	1.175	1.55	1.440	1.242	0.595
비중(포화증기, 비점)	6.33	4.82	7.38	7.82	6.05	0.905
비열(액, 30℃)	0.24	0.335	0.218	0.238	0.30	1.148
비열(증기 30℃, 1atm)	0.147	0.152	0.161(60℃)	0.160	0.168	0.52
비열비(30℃, 1atm)	1.136	1.181	1.080	1.088	1.132	1.31
증발잠열, 비점	39.47	55.92	35.07	32.78	42.48	327.0
가연성	없음	없음	없음	없음	없음	16-25(%)
독성	6	5A	4-5	5A	5A	2

(2) 증발압력이 저온에서도 대기압보다 높을 것

냉매가 증발할 때의 압력은 대기압보다 약간 높은 것이 좋다. 증발압력이 대기압보다 낮으면 냉동장치 내에 공기가 침입하기 쉬우며 압축기 출구압력이 상승하여 압축비가 증대되므로 압축기의 체적효율이 감소할 뿐만 아니라, 산소 및 수분 때문에 기름이 산화되거나 녹이 발생하고 침전물이 생기기도 한다. 일반적으로 비등점이 낮은 냉매는 냉동용에, 비등점이 높은 냉매는 냉방용에 쓰이고 있다.

(3) 응축압력이 되도록 낮을 것(상온에서 응축압력이 낮을 것)

응축압력이 높아질수록 냉매가 누설되기 쉽고, 압축기 토출가스 온도가 상승할 뿐만 아니라, 체적효율이 감소하여 동력손실이 크게 된다. 또한, 압력이 높아지면 압축기의 압축일이 많아지므로 압축기, 응축기, 배관 등을 견고하게 내압 구조로 만들어야 한다.

(4) 임계온도가 상온보다 높을 것(상온에서 액화할 것)

임계온도 이상에서는 압력을 아무리 높여도 액화되지 않는다. 탄산가스와 같이 임계온도(31℃)가 낮을 경우, 냉각수온이 31℃ 이상으로 높아지면 응축기에서 냉매가스가 액화되지 못하며 냉동기의 기능을 상실할 수도 있으므로 임계온도는 상온 이상으로 높은 것이 바람직하다.

(5) 응고점이 낮을 것

응고온도가 높으면 증발온도가 낮아질 때 냉매가 응고하여 냉동작용이 불가능하게 된다. 예를 들면 암모니아의 응고온도는 -77.7℃이므로 -70℃ 정도가 최저증발온도가 되므로 -70℃ 이하의 온도를 얻는 것은 불가능하다. 그러나 R-22는 응고온도가 -150℃이므로 -70℃ 이하의 저온에서도 사용할 수 있다.

(6) 냉매의 비체적과 점도(Viscosity)가 작을 것

냉매가스의 비체적이 작으면 동일 냉동능력에 대하여 압축기와 수액기의 용량도 작게 할 수 있으며, 냉매액과 증기의 점도가 작으면 냉매관과 밸브의 유동저항이 적어지므로 관이나 밸브의 치수를 작게 할 수 있다.

(7) 전열작용(Heat transfer)이 양호할 것

열전도율과 열전달율이 크면 증발기, 응축기 등 열교환기의 전열면적이 작아져 냉동장치의 효율을 올릴 수 있다.

(8) 냉매가스의 비열비($k = \frac{C_p}{C_v}$)가 적을 것

냉매가스의 비열비가 적으면 압축하여도 가스 온도의 상승이 크지 않으므로 압축비를 높게 설계할 수 있다.

$$\frac{T_2}{T_1} = (\frac{P_2}{P_1})^{\frac{k-1}{k}}$$

역으로 비열비가 큰 냉매를 사용할 때 압축비를 높이면 배출가스의 온도가 상승하여 압축기의 소손이 우려되므로 2단 압축을 하여야 한다. 예를 들어 프레온계 냉매는 비열비가 적어 배출가스 온도가 높지 않으므로 증발온도가 -50℃ 정도라도 1단 압축으로 충분하다.

그러나 암모니아는 비열비가 크므로 증발온도가 -35~-40℃ 이하가 되면 2단 압축으로 하여야 한다.

4.2.2 냉매의 물리·화학적 특성

(1) 냉매증기의 전기저항이 클 것

공기조화장치(air handling unit; AHU) 또는 워터 칠링 유닛(water chilling unit; WCU) 등 밀폐형 압축기 내에 포함된 전동모터로부터 누전의 위험을 방지하기 위하여 냉매의 전기저항을 크게 하여야 한다.

냉매의 전기적 성질이 좋아야만 냉매에 직접 접촉하는 전동기의 권선절연이 열화되는 일이 없을 뿐만 아니라 냉매 중에 전기가 흘러도 전기적으로 파괴되는 염려가 없어진다.

표 4-2는 각종 냉매의 전기적 성질을 나타낸 표이다.

표 4-2 각종 냉매의 전기적 성질

상태	냉매	유전율	비저항	파괴전압
액체상태	프레온 12	1.78	5.02×10^6	37
	프레온 22	6.12	8.32×10	30
	프레온 500	1.80	5.58×10^6	40
	프레온 502	3.40	1.20×10^4	-
기체상태	프레온 12	1.014	7.19×10^6	42.5
	프레온 22	1.003	2.06×10^6	46
	프레온 500	1.024	7.65×10^6	47
	프레온 502	1.009	10.0×10^6	14

* 비저항 : 60 Hz, $M\Omega{\cdot}cm$, 파괴전압: $kv/2.5\ mm$

* 유전율 : 유전체 내의 전기장 세기가 작아진 비율

* 비저항 : 단위면적 당 단위길이 당 저항

* 파괴전압 : 절연물에 전압을 가하고 전압을 높이면 파괴되어서 도전성으로 되어 절연성을 잃었을 때의 전압

(2) 화학적으로 안정되어야 할 것

화학적으로 결합이 불안정하여 압축, 증발, 응축할 때 압력이나 온도에 의하여 분해되거나 다른 물질과 화합하여 이물질을 생성하거나 냉매의 성질이 변하지 말아야 한다. 냉매가 화학적으로 불안정한 경우 냉동기 운전 중에 냉매의 특성이 변하여 배출가스압력이 상승하거나 냉동능력이 떨어지는 원인이 된다.

(3) 부식성이 없을 것

금속을 부식시키는 성질이 있으면 냉동장치의 부식으로 사용 연한이 짧아지며, 발생되는 녹 때문에 정교한 냉동기는 운전이 어려워진다.

암모니아 냉매는 동 및 동합금을 침식시키므로 스테인리스강을 사용해야 하므로 값이 비싸진다. 그러나 불화할로겐화 탄화수소 냉매는 마그네슘과 같은 특수재료 이외는 거의 금속을 부식시키지 않는다.

(4) 윤활유와 작용하지 않을 것

냉매와 윤활유가 작용하면 냉매와 윤활유에 영향을 미친다. 냉매는 증발온도가 상승하게 되고 증발압력을 낮추지 않으면 냉매가 증발하지 않게 되며, 윤활유는 점도가 낮아져서 윤

활성이 저해된다. 유분리기에서 윤활유와 냉매가 잘 분리되지 않게 되기 때문에 증발기의 일부 배관에 윤활유가 고이게 되면 전열작용을 방해할 수 있다. 할로겐화 탄화수소 냉매는 윤활유에 용해되므로 별도의 배관이 필요하게 된다. 암모니아 냉매는 윤활유를 용해하지 않는다.

(5) 누설(leakage) 시 발견이 용이할 것

암모니아 냉매는 악취 발생으로 누설 시 발견이 용이하지만, 할로겐화 탄화수소 냉매는 무색무취이기 때문에 발견이 쉽지 않기 때문에 누설(leakage) 시 별도의 검지법이 필요하다.

(6) 수분을 용해할 것

냉매는 친수성이 있어야 한다. 냉매가 수분을 용해하지 않으면 팽창밸브에서 수분이 동결하여 냉매 흐름을 방해하게 된다. 할로겐화 탄화수소 냉매는 수분을 용해하지 않으므로 팽창밸브에 보내지기 전에 반드시 냉매건조기(dryer)를 설치하여 수분을 제거해주어야 한다.

(7) 패킹(packing)을 침식(erosion) 또는 팽윤(swelling)시키지 않을 것

냉동시스템의 배관은 각종 패킹(packing)을 사용하여 누설을 방지한다. 할로겐화 탄화수소 냉매는 천연고무를 침식(erosion)시키거나 팽윤(swelling) 작용으로 고무가 부풀어 오를 수 있으므로 특수 고무를 배합한 패킹을 사용하고, 암모니아 냉매는 천연고무를 침식시키지 않기 때문에 천연고무와 석면을 혼합한 패킹을 사용한다.

4.2.3 냉매의 안전·환경적 특성

(1) 독성, 악취, 자극성이 없을 것

냉매가 누설할 때 독성(Toxic), 악취 또는 자극성(Stimulus)이 있으면 인체에 유해할 뿐만 아니라 불쾌감과 고통을 주는 동시에 식품의 맛을 손상시키는 원인이 된다.

(2) 인화성 및 폭발성이 없을 것

인화성 및 폭발성이 있으면 공공건물, 주택, 선박, 차량 등에는 사용이 곤란하다. 따라서 약간의 인화성과 폭발성이 있는 암모니아는 이와 같은 곳에 사용할 수 없다. 그러나 프레온-22는 인화성과 폭발성이 없으므로 지하 1000 m 정도의 깊은 광산 갱도에서도 사용할 수 있다.

(3) 환경에 대한 친화성이 있을 것

지구환경에 악영향을 미치는 **오존층파괴지수(ODP: Ozone depletion potential)** 및 **지구온난화지수(GWP: Global warming potential)**가 낮아야 한다.

(4) 가격이 저렴할 것

암모니아 냉매는 할로겐화 탄화수소 냉매에 비해 가격이 1/5밖에 되지 않으므로 대형 공업용 냉동기에 사용된다.

(5) 냉장품을 손상시키지 않을 것

냉매가 누설되더라도 냉장품을 손상시키지 않아야 한다.

[지구의 온난화]

태양광선에 의해 가열된 지구 표면에서 발생되는 적외선 중 일부는 대기를 통과하여 우주로 빠져나가고, 나머지 일부는 온실가스에 흡수되고 그 열이 지구로 재방출되어 지구가 따뜻해지는 것을 온실효과라고 한다.

온실가스는 지구에서 생물의 생존에 반드시 필요하지만, 지금은 적정량 이상으로 많아져 온실효과가 증가되고 지구에서 우주로 방출되는 에너지량이 감소함으로써 지구온난화를 일으키고 있다고 판단되고 있다. 그러나 반대로 온실가스층이 과도하게 적어지면 온실효과의 소멸로 지구에 빙하기가 도래할 수도 있다.

기후변화 국제협약인 교토의정서에서 정한 6대 온실가스 종류와 종류별 기여도는 이산화탄소(CO_2)가 88.6%로 가장 크고, 메탄(CH_4) 4.8%, 아산화질소(N_2O) 2.8%, 기타 수소불화탄소(HFC_s), 과불화탄소(PFC_s), 육불화황(SF_6)를 합쳐서 3.8%로 평가되고 있다.

표 4-3 각종 냉매의 환경적 영향지수

구분	냉매의 종류	오존층파괴지수 (ODP)	지구온난화지수 (GWP)
CFCs	R-12	1	3800
HCFCs	R-22	0.055	1500
	R-141b	0.11	630
HFCs	R-32	0	650
	R-134a	0	1300
	R-407C	0	1520
Natural refrigerants	Ammonia	0	0
	Isobutane(HC-600a)	0	3
	Propane(HC-290)	0	3

지구의 적정한 이산화탄소 농도는 350 ppm 정도로 알려져 있다.

그러나 과다한 석탄, 석유, 가스 등 화석연료의 사용과 산림의 무분별한 벌목 등으로 대기 중의 이산화탄소 농도는 산업화 이전의 280 *ppm*에서 2006년에 380 *ppm*을 넘었으며, 현재는 대략 400 *ppm* 근처에서 어느 정도 일정하게 유지하는 양상을 보이고 있다.

4.3 냉매의 종류와 표시방법

냉매는 그림 4-1과 같이 무기화합물 냉매와 유기화합물 냉매로 구분할 수 있다. 유기화합물은 할로겐화 탄화수소 냉매(할로카본), 탄화수소 냉매, 혼합 냉매, 기타 유기화합물 등이 있다. 이에 대한 주요 냉매는 표 4-4와 같다.

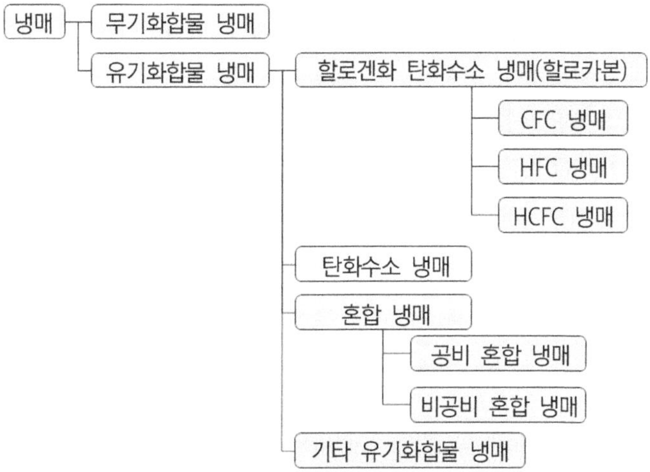

그림 4-1 냉매의 분류

표 4-4 냉매의 분류에 따른 주요 냉매

냉매의 구분			주요 냉매
무기화합물 냉매			암모니아(NH_3), 탄산가스(CO_2), 아황산가스(SO_2)
유기 화합물 냉매	할로겐화 탄화수소 냉매	CFC 냉매	R-11(CCl_3F), R-12(CCl_2F_2), R-13($CClF_3$), R-113($C_2Cl_3F_3$)
		HFC 냉매	R-134a(CH_2FCF_3), R-152a(CH_3CHF_2)
		HCFC 냉매	R-22($CHClF_2$), R-123($CHCl_2CF_3$)
		할론 냉매	
	탄산수소 냉매		methane(CH_4), ethane(C_2H_6), propane(C_3H_8), butane(C_4H_{10})
	공기혼합 냉매		R-500(R-12/R-152a), R-502(R-22/R-115)
	기티 유기회합물 냉매		ethyl ether($C_2H_5C_2H_5$), methyl amine(CH_3NH_2), ethyl amine($C_2H_5NH_2$)

4.3.1 냉매의 종류

(1) 1차 냉매(Primary refrigerant)

1차 냉매는 일반적으로 할로카본, 탄화수소, 유기화합물 및 무기화합물 등의 4가지 요소 또는 그들의 화합물 중 하나이다.

냉매를 화학적으로 분류하면 다음과 같다.

① 할로겐화 탄화수소(할로카본) : 프레온, 염화메틸, 염화메틸렌

② 무기화합물 : 암모니아, 탄산가스, 아황산가스, 물 등
유기화합물 : 부탄, 이소부탄

③ 탄화수소 : 메탄(CH_4), 에탄(C_2H_6), 프로판

④ 혼합냉매 : R-502, R-404a 등

과거 반세기 동안 냉동, 공기조화기기의 냉매로서 널리 사용되어 온 할로카본은 미국의 DuPont 사에서 명명한 프레온(Freon)으로 불리어 왔고 현재는 많은 회사에서 생산하고 있으며 다양한 상품명으로 불리고 있다. 단일냉매로 원하는 시스템 특성을 얻을 수 없는 경우 두 성분 이상의 혼합물로 성분을 조정하여 적절한 열역학적 상태량을 갖는 혼합냉매를 사용한다. 혼합냉매는 크게 공비(azeotrope) 및 비공비(non azeotrope) 혼합냉매로 구분한다.

냉매로 주로 사용되고 있는 **할로겐화 탄화수소(할로카본)**은 크게 **CFC(Chloro fluoro carbon), HCFC(Hydro chloro fluoro carbon)** 및 **HFC(Hydro fluoro carbon)**로 분류할 수 있다.

CFC는 염소(Cl, chlorine), 불소(F, fluorine), 탄소(C, carbon)로 구성되어 있는 화합물로서 R-11(CCl_3F), R-12(CCl_2F_2), R-13($CClF_3$), R-113($C_2Cl_3F_3$), R-113, R-115 등이 있다.

HFC는 수소(H, hydrogen), 불소(F), 탄소(C)로 구성되어 있는 화합물로서 R-134a (CH_2FCF_3)와 R-152a(CH_3CHF_2), R-32, R-125, R-143a 등이 있다.

HCFC는 수소(H), 염소(Cl), 불소(F), 탄소(C)로 구성되며, 구성원자 중에 수소가 한 원자 이상 포함되어 있는 염화불화탄소 화합물로이다. R-22($CHClF_2$), R-123($CHCl_2CF_3$), R-124, R-141b, R-142b 등이 이 그룹에 포함된다.

오존층을 파괴하는 주요 인자가 염소원자이므로 CFC계 화합물이 **오존층파괴지수(ODP)**가 가장 높으며, 염소의 일부를 수소로 대체한 HCFC는 CFC에 비하여 오존층파괴지수는 감소하지만 제로(0)는 아니다. HFC는 수소, 불소, 탄소로만 구성되어 있으므로 오존층에 대한 피해는 전혀 없다.

(2) 2차 냉매(Secondary refrigerant)

2차 냉매는 냉매의 냉동작용에 의하여 얻어지는 물, 얼음, 브라인 등을 말하며 이 속에 냉각시키고자 하는 피냉동품을 넣어서 냉각시킨다. 제빙할 때의 브라인이나 냉동식품을 동결할 때 쓰인다.

(3) 브라인(Brine)

증발기에서 물로 0℃ 이하의 냉각물을 만들고자 하면 물 자신이 동결하게 되므로 0℃ 이하에서도 동결하지 않도록 물을 부동액으로 만든 것을 **브라인**이라고 한다.

브라인은 스스로 상태변화를 하지 않고 액체상태의 현열을 이용하여 어떠한 물질을 저온으로 되게 하는데 중개역할을 하며, 염화나트륨, 메틸알코올, 염화칼슘, 글리세린 등이 있다.

브라인의 비등점이 낮은 경우 대기 중에서 기화되어 브라인의 역할을 수행할 수 없고, 저온에서의 응고를 막기 위하여 응고점은 낮아야 하며, 점도가 크면 유동성이 저하되므로 점도는 작아야 한다. 브라인의 비열이 커야 펌프의 용량을 작게 할 수 있으며, 장치의 부식을 막기 위하여 부식성이 없어야 한다. 브라인의 부식방지 처리 방법으로는 공기와 접촉하지 않는 순환방식을 채택, 브라인의 pH를 7.5-8.2로 유지, $CaCl_2$ 수용액 또는 $NaCl$ 수용액과 같은 방청제를 첨가하는 방법과 방식 아연판을 사용하는 방법이 있다.

브라인의 종류는 다음과 같다.

1) 무기질 브라인

부식력이 크나 가격이 저렴하여 공업용으로 많이 쓰인다.

① 염화칼슘(CaCl2) 수용액

제빙, 냉장 및 공업용에 가장 널리 쓰이고 있으나 흡수성이 강하며 떫고 쓴맛이 있어서 식품저장에는 부적합하다. 공정점이 -55℃이며 사용온도는 -40℃이다.

② 염화나트륨(NaCl) 수용액

인체에 무해하여 식품 냉장용에 많이 쓰이며 부식성이 크나 가격이 싸다. 공정점은 -21℃이다.

③ 염화마그네슘($MgCl_2$) 수용액

부식성은 염화칼슘에 비하여 강하다. 공정점은 -33.6℃로 염화칼슘의 대용으로 사용된다. 부식성의 크기 정도는 $NaCl$ 〉 $MgCl_2$ 〉 $CaCl_2$이다.

2) 유기질브라인

부식성이 거의 없으므로 거의 모든 금속에 안심하고 사용이 가능하지만 가격이 비싸다.

① 에틸렌글리콜

비교적 고온에서 2차 냉매 또는 제상용(defrost) 브라인으로 사용되고 물보다 무겁고 점성이 크며 단맛이 있는 무색의 액체이다.
응고점은 -12.6℃, 비등점은 177.2℃, 인화점은 116℃ 이다.

② 프로필렌글리콜

분무식 식품동결이나 약 50% 수용액으로 식품에 직접 첨가한다. 물보다 약간 무거우며 점성이 크고 무색, 무독의 액체이다. 응고점은 -59.5℃, 비등점은 188.2℃, 인화점은 107℃ 이다.

③ 에틸알콜

식품의 초저온 동결(-100℃ 정도)에 사용될 수 있다. 마취성이 있고 인화점이 낮으므로 취급에 주의를 요구한다.

응고점은 -114.5℃, 비등점은 78.5℃, 인화점은 15.8℃ 이다.

[브라인의 특성 : 공융혼합체]

그림 4-2는 **공융혼합체(Eutectic mixture)**의 농도-온도 곡선을 나타낸 것이며, E점이 **공융점**이 되며 그 때의 온도와 농도를 각각 **공융온도** 및 **공융농도**라고 한다.

공융농도보다 낮은 농도의 용액(점A)의 온도를 서서히 내리면 점 B에서 순수한 얼음이 얼기 시작하며 계속하여 온도를 내리면(용액+얼음)에서 얼음의 양이 증가하므로 용액은 농도가 증가하게 되므로 B-C 선을 따라 공융점에 도달하게 된다.

부동액

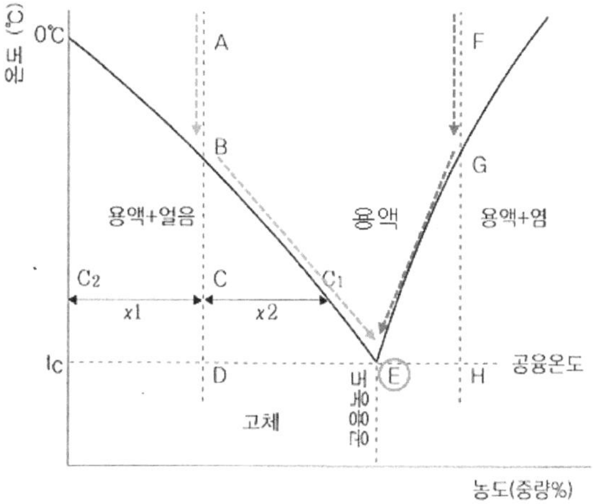

그림 4-2 공융 혼합물질의 상태도

표 4 5 브라인의 공융점(최저동결점)

용질의 종류	공융점에서 용질의 농도(%)	공융점(℃)
염화칼슘($CaCl_2$)	29.8	-55.0
염화나트륨($NaCl$)	23.0	-21.1
염화칼륨(KCl)	19.7	-10.7
탄산칼륨(K_2CO_3)	40.0	-37.0
메칠알코홀(CH_4O)	69.5	-109.0
에칠알코홀(C_2H_5O)	76.3	-70.0
염화마그네슘($MgCl_2$)	20.6	-33.6

반대로 공융농도보다 진한 용액을 점 F로부터 온도를 내리면 염이 석출되면서 농도가 감소하면서 공융점에 도달하게 된다. 온도를 공융온도보다 더 낮게 내리면 혼합물은 모두 동결하여 고체가 된다. 만약 점 C까지 온도를 내렸다면 용액의 온도는 C_1이 되며 얼음의 양은 $\frac{x_2}{x_1 + x_2}$가 되며 용액의 양은 $\frac{x_1}{x_1 + x_2}$으로 된다.

따라서 공융혼합물인 브라인을 최적 조건으로 이용할 때는 수용액의 농도를 공융농도와 같게 해야 한다.

표 4-5에 브라인의 공융점(최저동결점)을 나타냈다.

두 물질이 용해할 경우 그 농도가 짙어질수록 동결온도가 낮아지게 되나 일정 농도에서 최저가 되고 다시 동결온도가 상승하게 된다. 이 때 최저 동결점이 나타날 때의 온도를 공융점 또는 **공정점(共晶点)**이라고 한다.

4.3.2 냉매의 표시방법

냉매를 표시할 때 화학명을 그대로 쓰면 너무 복잡하고 불편하기 때문에 국제표준화기구(ISO)에서 정하는 방법에 따라 번호를 부여하고 냉매(Refrigerant)의 머리글자를 따서 R-○○○의 형태로 표기한다. 표 4-6은 냉매의 분자식, 화학 구조식, 화학명, 상품명, 냉매번호 등에 대한 예이다. 때로는 개발된 상품명을 직접 부르기도 하지만 공식적인 명칭은 다음과 같은 방법으로 표기한다.

표 4-6 냉매의 표기방법

냉매의 화학식(분자식)	CCl_2F_2
냉매의 화학식(구조식)	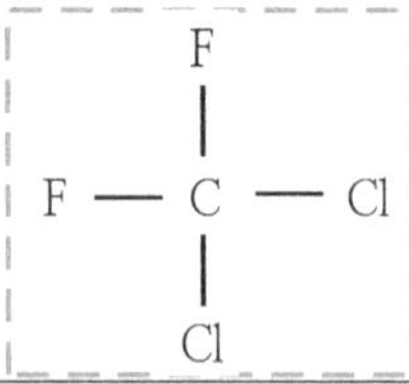
냉매의 화학명	Dichlorodifluoromethane
냉매의 상품명	Freon-12
냉매번호	R-12

(1) 할로겐화 탄화수소계 및 탄화수소냉매

$C_mH_nF_pCl_q$에서 $2m+2=n+p+q$를 만족하는 화학식을 가지며 Refrigerant - xyz 또는 R-xyz 로 표시한다.

100 단위(x) : 탄소(C) 원자수에서 1을 뺀 값($x=m-1$)

10 단위(y) : 수소(H) 원자수에 1을 더한 값($y=n+1$)

1 단위(z) : 불소(F) 원자수를 나타낸다.($z=p$)

예를 들어 냉매 $CHClF_2$를 R-xyz으로 표시하면 다음과 같다.

탄소 : $x=m-1=1-1=0$

수소 : $y=n+1=1+1=2$

불소 : $z=2$

그러므로 냉매 $CHClF_2$는 R-22가 된다.

같은 방법을 이용하면 $C_2H_2F_4$는 R-134가 된다.

(2) 비공비(non azeotrope) 혼합냉매

비공비 혼합냉매는 R-400번 대의 번호로 표시하며 혼합냉매를 이루고 있는 구성 냉매의 번호, 질량 조성비를 명시한다. 이때 비등점이 낮은 냉매부터 명시한다.

(3) 공비(azeotrope) 혼합냉매

공비 혼합냉매는 R-500부터 개발된 순서대로 R-501, 502…로 일련번호를 붙인다.

(4) 유기화합물 냉매

유기화합물 냉매는 R-600 번대의 번호로 명명하되 개발된 순서대로 일련번호를 붙인다.

R-60○ 는 부탄계, R-61○ 는 산소화합물

R-62○ 는 유기화합물, R-63○ 는 질소화합물

(5) 무기화합물 냉매

무기화합물 냉매는 R-700번 대의 번호로 명명하되 뒤의 두 자리에는 분자량을 쓴다.

물(H_2O)은 분자량이 18이므로 R-718 로 명명한다.

(6) 불포화 유기화합물 냉매

불포화 유기화합물 냉매는 R-1000번 대의 번호로 명명하되 100단위 이하는 할로카본계 냉매의 명명법에 따른다.

$CH_3CH=CH_2$(Propylene)은 R-1270 으로 명명한다.

4.3.3 주요냉매의 성질과 용도

(1) 암모니아(Ammonia, NH_3, R717)

가장 오래전부터 사용되고 있는 냉매로서 증발의 잠열이 현재 사용되고 있는 냉매 중 가장 크고(313.5$kcal/kg$ at -15℃), 증발압력, 응축압력, 임계온도 및 응고점이 사용하기에 적당하여 제빙, 냉동, 냉장 등 산업용 증기압축식 및 흡수식 냉동기의 냉매로 널리 이용되어 왔다.

다만 작동압력이 높고 인체에 해로운 특성(가연성과 독성)을 가지고 있으므로 관리인력이 상주하는 산업용 대용량 시스템에만 주로 사용되어 왔고, 소형에는 특수목적에만 사용되어 왔다. 최근에는 CFC계 냉매의 규제로 인하여 대체냉매로서 많은 연구가 이루어지고 있다.

주된 **결점**으로는

① 철을 침식하지는 않지만, 아연, 동, 동합금 등을 심하게 침식하므로 배관에 유의하여야 하며, 배관재료로는 강관을 사용한다.

패킹은 천연고무나 석면(아스베스토스, asbestos)을 사용한다.

② 가연성, 폭발의 위험, 자극성 냄새, 독성이 강하다.
(독성의 정도 : SO_3 〉 NH_3 〉 Freon)

③ 비열비가 커 압축기 출구의 가스 온도가 매우 높으므로 운전 중 압축기를 수냉시켜야 하며, 전기절연물을 열화, 침식시키므로 밀폐형 압축기의 냉매로 사용할 수 없다.

④ 응고점이 -77℃로 비교적 높기 때문에 초저온용 냉동에는 부적합하다.

암모니아는 윤활유에는 잘 용해되지 않으나 물에 잘 용해되며 암모니아 냉동장치에 수분이 1% 혼입하게 되면 증발온도는 0.5℃씩 상승하게 된다. 즉 증발압력은 저하하고 증발온도는 상승하게 된다.

또한, 수분이 혼합되면 **유탁액 현상(Emulsion)**이 일어나게 된다. 암모니아 장치에서 수분과 암모니아가 작용하여 생성된 암모니아수(NH_4OH, 수산화암모늄)가 냉동기유를 미립자로 분해시켜 냉동기유가 우윳빛으로 탁하게 되는 현상을 유탁액 현상이라고 하며, 이 때문에 윤활유 점도가 저하하여 장치에 악영향을 미칠 뿐만 아니라 유분리기에서 분리되지 않고 장치 내로 넘어가 유막을 형성하여 전열 불량을 초래한다.

(2) 프레온(Feron) 냉매

고압용 압축기에서 저압용까지 그리고 대형 압축기에서 소형에 이르기까지 전 세계적으로 가장 널리 사용되는 냉매로 일반적인 **프레온의 특성**은 다음과 같다.

① 프레온은 열에 대하여 안정적이지만 800℃ 이상의 화염과 접촉하면 독성이 매우 큰 포스겐(phosgene, $COCl_2$) 가스가 발생한다.

② 무색, 무취이며 불연성이고 독성이 없어 누설 시 발견이 어렵다.

③ 비열비가 낮아 압축기 출구의 냉매가스 온도가 높지 않다.

④ 대체로 비등점과 응고점이 낮으며, 전기절연 내력이 양호하므로 밀폐형 냉동기 냉매로

사용할 수 있어 소형화가 가능하다.

⑤ 마그네슘 및 마그네슘을 함유한 알루미늄 합금을 부식시킨다.

⑥ 오일 포밍(Oil Foaming), 동도금 현상(Copper Plating)을 일으킨다.

여기에서는 현재 가장 많이 사용되고 있는 R-22, R-134a 에 대하여 개략적으로 설명한다.

R-22($CHClF_2$)는 HCFC계 냉매이다. 대기압 하에서 비등점 -40.8℃, 응고점 -160℃, 임계온도 96℃, 임계압력 50.3ata 이며, 비등점이 R-12 나 NH_3보다 낮고 압력과 냉동능력은 암모니아와 대체로 비슷하다. 또한, 프레온계 냉매 중에서 여러 가지로 암모니아와 비슷한 성질을 가지고 있으므로 독성이 없는 암모니아라고 불린다. 응고온도가 낮으므로 단단압축 방식으로 -40℃, 2단 압축방식으로는 -80℃까지 사용되고 있으며 소형에서 대형, 저온에서 고온까지 광범위하게 사용된다.

R-134a(CH_2FCF_2)는 R-125, R-152a와 같이 염소를 하나도 포함하지 않는(오존파괴지수 0) HFC계 냉매로서 가장 유망한 대체냉매 중의 하나이다. 그러나 이산화탄소의 지구온난화 지수를 1 로 하였을 때 R-134a는 1200으로 상대적으로 높다(R-12는 7100이다). R-134a는 R-12의 특성과 가장 가까운 냉매로 응고점이 -101℃이고, 증발잠열은 51.7 $kcal/kg$, 비등점은 -26.3℃, 임계온도 102℃, 임계압력 42 kg/cm^2, 임계밀도 0.5 g/cm^3이며, 밀도는 포화 액체일 때 1.206 g/cm^3, 포화 증기일 때 32 g/l이다.

(3) 공비(共沸) 혼합냉매(Azeotrope)

프레온 냉매는 적당히 혼합하면 가스화 되거나 액체가 되어도 성질이 변하지 않고 안정된 하나의 냉매로써 사용할 수 있다. 즉 혼합 물질임에도 불구하고 단일 물질과 유사한 특성을 가지고 있다.

이 냉매를 공비 혼합냉매라고 하며 현재까지 HFC계 혼합냉매 중 대체냉매로 많은 연구가 이루어지고 있는 것은 R-507, R-508a, R-508b 등이 있다. 기존에 개발된 R-500, 501, 502 등은 CFC계 냉매를 포함하고 있으므로 규제대상에 포함되어 있다.

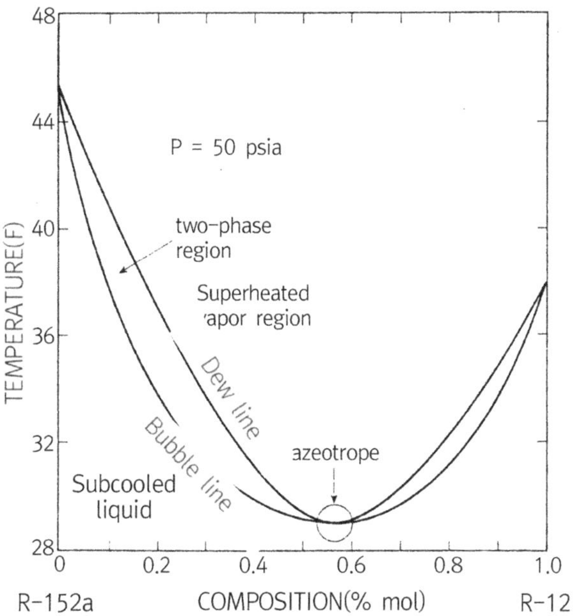

그림 4-3 공비 혼합냉매의 상변화 곡선

R-500은 중량비로 R-12(73.8%) 와 R-152(26.2%)의 혼합물이다. 이 냉매는 R-12보다 압력은 약간 높지만, 냉동능력은 18% 크다. 그림 4-3은 공비 혼합 냉매인 R-500의 상변화 곡선을 나타낸 것이다.

R-502는 R-22와 R-115의 혼합물로서 냉동능력과 특성은 R-22와 대체로 같지만, 저온에서 사용하여도 압축온도는 R-22에 비하여 낮다.

예를 들면 증발온도 -30℃, 응축온도 40℃에서 건포화증기 압축일 때 압축 후의 최종온도는 R-22가 약 80℃ 인데 비하여 R-502는 약 55℃로 상당히 낮다. 따라서 저온용으로 R-22 대신에 R-502가 사용되는 경향이 있으며, 냉매 증기의 전기적 절연성이 우수하므로 저온용 기밀형 압축기에 R-502가 이용된다.

(4) 비공비 혼합냉매(non Azeotrope)

비공비 혼합냉매는 2개 이상의 냉매가 혼합되어 각각 개별적인 성격을 가지며, 등압의 증발 및 응축 과정 중에 조성비가 변하고 온도가 증가 또는 감소되는 온도구배(Temperature gliding)를 나타내는 냉매를 말한다.

일반적으로 두 성분으로 이루어진 비공비 혼합물은 그림 4-4와 같은 특성을 나타낸다. 그림에서 초기 상태가 A인 과냉액체의 온도를 상승시키면 상태 B에 이를 때까지 액상은 일정한 조성비를 나타낸다. 상태 B에 이르면 처음으로 기포가 발생하기 시작하며, 이를 **기포점(Bubble point)**이라고 한다.

온도를 기포점 이상으로 상승시키면 증발성이 강한 성분, 즉 증발온도가 낮은 성분이 더 많이 증발하여 기상(氣相)에 더 많이 존재하게 되며, 액상(液相)에는 상대적으로 증발성이 약한 성분이 더 많이 남아 있게 된다.

예를 들면 상태 C에 도달하면 기상은 점 2가 되어 이 점에서는 상대적으로 R-22(증발온도 -40.8℃)가 많고, 액상은 점 1이 되어 R-114(증발온도 3.55℃)의 성분이 더 많이 존재하게 된다.

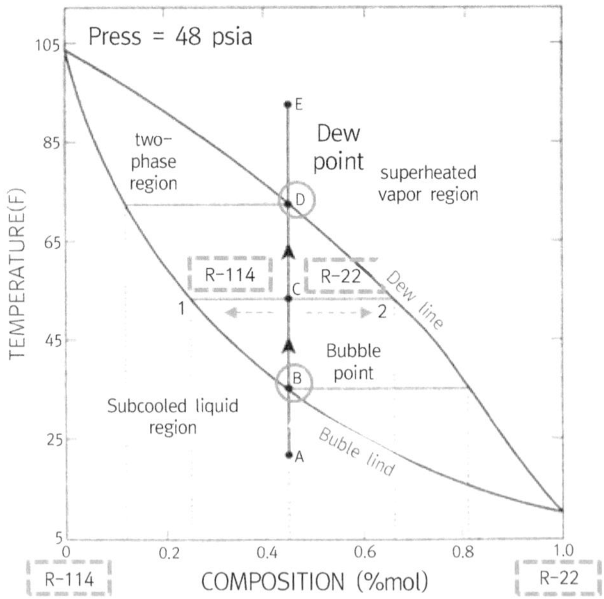

그림 4-4 비공비 혼합냉매인 R-22/R-114의 상변화 곡선

상태 D에 도달하게 되면 기체 성분은 상태 A점에서와 같아지며 그 이상 온도를 증가시키면 성분이 일정한 기체상태가 된다.

과열 기체상태인 점 E에서 냉각시킬 경우 상태 D는 처음으로 응축되기 시작한 점으로 노점(Dew point)이라고 한다.

비공비 혼합냉매의 가장 큰 문제점은 2상 상태에서 냉매가 누설하게 되면 시스템에 남아 있는 혼합냉매이 조성비가 변한다는 것이다. 2상 상태에서 냉매가 누설되면 증기압이 높은 성분이 먼저 누설되어 엉뚱한 혼합냉매가 되므로 냉매의 누설로 재충전이 필요한 경우는 시스템에 남아 있는 냉매를 모두 회수한 후 새로 냉매를 주입하여야 한다.

대체냉매로 고려되고 있는 비공비 혼합냉매는 R-404a, R-407a, R-407b, R-407c 등이 있다. 비공비 혼합물이므로 누설 시 혼합물의 조성비가 변하여 취급이 어려운 단점도 있지만, 증기압이 R-22와 비슷하므로 압축기 등 주요 부품의 설계 변화 없이 그대로 사용할 수 있다.

4.4 환경문제와 대체냉매

(1) CFC계 화합물

CFC계 화합물은 그들이 가지고 있는 우수한 열역학적, 화학적 성질과 높은 안전도 때문에 지난 반세기 동안 여러 분야에서 다양하게 사용되었다.

이들 제품은 제조가 간단하고 비교적 저렴하기 때문에 냉장고, 에어컨, 에어로졸 스프레이의 추진제, 플라스틱 발포성 가스, 소화기 및 고정 소화 설비, 반도체칩 등의 전자부품 세정액, 드라이클리닝 용제 등에 다양하게 응용되고 있다.

그런데 1974년에 캘리포니아 대학의 Molina 와 Rowland 교수가 CFC 화합물이 성층권의 오존층을 파괴한다는 가설을 〈NATURE〉에 발표한 이래, 이러한 가설을 증명하는 항공 관측이 이루어졌으며 국제 환경 기구(UNEP)를 중심으로 1987년 몬트리올 의정서를 제정하여 전 세계적으로 CFC의 사용 및 생산의 규제에 대한 법적인 기준을 마련하였다.

(2) 오존층의 감소 및 파괴

오존층 파괴의 이유는 CFC가 염소를 함유하고 있다는 것과 화합물이 시스템의 외부에 누출되어 있을 때 구조가 안정되어 파괴 또는 소멸되지 않고 오랜 기간(약 100년)동안 존재한다는 것이다. CFC계 화합물은 대기권에서는 분해되지 않으나 성층권에서는 분해된다.

일단 CFC계 화합물이 대기 중에 방출되면 CFC분자 한 개는 열(熱)을 가두어 두는데 이산화탄소(CO_2) 분자보다 20만 배 이상 큰 능력을 가지고 있어 온실효과(Green House Effect)를 가져오며, CFC가 강력한 자외선에 의하여 분해되어 염소(Cl)를 방출하게 된다. 반응성이 대단히 강한 염소는 오존(O_3)과 결합하여 일산화염소(ClO)와 산소분자를 만들게 되며, 다시 오존(O_3)과 반응하여 염소(Cl)와 산소(O_2)를 생성한다. 이 염소는 오존 파괴의 촉매로만 작용할 뿐 자신은 전혀 반응을 일으키지 않기 때문에 이러한 과정을 반복함으로써 수많은 오존을 파괴할 수 있다. 즉, 염소 원자 1개가 1년에 10만개의 오존 분자를 파괴한다.

① 염소(Cl) 분리 : $CCl_2F_2 + \text{hv}(\text{자외선}) \rightarrow CClF_2 + Cl$

② 오존 파괴 : $Cl + O_3 \rightarrow ClO + O_2$

③ 염소 재생 : $ClO + O_3 \rightarrow Cl + 2O_2$

(②, ③ 반복 반응)

④ 염소 소멸 : $CH_4 + Cl \rightarrow HCl + CH_3$

특히 R-11, R-12 등은 대기 중에서 오랜 기간 잔류하다 대류권을 거쳐 성층권에 도달하며 자외선에 의해 반응을 일으켜 염소를 방출, 오존을 파괴하고 있다. 오존층의 파괴물질이 오존층에 미치는 영향은 CFC계 화합물이 83%, 탄소사염화물이 8%, 메틸클로르포름이 5%, 그리고 할론이 4% 정도로 보고되고 있다.

오존층이 파괴되면 지표면에 도달하는 자외선량의 증가로 인하여 도시 지역의 광화학 스모그 현상과 같은 대기 오염이 발생하고, 인체는 피부암이나 백내장을 유발할 수 있고, 식물은 광합성 억제로 인하여 농작물의 수확량과 품질이 저하된다. 또한, 식물 플랑크톤의 감소로 어획량 감소에 따른 해양 생태계 교란이 발생할 수 있으며, 건축물은 건축 재료의 부식과 노화가 촉진된다.

(3) CFC 화합물의 제조, 사용규제

CFC 화합물의 소멸 계획은 1985년 3월 〈오존층 보호를 위한 비엔나 협약〉과 1987년 9월 구체적인 규제 내용을 결정한 〈오존층 파괴물질에 대한 몬트리올 의정서〉가 UNEP의 주도하에 채택되어 1989년 1월 1일 발효되었다. 1998년 7월까지 1986년 대비 CFC 냉매

표 4-7 오존층파괴지수와 규제

구분	종류	물질구성	규제일정
CFC	R11, R12, R13....	- C, Cl F로 구성 - 강력한 규제 대상	- 99년 이후 동결 - 2010년 이후전폐
HCFC	R22, R123a ...	- 최소한 하나 이상이 수소원자로 치환됨 - 염소를 소량 함유하여 규제대상	- 2016년 이후 동결 - 2040년 이후 전폐
HFC	R32, R152a, R134a	- 염소나 브롬을 함유하지 않은 대체 냉매	

5종의 소비량을 50% 저감시키는 내용이다.

1992년에는 〈87 몬트리올 의정서〉를 개정하여 CFC 화합물의 전폐 시기를 2000년에서 1996년으로 4년간 앞당겼다. 그러나 이러한 규제 계획은 선진국에 대한 것이며, 우리나라는 프레온 사용규제에 따른 업계의 피해를 최소화하기 위하여 개발도상국으로 분류하여 2003년까지 일정 한도 내에서 프레온가스를 사용할 수 있도록 프레온 사용량의 삭감을 유보 받기도 하였다.

HCFC계 화합물은 1995년 〈비엔나 회의〉에서 선진국은 2030년부터 전폐하고, 개발도상국은 2015년의 소비량 기준으로 생산량 동결 및 2040년 전폐하도록 규정되었으나 예상보다 오존층 파괴 정도가 심각하여 현재 규제는 더욱 강화되고 있다.

(4) 대체냉매의 개발

대체냉매란 오존층 파괴의 주범으로 알려진 Cl, Br 등을 포함하지 않고, ODP 및 GWP가 낮으며, 우수한 열역학적 특성을 가진 냉매를 말한다.

대체냉매는 선진국의 경우 1970년대 후반부터 개발에 착수하였으나 우리나라는 1990년 9월 국책 연구 개발 사업으로 〈CFC 대체 기술센터〉를 설립하면서 본격화되었다.

HCFC계는 CFC계에 수소가 첨가된 것이고 HFC계는 HCFC계에서 염소가 제거된 것이다. HFC계는 오존층을 전혀 파괴하지 않는다고 보고되어 있으며, HCFC계는 첨가된 수소 원자에 의하여 불안정한 성질을 갖게 됨으로서 CFC계의 수명이 100여 년인 것에 비해 HCFC계는 10~20년에 불과하여 오존층에 도달하기 전에 분해되어 오존층에 미치는 영향이 아주 적다.

표 4-8 현재 개발 및 사용 중인 대체냉매의 예

기존 냉매	대체냉매	용도
R-12	R-134a, R-152a	가정용 냉장고, 자동차 에어컨
R-22	R-407c, R-410a, R-290	열펌프, 공조기기
R-502	R-404a, R-407a, R-507	저온용 냉동기

참고로 CFC계의 오존 파괴 지수를 1로 보면 HFC계는 0, HCFC계는 0.05~0.1 정도이다.

지구상에 자연적으로 존재하는 자연생성물인 물, 암모니아, 질소, 이산화탄소, 프로판, 부탄 등은 추가적으로 지구환경에 미치는 악영향이 전혀 없기 때문에 자연냉매에 대한 관심과 연구가 활발히 진행되고 있으며 대체냉매로 적극 검토되고 있다.

기존에 사용하던 냉매를 다른 순수냉매로 바꾸면 증기압이 변하게 된다. 예를 들어 HCFC계인 R-22를 순수 대체냉매인 HFC계인 R-134a 로 바꾸면 증기압과 압축기의 냉동능력이 변하게 되므로 필연적으로 압축기가 바뀌어야 한다. 그러나 생산업체 측면에서 보면 되도록 압축기의 변경없이 대체냉매를 적용하는 것이 유리하다.

이와 같은 욕구를 충족시켜주는 방편이 혼합냉매를 사용하는 것이다. 즉 HCFC R-22를 기준으로 하여 증기압이 높은 냉매와 낮은 냉매를 적당한 비율로 선택하면 원하는 증기압의 혼합매체를 만들 수 있고 따라서 압축기의 변동 없이 냉매를 대체할 수 있다.

합성냉매들의 특징은 열효율을 개선(10~20%)할 수 있으며, 낮은 오존층 붕괴지수와 낮은 지구온난화지수를 가지고, 냉동·공조기기를 크게 변화시키지 않고도 이들을 적용할 수 있다. 최근의 냉매 사용 추세는 육상용은 R-134a로 대체되고 있다. 반면 선박용은 R-134a를 사용하다가 최근에 R-407a, R-407c로 대체되고 있다.

4.5 냉매의 특성

4.5.1 냉매의 열특성

표 4-9에 주로 사용되고 있는 프레온 및 암모니아 냉매의 특성과 용도를 나타냈다. 냉동장치에서 냉각온도와 사용하는 압축기가 정해지면 냉매가 선택된다.

표 4-9 주요 냉매와 용도

냉 매	비등점(℃)	압축기형식	증발온도	응축온도	적 용 예
R-22	-40.8	왕복, 회전스크루	고, 저 (냉동,냉방)	보통 (수냉,공랭)	각종 냉동냉방장치, 저온장치, 히트펌프
		원심	〃	〃	대형원심냉동기, 저온원심냉동기
R-500	-33.3	왕복, 회전	〃	〃	일반냉동냉방(거의 사용 안 함)
		원심	〃	〃	대형원심냉동기, 저온원심냉동기
R-502	-45.6	왕복, 회전	〃	〃	showcase, 저온용 유니트, 일반냉동, 히트펌프, 냉동트럭
NH_3	-33.3	왕복	저(냉동)	보통, 수냉	제빙장치, 냉장장치, 브라인냉각 화학플랜트 냉각장치
		원심	〃	〃	스케이트링크, 브라인냉각, 화학플랜트냉각, 저온흡수냉동기

4.5.2 냉매의 부식성

냉매는 종류에 따라 각종의 금속재료 등을 부식시켜 냉동설비의 기능을 상실시킬 우려가 있다. 일반적으로 R-22는 고무를 팽윤(膨潤, swelling)시키는 경향이 크며 이는 사용하는 윤활유에도 영향을 받는다. 특히 내프레온성(freon resistance)이 좋은 냉매일지라도 윤활유가 혼입되면 팽윤이 증가할 수도 있다.

프레온 냉매는 강, 동, 놋쇠 등에 대하여 안정하나, 납, 마그네슘 및 마그네슘 합금, 알루미늄 합금(2% 이상의 마그네슘을 함유)은 냉매에 수분이나 알코올이 혼입된 경우에 부식을 일으킨다. 일반적으로 프레온 냉매는 수분이 없는 상태에서는 부식을 일으키지 않는다.

공기가 냉매계통에 혼입되면 공기 중의 수분이 계통 내에 들어오게 되며, 이 수분이 용해된 상태에서는 부식의 정도가 그리 크지 않으나, 유리된 수분이 존재하는 상태에서 금속과 접촉하면 가수분해가 일어나 부식의 진행이 심해진다. 수분과 냉매, 금속과의 화학반응은 다음과 같다.

$$H_2O + CCl_2F_2 \rightarrow HCL + \cdots$$ 염산의 생성

$$[O] + 2HCl + 2Cu \rightarrow 2CuCl + H_2O$$ 동과의 반응

$$Fe + 2CuCl \xrightarrow{H_2O} FeCl_2 + 2Cu\downarrow$$

철 표면에 동이 석출(Copper plating)

이와 같이 수분과 프레온이 작용하여 산이 생성되고, 침입한 산소와 작용하여 동에 반응한 다음 철(Fe) 표면에 **쿠퍼 플레이팅(Copper plating)**이라 불리는 동도금 현상이 일어날 수가 있다.

이 현상은 실린더 벽, 피스톤, 밸브 등 잘 연마된 부분에 먼저 일어나며 그 결과 활동 부분의 간격이 적어져 압축기가 움직이지 않거나 작동 불량의 원인이 되기도 한다.

쿠퍼 플레이팅(Copper plating) 현상의 발생원인

① 장치 중의 수분이 많을 때
② 윤활유의 온도가 높을수록 또 R-12보다 R-22에서 잘 일어난다.
③ 수소분자가 많은 냉매일수록 잘 일어난다.
④ 오일(Oil) 중에 황(S) 성분이 많을 때(왁스 성분이 많을수록 잘 일어난다.)

또한, 프레온 냉매에 사용된 강관을 외기에 노출시키면 관의 표면에 부착한 프레온이 가수 분해되어 급격히 **녹**이 발생하게 된다. 그러나 암모니아는 이와 같은 일이 발생하지 않는다.

암모니아는 아연, 동 및 황동에 대하여 매우 큰 부식성을 가지고 있으므로 냉동설비의 재료로 사용할 수 없다. 그러나 청동에 대한 부식성은 비교적 적어 항상 유막으로 덮여 있는 베어링메탈에는 사용할 수 있다.

4.5.3 냉매의 가연성과 독성

프레온 냉매는 안전한 불활성 가스이며, 암모니아는 가연성과 독성이 있는 위험한 가스이다. 그러나 암모니아는 자극적인 냄새 때문에 누설의 발견이 용이하여 신속한 조치를 할 수 있다. 암모니아 냉동장치에서 누설의 대부분은 설비의 노후화 또는 조작상의 실수에 기인한다. 프레온은 무색, 무미, 무취이므로 안전하다고 그릇된 인식을 갖는 사람이 많으나, 밀폐 공간 내에서 누설이 일어나면 산소보다 무거우므로 아래로부터 쌓이게 되며, 산소결핍 현상이 일어나기 쉬우므로 주의하여야 한다.

표 4-10 냉매의 가연성과 독성 및 비중

냉매의 종류			암모니아	R-11	R-12	R-22	R-502
가연성	연소범위	체적%	16-25	불연성	불연성	불연성	불연성
		kg/10 cm^3	1.14-1.77	-	-	-	-
독성	UL Group No.		2	5A	6	5A	5A
	치사 혹은 중대한 사고를 수반하는 사고	체적%	0.5-0.6	10	28.5~30.4	9.5~11.7	-
		kg/10 cm^3	0.035-0.041		14.3~15.3	3.40~4.18	-
	인내시간 min		30	120	120	120	120
공기에 대한 비중			0.58	4.88	5.33	3.89	4.97

* 독성은 번호가 낮을수록, A는 B보다 더 독성이 높다.
* UL Group(Underwriter's Laboratory): 미국의 위험분류지수

4.5.4 냉매의 용해도

액의 **비중**은 **프레온(Freon) > 물(Water) > 오일(Oil) > 암모니아(Ammonia)**로 된다.

냉매가 **물에 용해**되는 정도는 **암모니아 > R-22 > R-12**의 순서이며, **오일과의 용해도**는 **R-12 > R-22 > 암모니아**의 순이다.

프레온계 냉매가 윤활유에 용해될 때에는 장치 각 부에 오일이 공급되기 어려운 곳까지 윤활이 용이해지고, 윤활유의 동결점이 낮아지는 이점도 있으나 다음과 같은 단점도 있다.

① 오일의 점도가 저하하여 유압 형성에 어려움이 있다.

② 냉매의 증발압력이 저하하여 냉동능력이 감소한다.

③ **오일 포밍(Oil foaming)**과 **오일 해머링(Oil hammering, 유격)**의 우려가 있다.

[Oil foaming]

프레온 냉동장치에서 압축기 정지 시 프레온 냉매가 크랭크 케이스 내의 오일 중에 용해되어 있다가 압축기 기동 시 크랭크 케이스 내의 압력이 급격히 감소하기 때문에 오일 중에 용해되어 있던 냉매가 급격히 증발하여 유면이 약동하고 거품이 일어나는 현상을 **오일 포밍(Oil foaming)**이라 한다.

운전 중에 일어나는 경우는 드물고 주로 기동 시에 일어나며, 특히 외기의 온도가 낮은 경우에 심하다.

방지책으로는 크랭크 케이스 내에 Oil heater(Crank case heater, CCH)를 설치하여 냉동기를 운전하기 전에 크랭크 케이스 히터(Crank case heater, CCH)를 작동하여 냉매를 미리 증발시킨다. CCH의 통전시간은 고속 다기통에서는 가동 1~2시간 전이며, 터보 냉동기에서는 압축기 정지와 동시에 통전시킨다.

[Oil hammering]

오일 포밍 현상이 발생하든가 또는 피스톤 오일링(Oil-ring)의 불량으로 실린더 내로 다량의 오일이 흡입될 때에 오일이 압축되는 현상을 말한다. 비압축성인 오일을 압축하게 되므로 밸브 판(Valve plate), 밸브 시트(Valve seat) 등의 손상이 발생하며 크랭크 케이스 내의 오일 부족으로 인하여 압축기가 손상되기 쉽다.

5

압축기(Compressor)

5.1 압축기의 종류와 특징

5.1.1 압축기의 종류

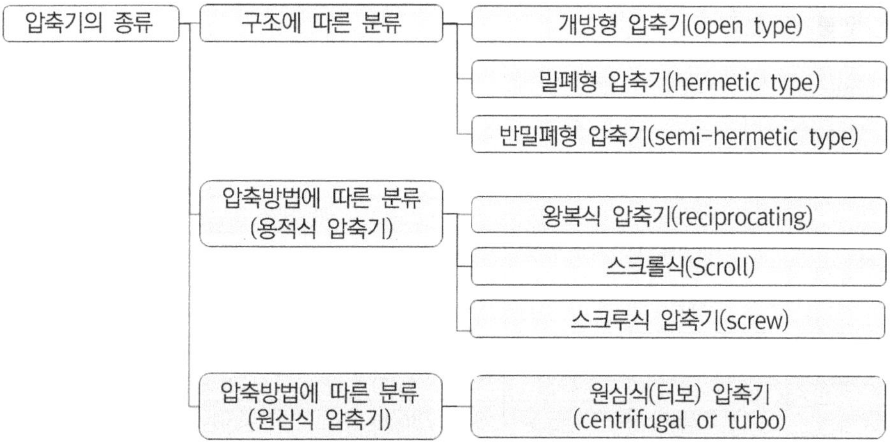

그림 5-1　압축기의 종류

압축기는 가스를 실린더 내로 유입하여 피스톤으로 압축하는 **용적식 압축기(Positive displacement compressor)**와 임펠러에서 가스에 속도를 주고, 디퓨저(diffuser)에서 속도에너지를 압력에너지로 변환하는 **원심식 압축기(Centrifugal compressor)**로 대별된다.

용적식 압축기는 **왕복식(Reciprocating compressor)**, 스크루식(Screw compressor)과 스크롤식(Scroll compressor)으로 분류된다. 생각하는 각도에 따라서는 스크루식과 스크롤식은 회전식의 일부로 볼 수 있으나 압축기의 구조와 용량 범위가 다르므로 별도로 분리하는 것이 편리하다.

표 5-1에 압축기의 용량 범위, 주요 용도, 특징 등을 나타냈다.

이 중에 왕복식 압축기가 가장 널리 사용되고 있으며, 이를 세분하면 횡형압축기(横形壓縮機, horizontal compressor), 입형압축기(立形壓縮機, vertical compressor), 다기통압축기(多氣筒壓縮機, multi-cylinder compressor)가 있다.

횡형압축기는 실린더가 횡으로 설치되어 있고, 입형압축기는 실린더가 수직으로 설치되어 있으며, 다기통압축기는 비교적 직경이 작은 실린더가 다수 설치되어 있고 비교적 회전수가 큰 압축기이다.

횡형압축기는 입형압축기에 비하여 회전수가 낮고, 형태도 크고, 설치장소도 크기 때문에 현재는 거의 사용되지 않는 고전적인 형태의 압축기이다.

입형압축기는 횡형에 비하여 회전수가 크고 형태도 작으나 현재는 소형의 압축기를 제외하고 다기통압축기로 변화되고 있다.

표 5-1 압축기의 분류

구분			밀폐 구조	용량 범위 (RT)	회전수 (rpm)	주요 용도	특징
용적식	왕복식	피스톤식	개방	0.4-120	400-1800	냉동, 공조, 히트펌프, 카에어컨	사용이 간편, 기종이 다양, 저렴, 중형 이상의 고속에 부적합
			반밀폐	0.75-45	1500-3600	냉동,공조,히트펌프	
			전밀폐	0.1-7.5	3000/3600	전기냉장고,에어컨	
		사판식	개방	0.75-2.2	2000-5000	카 에어컨	현재 카 에어컨으로만 사용
	회전식	회전 피스톤식	개방	0.75-2.2	2000-5000	카 에어컨	소용량, 대량생산 가능, 밀폐형이 많음
				3.7-37	1500-3600	냉동,공조,히트펌프	
			전밀폐	0.1-5.5	3000/3600	전기냉장고,에어컨	
		로터리 베인식	개방	0.75-2.2	2000-5000	카 에어컨	소용량, 대량생산 가능, 밀폐형이 많음, 카 에어컨의 주류임. 중용량으로 되고 있음.
			전밀폐	0.6-5.5	3000-3600	전기냉장고,에어컨	
			개방	0.75-2.2	2000-5000	카 에어컨	
		스크롤식	개방	0.75-2.2	3000/5000	카 에어컨	소용량의 분야에서 개발이 진행되고 있다.
			전밀폐	2.2-5.5	3000/5000	에어컨	
	스크루식	2축식	개방	0.75-2.2	2000-5000	카 에어컨	중·대형에 적합. 고압축비에 적용되므로 히트펌프와 저온장치에 적합. 윤활유계통이 복잡하여 대형화에 어려움. 밀폐화가 진행중.
				3.7-860	2000-3600	냉동, 공조	
			반밀폐 전밀폐	30 55-300	3000/3600	냉동, 공조 히트펌프	
		1축식	개방 반밀폐	55-150 22-60	3000-3600		
원심식			단단압축은 밀폐형,다단은 개방형	R-22에서 1000-6000	단단압축에서 10000 rpm	대용량의 냉동, 공조, 브라인 냉각	블레이드에 주어진 속도에너지를 압력에너지로 변환, 대용량에 적합, 고압축비에 부적합.

5.1.2 압축기의 피스톤 압출량

압축기는 가스 상태의 냉매압력을 높이는 장치이지만 압축기의 작용을 보면 증발기에서 증발한 냉매가스를 흡입하여 증발기 내를 낮은 압력(증발압력)으로 유지해주는 작용과 이 증기를 응축압력까지 압력을 높이는 두 가지의 역할을 한다.

냉동장치의 냉동능력의 크기를 결정하기 위해서는 우선 압축기의 냉매가스 처리능력의 크기를 고려하여야 한다.

압축기의 냉매가스 처리능력은 **피스톤 압출량**(piston displacement, m^3/h)으로 표시되며, 1시간당 압축기가 흡입하여 압축한 다음 응축기로 토출하는 냉매가스의 이론 체적을 말한다.

(1) 왕복동 압축기의 경우

피스톤의 압출량(V)은 다음 식으로 표시된다.

$$V = \frac{\pi}{4} \times D^2 \times L \times n \times 60N \ \ [m^3/h]$$

여기서 D : 실린더의 직경 $[m]$

L : 피스톤의 행정 $[m]$

n : 실린더 수

N : 압축기의 매분 회전수 $[rpm]$

(2) 회전식 압축기의 경우(1회전 1압축)

$$V = \frac{\pi}{4} \times (D^2 - d^2) \times l \times 60N \ \ [m^3/h]$$

여기서 D : 실린더의 직경 $[m]$

d : 회전피스톤의 외경 $[m]$

l : 실린더의 길이 $[m]$

N : 회전수 $[rpm]$

(3) 스크루식 압축기의 경우

4 : 6의 원호 대칭치형(圓弧 對称齒形, circular symmetrical tooth shape) 및 비대칭치형 스크루식 압축기의 압출량은 다음 식으로 표시된다.

$$V = k \times D^3 \times \frac{L}{D} \times 60N \ [m^3/h]$$

여기서 D : 로터(rotor)의 직경 $[m]$

L : 로터(rotor)의 압축에 유효하게 작용하는 부분의 길이 $[m]$

N : 로터(rotor)의 회전수 $[rpm]$

k : 치형의 종류에 따른 계수 (0.450 ~ 0.486)

5.1.3 압축기 출구 가스의 온도

압축기로 냉매가스를 압축하는 과정을 해석할 때는 외부와의 열의 출입이 없는 단열압축을 이용한다. 압축 후의 토출가스 온도(T_2)는 다음 식으로 구한다.

$$T_2 = T_1 \left(\frac{P_2}{P_1}\right)^{\frac{\kappa - 1}{\kappa}} = T_1 \left(\frac{V_1}{V_2}\right)^{\kappa - 1}$$

압축기 출구의 냉매가스는 과열증기 상태이며, 냉매가스의 온도는 압축비(응축압력/증발압력)와 냉매의 비열비에 따라 달라진다.

표준 냉동사이클로 냉동기를 운전할 때 압축기 출구의 냉매가스 온도는 냉매가 암모니아(비열비 κ = 1.313)일 때 98.8℃이나, R-22(비열비 κ = 1.181)인 경우 55℃가 된다. 즉, 비열비가 크거나 압축비가 클 경우에 온도가 상승한다.

5.2 압축기의 효율과 동력

압축기 용량의 대소는 가스 압출량 즉 피스톤 압출량의 크기로 결정된다. 피스톤의 압출량은 이론적인 값으로 실제의 양과는 차이가 있으며 이는 압축기의 특성인 체적효율의 영향을 받기 때문이다.

또한, 가스를 압축할 때 압축기의 열역학적인 이론 소요 일량과 실제 필요한 동력 사이에는 압축기의 특성인 압축효율, 기계효율의 영향 때문에 차이가 있게 된다.

5.2.1 체적효율

압축기의 용량을 결정하는 피스톤의 압출량은 이론적인 값이며 실제로는 여러 이유로 냉매가 실린더에 흡입되는 양은 이론적인 값보다 적게 된다. 이와 같은 감소비율을 **체적효율**로 나타낸다.

$$\eta_v = \frac{G'}{G}$$

여기서 G : 이론적인 냉매흡입량 $[kgf/h]$

G' : 실제 흡입되는 냉매량 $[kgf/h]$

체적효율(η_v)는 1보다 작은 값이 되며 그 원인은 다음과 같다.

(1) 간극용적의 영향

실린더에는 실린더 헤드와 피스톤 상부의 사이에 **간극(Clearance, 클리어런스)**이 있다. 토출되는 냉매가스 중의 일부가 이 간극에 남게 되는데, 이 고압의 냉매가스는 다음 흡입행정 할 때 팽창하여 새로운 냉매가스의 흡입을 방해하게 된다. 따라서 이 사이에는 피스톤이 유효하게 작용하지 않게 되는 유휴행정으로 되며 간극 용적이 클수록 체적효율은 감소한다.

이와 같은 피스톤 압출량과 실제로 흡입되는 냉매가스의 체적비율을 **클리어런스에 의한 체적효율**(η_{vc} ; volumetric efficiency by clearance)라 한다.

$$\eta_{vc} = \frac{V'}{V}$$

여기서 V : 피스톤 압출량 $[m^3/h]$

V' : 실제로 흡입되는 냉매가스량 $[m^3/h]$

(2) 흡입 가스의 팽창에 의한 영향

실린더로 흡입되는 냉매가스는 흡입밸브를 통과할 때의 교축작용과 가열된 실린더 벽에 접촉, 가열됨으로 비체적이 증가하게 된다.

이와 같은 **체적팽창에 의한 체적효율(η_{vs}** ; volumetric efficiency by specific volume)은 다음과 같다.

$$\eta_{vs} = \frac{v}{v'}$$

여기서 v, v' : 실린더 흡입 전후의 **가스 비체적** $[m^3/kgf]$

그런데 $G = \frac{V}{v}$, $G' = \frac{V'}{v'}$ 이므로

$$\eta_v = \frac{G'}{G} = \frac{v}{V} \cdot \frac{V'}{v'} = \eta_{vc} \cdot \eta_{vs}$$

위의 두 가지 영향 외에도 체적효율에 영향을 미치는 다른 인자에는 흡입 및 토출밸브 전후의 압력강하와 밸브에서의 역누설, 피스톤링에서의 누설 등이 있다.

실제의 압축기에 대하여 고찰하면 클리어런스가 클수록, 압축비가 클수록, 실린더 체적이 적은 압축기일수록 그리고 회전수가 큰 압축기일수록 체적효율은 감소된다.

5.2.2 압축효율

압축기에서 가스를 압축하는 경우 흡입밸브, 토출밸브 및 압축기 내의 가스 통로를 지날 때 가스의 흐름에 대한 유동저항이 생긴다. 따라서 실린더 내의 흡입 초기의 압력은 흡입관 내의 가스의 압력보다 약간 낮게 된다. 또한, 토출가스의 압력도 토출관 내의 가스압력보다 다소 높은 압력이 되며, 실제 압축기의 압축일은 이론적인 값보다 크게 된다.

이와 같이 실제로 가스를 압축하는데 필요한 일량과 이론적인 일량과의 비를 **압축효율** 또는 **지시효율**이라고 한다.

$$\text{압축효율}(\eta_c) = \frac{\text{단열압축일 (이론동력)}}{\text{실제 필요한 가스압축일(지시동력)}}$$

압축비가 큰 압축기일수록, 회전속도가 큰 압축기일수록 압축효율이 적어진다. 이 때문에 고속 압축기에서는 밸브구조의 설계에 유의하여 압축효율이 높게 유지될 수 있는 구조로 하여야 한다.

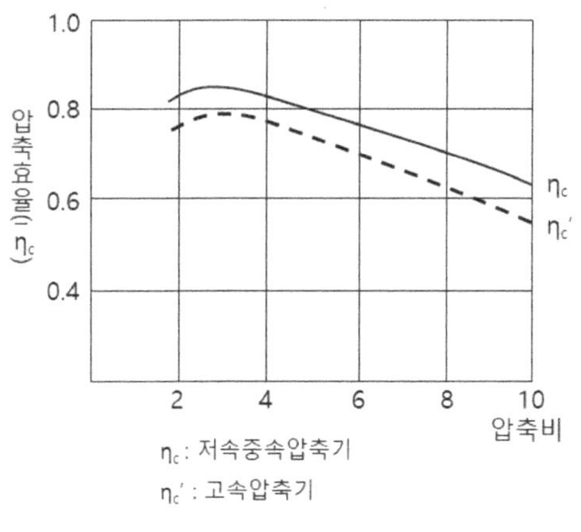

그림 5-2 압축기의 압축효율(예)

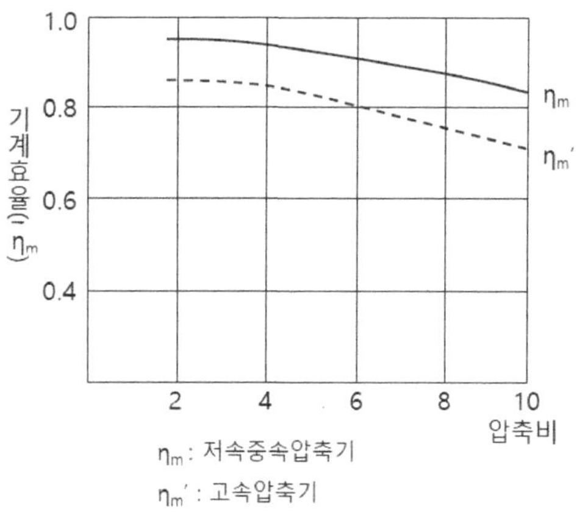

그림 5-3 압축기의 기계효율(예)

5.2.3 기계효율

압축기를 운전할 때 피스톤과 실린더 사이, 베어링 등에서 마찰이 생기므로 압축에 요하는 동력 이외의 동력이 소비된다.

기계효율이란 실제로 가스를 압축하는데 필요한 동력과 압축기를 운전하는데 필요한 동력과의 비를 말하며 이 값은 압축기의 각 마찰부나 베어링 부분의 간극의 크기에 따라 달라진다.

$$\text{기계효율}(\eta_m) = \frac{\text{지시동력}}{\text{축동력}}$$

$$= \frac{\text{가스를 압축하는데 필요한 동력}}{(\text{가스를 압축하는데 필요한 동력}) + (\text{실제로 소비한 동력})}$$

5.2.4 압축기의 소요동력

(1) 이론동력 [N]

압축기에서 냉매가스를 압축하는 경우 흡입밸브, 토출밸브 및 압축기 내의 가스 통로 등에서의 저항 때문에 실린더 내로 가스가 흡입되기 위해서는 흡입압력보다 실린더 내의 압력이 낮아야 하고, 또한 고압측으로 가스가 토출되기 위해서는 토출압력보다 실린더 내의 가스압력이 높아야 한다. 따라서 실제의 압축일량은 이론적인 값보다 더 크게 된다. 압축기의 **이론동력(N)**은 모리엘 선도로부터 구한다.

$$N = \frac{G \times (h_d - h_s)}{860} = \frac{(h_d - h_s) \times V}{860 \times v} \quad [kW]$$

$$= \frac{G \times (h_d - h_s)}{632.3} \quad [PS]$$

여기서 h_d, h_s : 압축 후와 흡입기의 냉매가스의 엔탈피 $[kcal/kgf]$

V : 피스톤의 압출량 $[m^3/h]$

v : 냉매가스의 비체적 $[m^3/kgf]$

(2) 지시동력 [N']

$$N' = \frac{\text{이론동력}}{\text{압축효율}} = \frac{N}{\eta_c}$$

(3) 축동력 [N'']

$$N'' = \frac{\text{지시동력}}{\text{기계효율}} = \frac{N'}{\eta_m} = \frac{N}{\eta_c \times \eta_m} = \frac{\text{이론동력}}{\text{압축효율} \times \text{기계효율}}$$

여기서 η_c는 압축효율, η_m은 기계효율이다.

압축기를 선정할 때에는 운전 시의 부하변동과 시동 토크(Torque)를 고려하여 **약 10% 정도의 여유**를 두어야 한다.

냉동기의 압축기는 외부의 동력에 의하여 구동(동력 소모)되므로 동력의 크기는

축동력 〉 지시동력 〉 이론동력이 된다.

예제 5-1

피스톤 토출량 $V_{th} = 1{,}000\ [m^3/h]$인 압축기가 건포화증기를 흡입하며 비체적 $v = 0.5\ [m^3/kgf]$, 엔탈피가 397 [$kcal/kgf$]일 때, 팽창밸브 직전의 냉매액 엔탈피 127 [$kcal/kgf$]에서 냉동능력 Q_e =405,000 [$kcal/h$]가 얻어졌다면 이 압축기의 체적효율은?

풀이 $Q_e\,(kcal/h) = \dfrac{V_{th} \times \eta_v \times (h_1 - h_3)}{v}$ 또는

$$V = G \cdot v = \frac{Q_e}{q_e} v, \quad \eta_v = \frac{V}{V_{th}} = \frac{Q_e \cdot v}{V_{th} \cdot q_e} \text{ 이므로}$$

$$\eta_v = \frac{Q_e \times v}{V_{th} \times (h_1 - h_3)} = \frac{405{,}000 \times 0.5}{1{,}000 \times (397 - 127)} = 0.75$$

예제 5-2

피스톤의 직경이 95 [mm], 행정이 76 [mm], 실린더 수 6기통, 회전수 1,200 [rpm]인 암모니아 고속다기통 압축기의 다음을 구하시오. (단, 압축기 입구의 가스 비체적은 0.51 [m^3/kgf], 체적효율 75 [%], 기계효율 85 [%], 압축효율 80 [%]이다)

(1) 소요동력 [kW]을 구하시오.

(2) 냉동능력은 몇 냉동톤 [RT]인가?

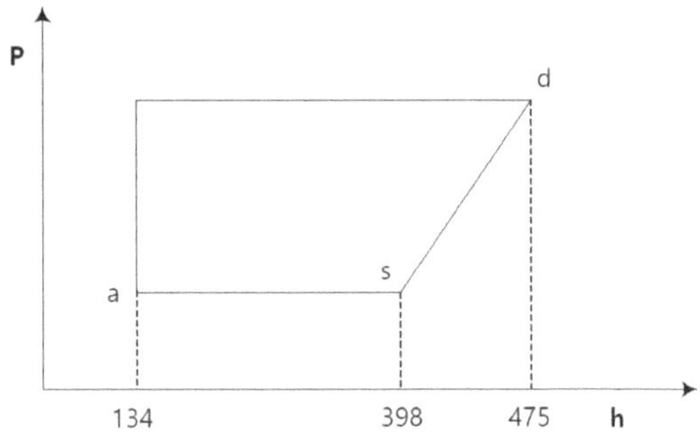

풀이

$$G' = GTIMES\eta_v = \frac{V}{v}\times\eta_v = \frac{\frac{\pi}{4}\times D^2\times L\times n\times 60N}{v}\times\eta_v$$

$$= \left(\frac{\frac{\pi}{4}\times 0.095^2\times 0.076\times 6\times 60\times 1,200}{0.51}\right)\times 0.75 = 342.236\ [kgf/h]$$

$$N'' = \frac{N}{\eta_c\times\eta_m} = \frac{\frac{G'\times(h_d-h_s)}{860}}{\eta_c\times\eta_m} = \frac{G'\times(h_d-h_s)}{860\times\eta_c\times\eta_m}$$

$$= \frac{342.236\times(475-398)}{860\times 0.8\times 0.85} = 45.062\ [kW]$$

$$RT = \frac{V\times\eta_v\times(h_d-h_a)}{v\times 3,320}$$ 에서

$$= \frac{\pi/4 \times 0.095^2 \times 0.076 \times 6 \times 60 \times 1{,}200 \times 0.75 \times (398 - 134)}{0.51 \times 3{,}320}$$

$$= 27.214\,[RT]$$

또는 $RT = \dfrac{G \times (h_a - h_d)}{3{,}320} = \dfrac{342.236 \times (398 - 134)}{3{,}320} = 27.214\,[RT]$

예제 5-3

왕복식 압축기의 행정이 350 $[mm]$ 이고, 회전수가 3,600 $[rpm]$이다. 피스톤의 속도는 얼마인가?

풀이 피스톤의 속도 $[m/s] = \dfrac{2LN}{60} = \dfrac{2 \times 0.35 \times 3{,}600}{60} = 42\ [m/s]$

예제 5-4

다음 P-h 선도로 나타내는 냉동장치에서 냉동부하가 16,600 $[kcal/h]$ 일 때, 이론마력 $[kW]$은 얼마인가?

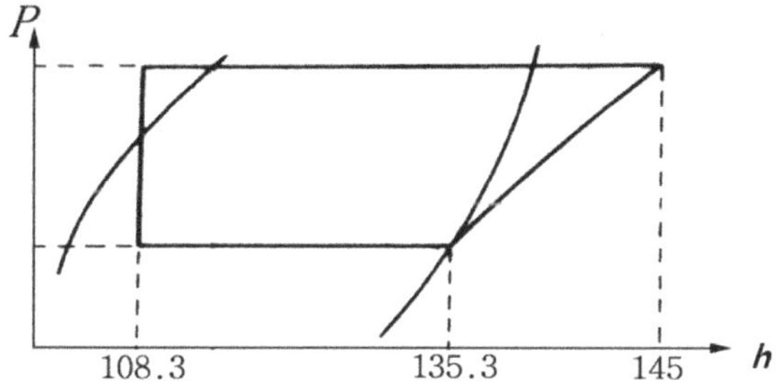

풀이 $N\,[kW] = \dfrac{G \times AL}{860}$ 에서 $G = \dfrac{Q_e}{q_e} = \dfrac{16{,}600}{135.3 - 108.3} = 614.815\ [kgf/h]$

$$\therefore N = \frac{(145 - 135.3) \times 614.815}{860} = 6.935\,[kW]$$

5.3 왕복 압축기의 구조

왕복 압축기는 입형, 횡형 압축기와 다기통 압축기로 크게 나뉜다. 여기서는 최근에 거의 사용되지 않는 횡형 압축기를 제외하고 입형 압축기와 다기통 압축기에 대하여 설명하기로 한다.

5.3.1 입형 압축기

그림 5-4는 입형(중저속) 암모니아용 압축기를 나타낸 것이다.

크랭크 케이스(Crank case)는 밀폐되어 내부에 냉매증기가 있으며, 실린더 수가 1개인 경우 토출관내의 냉매증기의 흐름에 큰 맥동이 발생되며, 크랭크를 회전하는 힘도 위치에 따라 상당히 변화하므로 큰 플라이 휠(Fly wheel)이 필요하게 된다. 또한, 고속회전하게 되면 진동도 많게

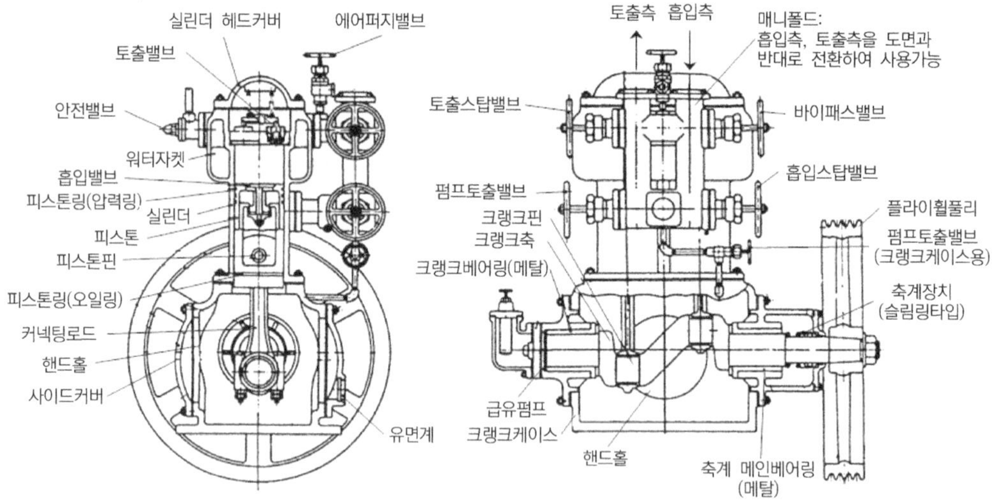

그림 5-4 중저속 입형 압축기의 구조

되므로 대체로 2개 이상의 실린더를 설치하고 있다. 암모니아 압축기는 압축가스 온도가 120℃ 정도로 상당히 높으므로 실린더 상부를 냉각수로 냉각한다.

프레온을 냉매로 사용하는 경우는 소형으로 한정되고 있으므로 압축하여도 토출가스 온도가 그다지 높지 않아 통상 수냉식(water cooled type)을 채택하지 않고 공랭식을 이용하나, 저온용의 압축 압력비가 큰 압축기는 압축기를 수냉각(water cooling) 하는 경우도 있다.

중저속 입형 압축기의 회전수는 암모니아인 경우 흡입밸브 및 토출밸브로 포핏 밸브(Poppet valve)가 사용되기 때문에 보통 350~550 *rpm* 정도이며, 프레온계에서는 플레이트 밸브(Plate valve)가 이용되므로 통상 450~700 *rpm* 정도이다. **중저속 입형 압축기의 특징**은 다음과 같다.

(1) 장점

① 체적효율이 비교적 크다.
② 윤활유의 소비량이 비교적 적다.
③ 구조가 간단하고 취급이 용이하다.
④ 부품의 수가 적고 수명이 길다.

(2) 단점

① 압축기의 높이(피스톤 행정)가 크다.
② 용량제어나 자동운전이 고속다기통에 비하여 뒤떨어진다.
③ 대량생산이 어렵다.
④ 중량이나 가격 면에서 고속 다기통보다 뒤떨어진다.

5.3.2 다기통 압축기

입형 압축기는 실린더 수가 4개로 제한되나, 다기통 압축기의 기통 수는 4~8개(특별한 경우 16기통도 있음)로 많으며 4기통은 V형, 6기통은 W형, 8기통은 VV형이 채택된다. 그러나 실린더 직경은 작아 최대 180 *mm*정도이며 80 *mm* 정도의 것도 많다.

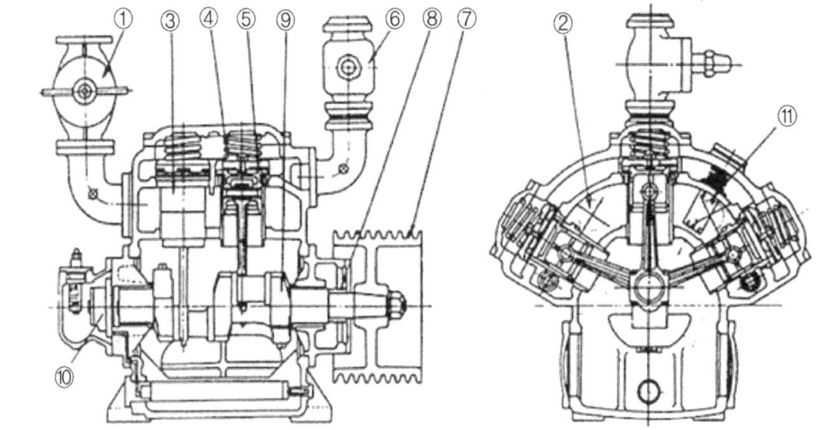

① 흡입측 패쇄밸브
② 흡입밸브
③ 실린더라이너
④ 안전헤드스프링
⑤ 피스톤
⑥ 토출측 폐쇄밸브
⑦ V풀리
⑧ 축계장치
⑨ 크랭크축
⑩ 오일펌프
⑪ 안전밸브

그림 5-5 고속 다기통 압축기의 구조

그림 5-5는 고속 다기통 압축기의 구조를 나타냈다.

고속다기통 압축기에는 흡입·토출밸브로 플레이트 밸브가 많이 사용되며 축봉장치, 윤활장치 및 용량제어장치가 있다. 또한, 고속회전에서 안정성을 확보하기 위하여 안전밸브와 고압차단장치 및 유압보호장치 등이 갖추어져 있다. 입형 압축기에 비하여 고속 다기통 압축기가 갖는 장점과 단점은 다음과 같다.

(1) 장점

① 회전수가 빠르므로 냉동능력의 분담이 적다.

② 설치면적이 적어도 되며, 중량이 작고 진동이 적으므로 견고한 기초공사가 필요치 않으며 수리가 용이하다.

③ 실린더에는 라이너가 삽입되어 있으므로 마모 시 실린더 보링(Cylinder boring)과 같은 작업이 필요 없게 된다.

④ 무부하 장치(Unloading system)가 설치되어 있어 시동이 용이하며, 단계적인 용량제어가 가능하다.

⑤ 실린더 라이너, 피스톤 등은 호환성이 크며, 대량생산이 가능하므로 가격도 저렴해진다.

(2) 단점

① 압축기의 능력분담이 작으므로 압축기 냉각은 주로 공랭식을 이용하므로 토출가스 온도가 높게 되기 쉽고, 따라서 윤활유 온도도 상승하게 되므로 압축비가 큰 압축에는 유냉각기(Oil cooler)를 설치해야 한다.

② 탑 클리어런스(Top clearance)가 입형 압축기보다 크게 되는 경향이 있어 체적효율은 입형보다 작고, 압축비가 크게 되면 능력의 감소율이 크게 된다.

5.3.3 왕복식 압축기의 구성요소

왕복식 압축기의 구성부품 중 Cylinder & Compressor body, Main bearing, Cylinder liner, Piston, Connecting rod, Crank shaft 등은 여타 내연기관과 대동소이하므로 생략하고 여기에서는 내연기관과 다른 부분에 대하여 기술한다.

(1) 밸브의 구조(valve assembly)

흡입밸브와 토출밸브는 압축기의 효율과 소음의 정도를 결정하는 매우 중요한 부분 중의 하나다.

밸브는 포핏 밸브(Poppet valve), 플레이트 밸브(Plate valve), 페더밸브(Feather valve), 리드 밸브(Reed valve)등이 있으며 최근에는 플레이트 밸브가 가장 많이 사용된다.

일반적으로 밸브의 손상은 압축기 운전 중 때때로 일어나는 사고로써 회전이 빠르면 밸브가 받는 충격이 크게 되고 또한 토출압력이 높을수록 파손이 일어나기 쉽다.

1) 포핏 밸브(Popper valve)

포핏 밸브는 원추형의 밸브이며 스템(Stem)이 밸브운동의 안내 역할을 하고 있다. 암모니아 압축기 등에 아직 사용되고 있으며 기밀이 용이하고 내구력도 좋으나, 무거워 동작이 둔하고 소음도 다른 밸브에 비하여 크므로(밸브 양정을 3 mm로 제한) 고속회전용 압축기에는 적합하지 않다. 흡입·토출밸브에 완충장치를 설치하여 밸브 개폐 시의 충격을 줄이고 있다.

2) 플레이트 밸브(Plate valve)

얇은 원판 혹은 환상(環狀)의 밸브를 밸브시트(valve seat)에 코일 모양의 스프링으로 단단히 누르도록 되어 있다. 밸브가 밸브시트에 잘 밀착되어 운전된 부분은 밝게 빛이 나지만 기밀이 불량한 부분은 어둡게 나타나므로 이로써 밸브의 작동상황을 알 수 있다.

이 밸브의 양정은 1~3 *mm* 정도이며 두께가 1.2~2.5 *mm*인 니켈강으로 된 얇은 판이며, 그림 5-6에 입형 압축기의 플레이트 밸브를 나타냈다. 가벼워 운동이 경쾌하고 관성이 적어 프레온 냉매 등을 사용하는 고속회전용 압축기에 적합하다.

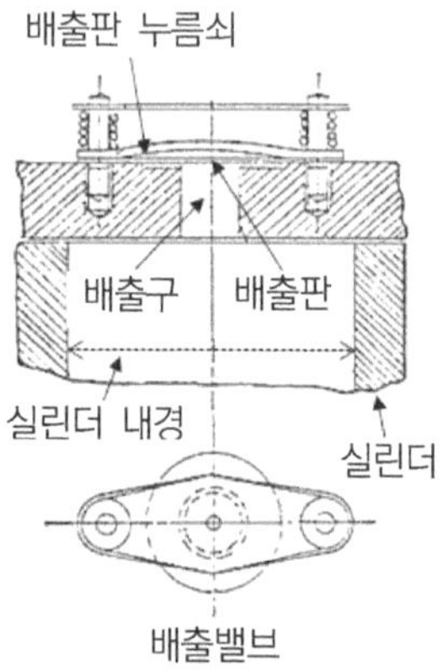

그림 5-6 플레이트 밸브

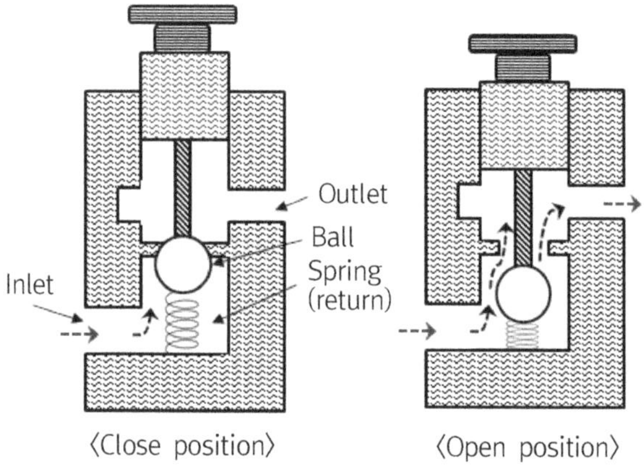

그림 5-7 포핏 밸브

3) 리드 밸브(Reed valve)

양단이 지지되어 있는 0.4~2.0 *mm*의 얇은 타원형 혹은 사각형의 밸브이며(그림 5-8), 비교적 1,000 *rpm* 이상의 소형의 프레온 압축기에 주로 사용된다.

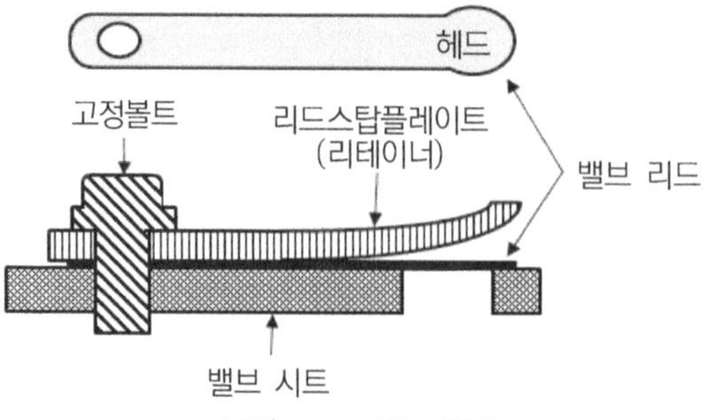

그림 5-8 리드 밸브

(2) 축봉장치(軸封裝置, shaft seal)

그림 5-9는 고무 벨로우즈식(Gum bellows type) 축봉장치의 구조이다. 고무 벨로우즈식은 씰노우즈(Seal nose)보다 안쪽(메인 베어링 측)의 회전부분과 씰링(Sealing)보다 바깥쪽의 고정부분으로 이루어지며, 매우 평활한 두 면의 접촉에 의하여 누설을 방지하고 있다. 오일펌프에서 공급된 압력유는 그 유막에 의하여 씰 작용을 완전하게 함과 동시에 씰 면의 윤활 및 냉각작용을 한다.

특수한 카본(Carbon)제인 씰노우즈와 씰링의 접촉면은 래핑(Lapping) 다듬질 되고 있고 서로 접촉하여 가스의 누설을 방지하고 있다. 고무 벨로우즈 및 씰링용 고무패킹은 모두 냉동기유와 프레온에 침식되지 않는 고급합성고무이며, 외부로부터의 진동도 흡수하여 씰면의 접촉을 충분히 안정되도록 한다.

스프링은 씰면에 적당한 접촉압력을 줌과 동시에 축의 사이드 클리어런스나 씰노우즈의 마모에 대하여 자동적으로 보상작용(補償作用)을 한다.

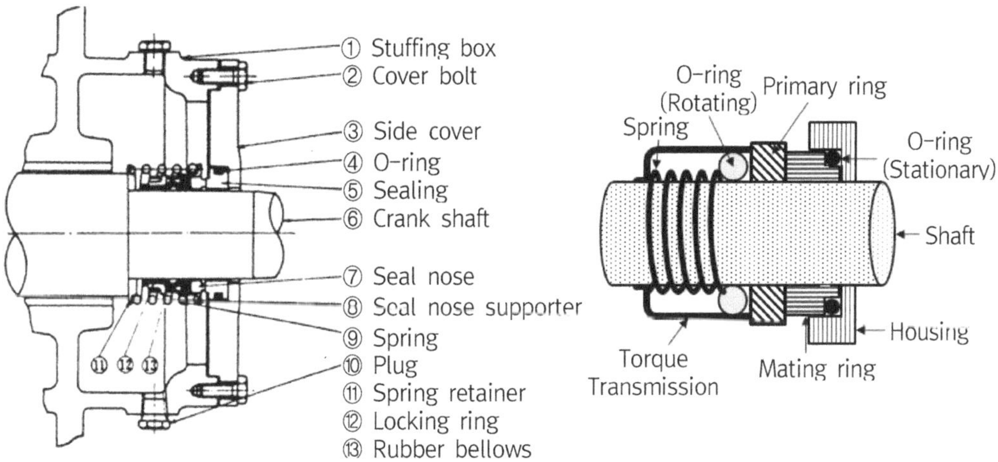

그림 5-9 고무 벨로우즈식 축봉장치의 구조

[Mechanical seal]

그림 5-10은 메커니컬 씰(Mechanical seal) 축봉장치의 구조이다. 고무 벨로우즈식의 합성고무의 단점을 보완한 축봉장치이며, 고가이지만 밀봉작용이 확실하고 누수량이 매우 적고 수명이 길기 때문에 잦은 개방을 필요로 하지 않는 축봉장치로 이용이 늘고 있다. 표 5-2는 일반적인 그랜드 패킹(Grand packing)과 비교한 특징이다.

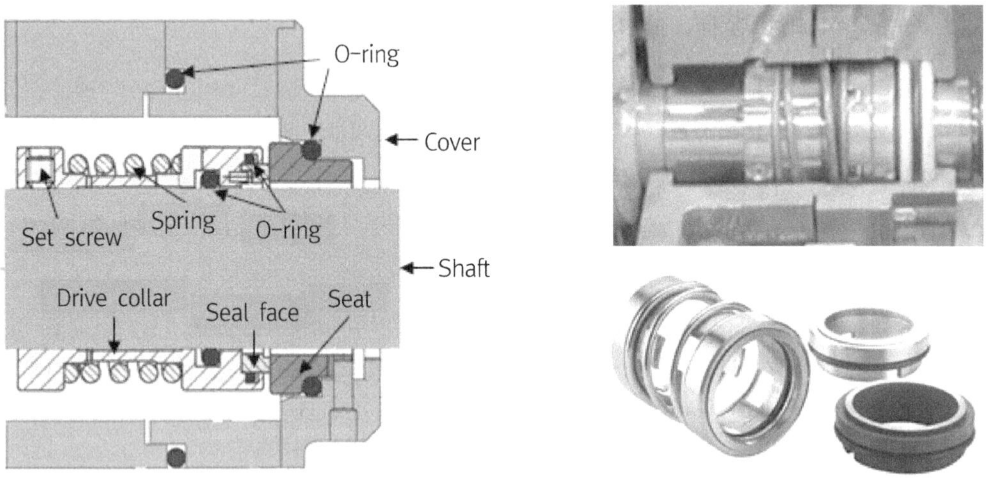

그림 5-10 메커니컬 씰 축봉장치의 구조

표 5-2 Mechanical seal의 특징

항목	MECHANICAL SEAL	GLAND PACKING
누수량	매우적다	마찰을 방지하기 위하여 어느 정도의 누수를 시킨다.
수명	적절한 섭동재의 선택에 따라 오랜 수명을 유지할 수 있다.	패킹의 마모에 따라 더 조여야 하며 또한 보충하여야 한다. 수명이 비교적 짧다.
축 및 슬리브의 마모	메카티칼씰은 고정자와 회전자가 섭동하기 때문에 축 및 슬리브가 상하지 않는다.	축 및 슬리브에 패킹이 직접 마찰하기 때문에 마모된다.
보수, 조정	스프링 등의 가압기구를 가지고 있고 섭동면의 마모에 따라 자동조정되기 때문에 보수 유지가 유리하다.	패킹의 마모에 따라 더 조여야 하고 또한 보충하여야 하며 축 및 슬리브의 마모에 따라 교환하여야 한다.
동력 손실	마찰면적과 마찰계수가 적기 때문에 동력손실이 적다.	마찰면적과 마찰계수가 커서 동력손실은 비교적 크다
사용한계 (압력, 온도, 주속)	적절한 재료와 설계에 의하여 광법위한 조건에 사용할 수 있다.	누수를 적게 하기 위해서는 사용조건에 한계가 있다.
내진성	그랜드패킹에 비하여 크다	메카티칼씰에 비하여 작다.
구조	정밀하고 부품도 많고 복잡하다.	정도가 낮고 간단하다.
취급 (조립, 분해)	ENDLESS이기 때문에 분해, 조립할 때에 기기를 분해하여야 한다.	기기를 분해하지 않아도 되며 장착이 쉽다.
가격	초기설비비는 낮지만 운전관리비는 싸다.	초기설비비는 낮지만 운전관리비는 비싸다.

(3) 윤활장치 및 윤활유계통

오일펌프에 의한 강제 급유식이며, 모든 활동면에 압력유를 분배한다. 윤활유 계통 중에는 기름 여과기 및 유압 조정밸브가 있다. 먼저, 크랭크 케이스 내의 윤활유는 흡입측 유여과기를 거쳐 오일펌프에 흡입 및 토출되며, 다시 유여과기에 의하여 재차 이물이 제거된 후 깨끗한 윤활유는 도관을 따라 오일 펌프측 메인베어링 및 축봉실에 흐른다.

압력유의 일부는 유압계 및 유압보호스위치에 간다. 축봉실에 들어간 윤활유는 축봉장치를 냉각함과 동시에 씰면의 윤활을 하여 그 유막에 의하여 냉매가스의 밀봉작용을 한다.

그리고 축봉실 내의 윤활유는 축봉측의 메인 베어링으로 가는 것과 도관에 의하여 유압조정밸브로 가는 것으로 나누어진다.

유압조정밸브에 의하여 유압이 적정하게 유지되며, 여분의 윤활유는 유압조정 밸브 뒷면의 구멍으로부터 크랭크 케이스 내의 오일 섬프(Oil sump)로 되돌아간다. 양측의 메인 베어링에 들어간 윤활유는 크랭크축에 뚫린 유공을 통하여 피스톤핀에 도달한다.

커넥팅로드 대단부의 측면 및 피스톤핀 베어링에서 나온 윤활유는 크랭크축의 회전으로 인한 원심력에 의하여 실린더 라이너에 부착하여 피스톤의 마찰면을 윤활한 다음 오일 섬프에 떨어진다. 또한 압력유는 언로더(Unloader) 관제장치에 가서 유압피스톤에 작용한다.

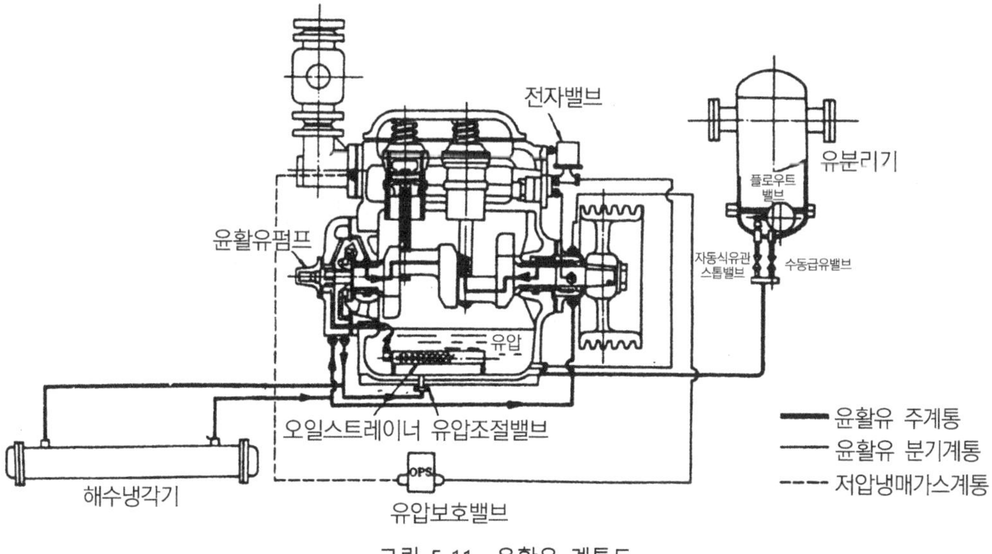

그림 5-11 윤활유 계통도

(4) 유압조정 밸브(Oil pressure regulate valve)

압축기 운전 중에는 유압을 일정 압력 이상으로 유지해야 한다. 유압은 흡입압력보다 1.5 ~3 kg/㎠ 높은 것이 적당하다.

윤활계통의 유압은 조절 가능한 스프링식 유압조정밸브로 조정된다.

캡(Cap)을 풀어내고, 소정의 밸브 키(Valve key)로 조절볼트를 조이면 유압이 상승하고 반대로 푸는 방향으로 돌리면 유압이 저하하도록 되어 있다.

(5) 윤활유 펌프(Lubricating oil pump, L.O pump)

소형 압축기의 윤활은 비말 급유식이 주로 사용되며, 중·대형 압축기는 강제로 급유하는 기어펌프(내접 치차펌프)가 많이 쓰인다.

펌프(Shaft driven L.O pump)는 크랭크축에 의하여 직접 구동되나, 구조가 간단하고 효율이 좋아 고속회전에 적합하며, 크랭크축의 회전 방향에 따라 흡입, 토출의 방향이 바뀌지 않는 자동 가역전 기구인 것이 특징이다.

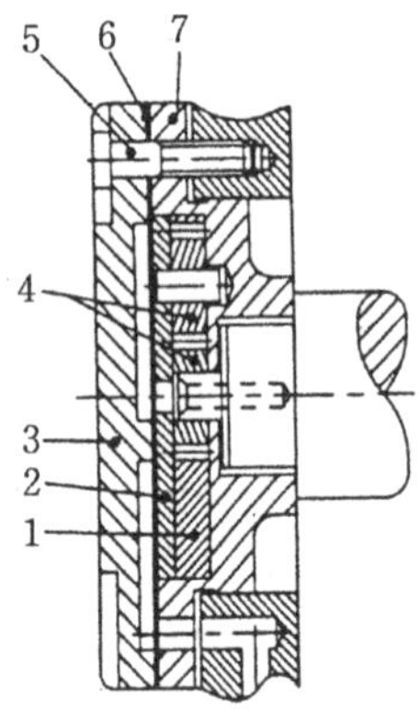

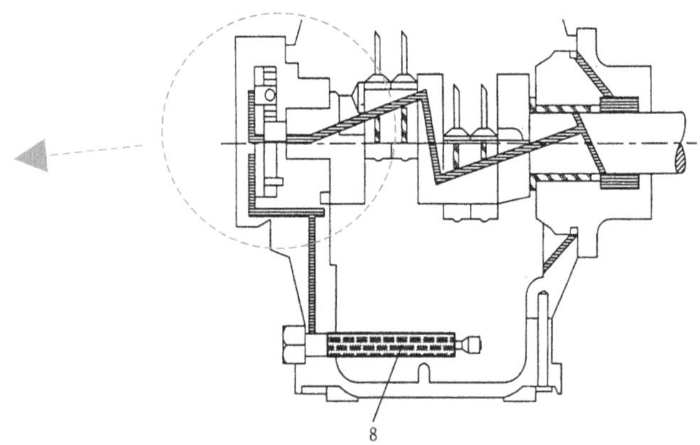

1. pump housing 2. push pump plate 3. end cover 4. gear wheel
5. screw 6. gasket 7. bearing flange 8. suction oil filter

그림 5-12 윤활유 펌프

그림 5-13 압축기의 윤활유시스템

(6) 유여과기(Oil strainer)

오일펌프 흡입 측 및 토출 측에는 유여과기를 설치하여 윤활유를 청정하게 함으로써 그 효과를 증대시키고 있다.

흡입 측 유여과기는 미세한 메시의 철망제이며, 크랭크 케이스 저부에 설치하여 유면이 몹시 내려간 경우에도 윤활유가 확실하게 오일펌프에 흡입되도록 설치되어 있다. 토출 측 유여과기에는 큐노필터(Cuno filter)를 채용하는 것도 있는데, 이것은 압축기 운전 중에 여과면의 청소가 가능하도록 오일펌프의 측면 뚜껑 측에 설치된다.

(7) V-벨트(V-belt) 구동 장치

V-벨트(V-belt) 구동 장치에서는 벨트의 장력을 가감하기 때문에 전동기의 위치를 조금씩 변경시킬 수 있게 한 슬라이드 베이스를 갖는다. 벨트의 장력은 너무 강해도 또는 너무 약해도 안 된다. 벨트가 처지면 벨트 자신의 슬립으로 인하여 뜨거워져 마모가 빠르게 됨과 동시에 압축기의 회전이 늦어지게 되므로 적절한 장력을 갖도록 조정한다. 슬립(Slip)이 심한 경우 화재의 위험이 있으므로 벨트의 장력조절에 유의하여야 한다.

(8) 직결 구동 장치

전동기를 압축기에 직결하여 구동하는 경우에는 **플렉시블 커플링(Flexible coupling)**을 쓴다. 직결 구동 장치에서 가장 문제가 되는 것은 두 개의 축 중심을 잘 맞추는 것이다. 이러한 미소한 편심(偏心)을 흡수하기 위하여 플렉시블 커플링을 쓰게 되고 있으며, 최근에는 합성고무를 사용한 고무 커플링이 널리 쓰이고 있다.

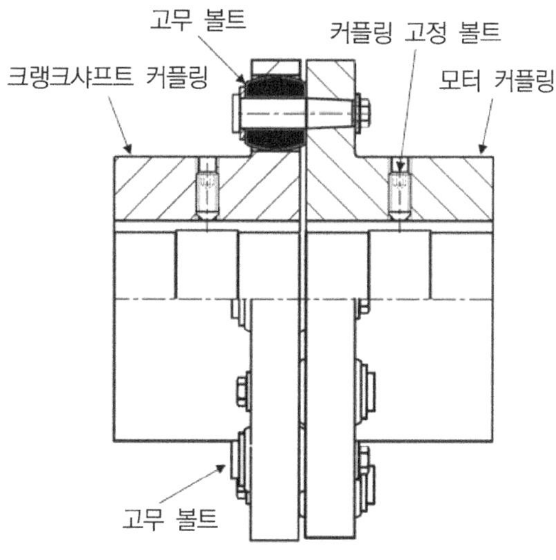

그림 5-14 플렉시블 커플링

(9) 전자클러치(Magnetic Clutch)

자동차, 쾌속 여객선의 에어컨용 압축기와 같이 공간이 협소하여 설치장소에 제한을 받는 곳에서는 주 동력원, 즉 자동차의 경우 자동차 엔진의 축, 쾌속 여객선의 경우 발전기 축에 풀리(Pulley)와 V-벨트(V-belt)를 이용하여 동력을 압축기로 전달하게 되며, 전자클러치(Magnetic clutch)로써 압축기의 운전을 제어하게 된다.

이 경우 전자클러치의 조임력(Holding power)이 압축기의 기동 토크(Torque)에 비하여 충분하여야 한다. 조임력이 충분하지 못하면 금속면의 마찰로 인하여 극심한 발열과 스파크(Spark)가 발생하여 화재의 위험이 크므로 유의하여야 한다.

5.4 압축기의 용량제어

압축기의 용량제어 방법은 압축기 종류에 따라 다음과 같이 분류할 수 있다.

왕복동 압축기

- 입형 저속 압축기 : By-pass에 의한 방법
Clearance pocket에 의한 방법
- 고속 다기통 압축기 : Unloading system에 의한 방법

스크루 압축기

- Slide valve에 의한 By-pass법
- Solenoid valve에 의한 방법

터보 압축기

- Suction damper 조정법
- 회전수(rpm) 조정법
- By-pass 제어법
- Vane 조정법

왕복동식 중 고속 다기통 압축기에서 유압작용으로 특정한 기통의 흡입밸브를 개방하는 **언로딩 시스템(Unloading system : 부하 제어장치)**는 부하의 변동에 따라 압축기의 능력을 조절하여(감소시켜) 증발온도가 과도하게 낮아지는 것을 방지함과 동시에 소요동력을 감소시켜 가장 효율적이고 경제적인 운전을 가능케 한다.

또한, 이것은 경부하 기동장치로서 작용되어 기동 시의 소요 토크를 적게 하고, 냉각 대상물의 온도가 내려가는 동안의 과부하에 대하여도 부분적으로 무부하로 할 수 있으므로 운전 시의 소요동력에 가장 적합한 전동기를 사용할 수 있도록 해준다.

[무부하 시스템(UNLOADING SYSTEM)의 원리]

1. 무부하 시스템은 여러 개의 실린더 헤드(cylinder head)로 구성된 냉매 압축기에서 특정 실린더 헤드의 압축일을 쉬게 하기 위하여 해당 피스톤의 흡입밸브(suction valve)를 강제적으로 들어 올린 상태(열린 상태)에서 운전이 되어 냉매 압축을 할 수 없게 한다.
2. 압축기 초기 기동 시에 모터에 무리가 가지 않도록 부하를 낮추며, 윤활유 압력이 정상적으로 형성되지 않기 때문에 기기에 무리가 가지 않도록 한다.
3. 무부하 시스템의 원리는 초기 기동 시 윤활유 압력이 낮을 때, 언로더 피스톤(unloader piston)의 스프링 힘에 의하여 푸쉬 로드(push rod)를 잡아 당겨서 흡입밸브를 들어 올려 열린 상태로 유지하고, 윤활유 압력이 상승하게 되면 윤활유 압력이 언로더 피스톤을 밀어서 푸쉬 로드를 원래 위치로 밀어서 흡입밸브를 닫힌 상태로 복귀시킨다.
4. 실린더 헤드가 3개일 경우는 33%, 67%, 100%로 운전할 수 있으며, 실린더 헤드가 4개일 경우는 25%, 50%, 75%, 100%로 부하를 조정하여 운전할 수 있다.
5. 운전 초기는 항상 최소 부하(33% 또는 25%)로 기동하고, 부하에 따라 66%, 100%(또는 50%, 75%, 100%)로 운전이 된다.
6. 운전 중 부하의 변동으로 인하여 증발온도가 지나치게 낮아지게 되는 현상을 방지함으로써 압축기를 보호한다.
7. 압축기의 소요 동력을 감소시킬 수 있기 때문에 경제적인 운전을 할 수 있다.

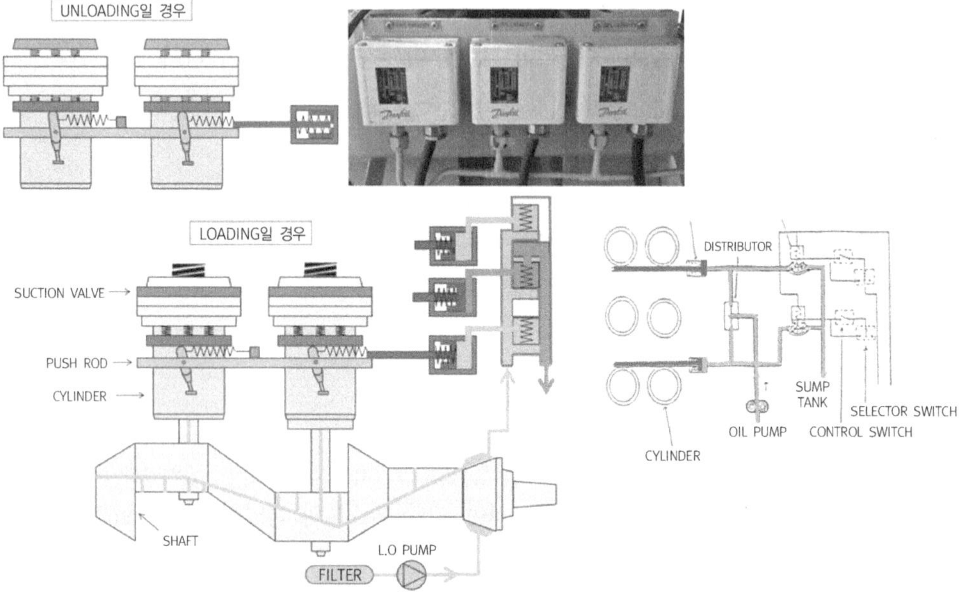

그림 5-15 무부하 시스템(Unloading system)의 원리

5.5 밀폐형 압축기

밀폐형 압축기에는 반밀폐형 압축기(Semi-hermetic type)와 완전 밀폐형 압축기(Hermetic type)로 분류할 수 있다.

5.5.1 반밀폐형 압축기

반밀폐형 압축기(semi-hermetic type)는 압축기와 구동모터를 개방이 가능한 케이스에 설치한 형태이다.

압축기의 크랭크축을 연장하여 전동기의 로터를 붙이고 크랭크 케이스를 확대하여 전동기를 내장하면 축봉장치가 필요치 않으므로 압축기의 기밀성이 향상되며 또한 구동장치가 생략됨으로 소음도 적고 콤팩트 하게 된다.

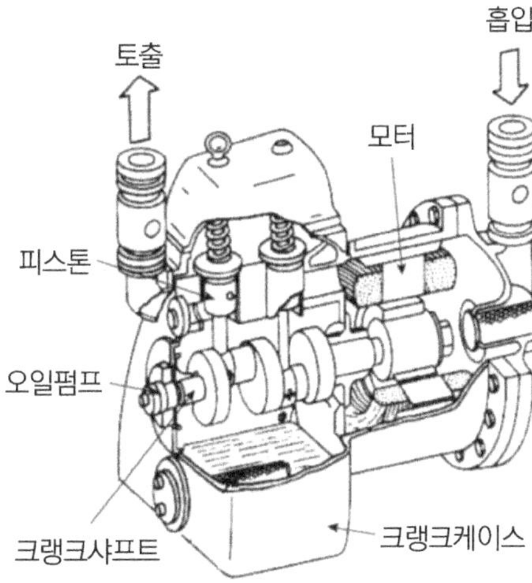

내장된 전동기는 냉매가스에 의하여 전기적으로 절연이 확실하여야 하는데, 이 점에서 프레온계 냉매가 안정되고 절연성능도 크므로 압축기의 밀폐화가 추진되어 이미 37 kW급의 압축기까지 실용화되었다. 압축기는 기동부하가 적은 다기통형이 이용되고 있다.

5.5.2 완전 밀폐형 압축기

완전 밀폐형 압축기(hermetic type)는 압축기와 구동모터를 같은 케이스에 설치한 형태이다. 비교적 소형의 압축기에서는 하우징을 강판제(鋼板製)로 하고 압축기와 전동기를 내장한 다음 완전하게 용접 밀봉하여 더욱 기밀성을 높인 구조로 되어 있다.

반밀폐형의 경우 실린더 커버 등 각 부분의 개방이 가능하나, 완전 밀폐형의 경우 용접밀봉구조로 되어 있어 개방검사가 불가능하므로 각 부분의 운전상 신뢰성이 확보되어야 한다.

일반적으로는 왕복식의 경우 회전축은 수직이며 상부에 전동기를, 하부에는 압축기를 설치하는 방식을 채택한다.

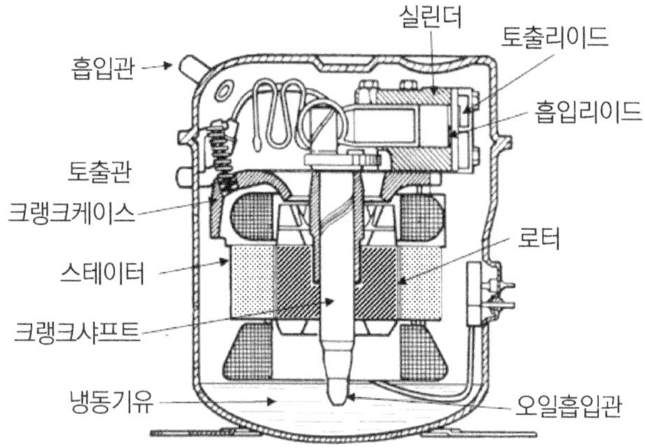

그림 5-16 완전밀폐형 압축기

밀폐형 압축기에서는 냉매나 기름이 외부로 누출될 염려는 없으나 기계 부분의 손상이 발생하면 수리에 대단한 어려움이 따른다. 용기가 용접밀봉구조로 수리 없이 장기간 사용할 수 있어야 하므로 냉매나 윤활유에 수분이 없어야 하며, 냉매계통에 먼지 등 불순물이 없어야 한다. 먼지가 혼입되면 절연성이 좋은 프레온계 냉매도 절연성능이 약화되어 전동기의 절연파괴를 초래하게 된다.

완전 밀폐형 압축기도 점차 대형화되는 경향이며 패키지 에어컨(Package air conditioner) 등 규격화한 제품에 주로 쓰이는 압축기로 10 kW정도의 것까지 실용화되고 있다.

반면, 개방형 압축기(Open type)는 압축기와 구동모터를 분리하여 설치되며, 중대형 냉동기에 주로 적용된다.

5.6 회전식 압축기(Rotary compressor)

회전식 압축기(Rotary type)는 회전자(rotor)가 회전하면서 압축하게 된다. 회전식 압축기에는 회전익형(Rotary blade type)과 고정익형(Stationary blade type)이 있다. 회전익형은 소형 에어컨, 쇼케이스용 등 주로 소형 압축기로 많이 채용되는 형식으로써 그림 5-17과 같이 회전피스톤과 함께 블레이드가 실린더 내면에 접촉하면서 회전하여 냉매가스의 압축작용을 한다.

고정익형은 회전피스톤과 1개의 고정블레이드 및 실린더 내면과의 접촉에 의하여 압축작용을 한다.

회전식 압축기는 왕복식 압축기에 비하여 구조가 간단하고, 운동부의 동작이 단순하므로 대용량까지 생산이 가능하며, 회전형이므로 진동도 적다. 또한, 마찰부의 가공에 정밀도와 내마모성이 크게 요구되지만 그 신뢰도만 확보된다면 효율이 양호한 고압축비를 얻을 수 있다. 흡입밸브는 없으나 흡입구에 역류방지밸브가 설치되어 있으며, 토출밸브는 있다. 또한, 체적효율이 100% 정도에 가깝고 고진공을 얻을 수 있어 진공펌프로도 많이 사용된다.

장점	단점
• 소형으로 설치면적이 작음 • 윤활유 펌프 및 흡입밸브가 없음 • 배출 증기의 온도가 낮음 • 압축비에 비하여 체적효율이 높음 • 액격(liquid hammer)이 적음 • 유격(oil hammer)이 적음 • 운동이 정숙하고 진동이 적음 • 부품 수가 적음	• 오일분리기와 오일냉각기가 큼 • 전체 폭과 높이는 작으나 길이가 김 • 윤활에 주의, 용량제어 불가 • 분해조립 및 정비에 특수한 기술이 필요 • 비체적이 큰 냉매에 적합

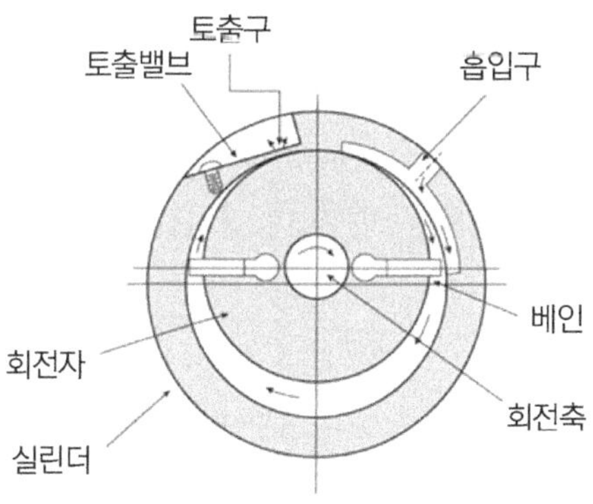

그림 5-17 회전익형(베인식)

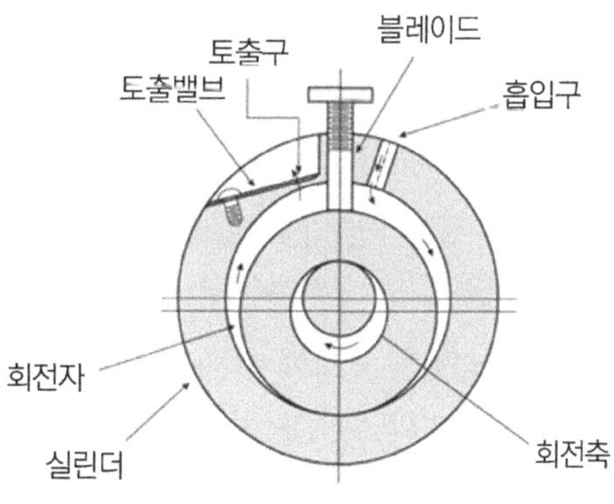

그림 5-18 고정익형(피스톤식)

압축기가 정상 회전수에 달하기 전까지는 블레이드의 원심력이 작아 실린더에 꼭 밀착할 수 없어 기동 초기에는 압축이 행해지지 않으므로 기동 시 소비전력이 적게 된다. 윤활유 냉각기가 설치된다.

일반적으로 1,000 *rpm* 이상에서 원심력에 의하여 블레이드가 실린더 벽에 밀착하게 된다. 보통 가정용 냉장고는 1,725 *rpm*, 상업용은 1,000~1,800 *rpm*으로 운전된다.

5.7 스크루 압축기(Screw compressor)

스크루 압축기는 암·수(Female and male)의 치형을 갖는 두 개의 로터(Rotor)의 맞물림 회전에 의하여 가스를 압축하며, 원래는 오일리스(Oilless)압축기로 개발되었으나 주유(注油)기구를 조합하여 냉동기용 압축기로써 쓰이게 되었다.

이 분사 방식으로 로터와 로터, 로터와 케이싱 간의 윤활을 행한다. 윤활유를 로터에 분사하면서 압축작용이 이루어지므로 압축 시 가스를 냉각하여 토출가스 온도를 단열압축보다도 낮게 억제할 수도 있다. 그러나 기름을 다량으로 분사하므로 대용량의 유분리기가 필요하며 일반적으로 유냉각기를 설치하여야 한다.

동력전달은 로터의 치(齒)로 행하므로 타이밍 기어(Timing gear)가 없고 강제급유로 윤활, 가스의 누설방지, 가스 및 압축기의 냉각작용의 3가지 작용을 할 수 있다.

용량제어는 슬라이드 밸브(Slide valve)에 의하여 무단계로 가능하나 슬라이드 밸브의 흡입 증기량을 경감하면 압축 압력비가 낮게 되어 압축효율이 저하하며 장시간 소용량으로 부분운전을 하게 되면 성적계수의 저하를 초래하게 된다.

스크루 압축기는 로터의 회전에 따라 냉매가스의 흡입, 압축, 토출 행정이 이루어지며, 소형으로도 대용량의 가스를 처리할 수 있고, 마모 부분이 적으며, 1단의 압축비를 높게 할 수 있고 액 흡입의 영향도 비교적 크게 받지 않는다.

왕복식 압축기와 같은 흡입밸브와 토출밸브가 없고 압축작용이 간단하여 액압축에도 비교적 강하며, 왕복운동이 없어 진동은 경감되나, 3500 *rpm* 정도의 고속회전이므로 소음이 크게 된다.

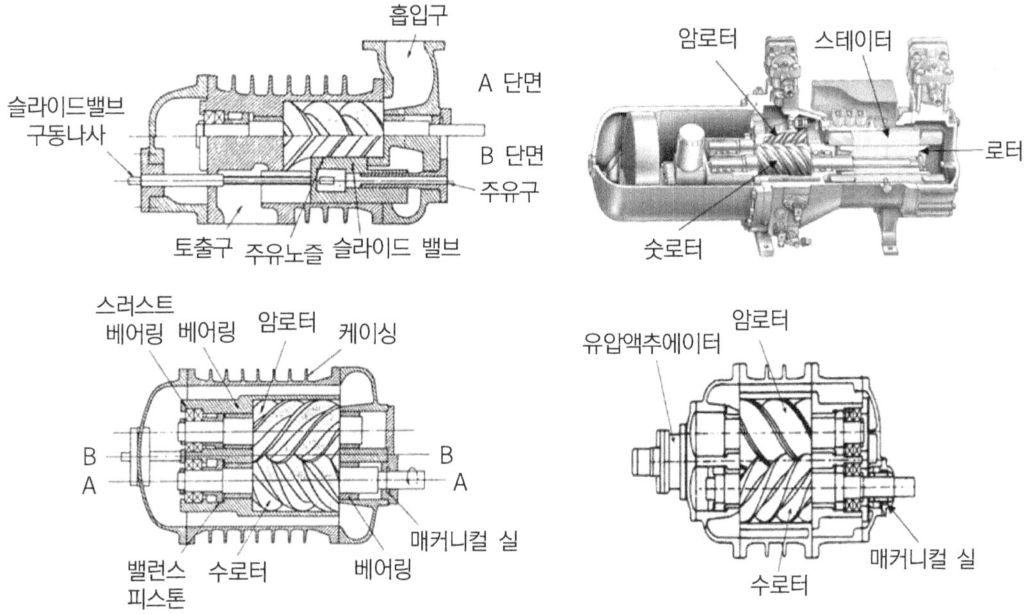

그림 5-19 스크루 압축기

현재는 용량면으로 보아 원심압축기와 왕복압축기의 중간 기종으로 이용되며, 고압축용으로 설계된 스크루 압축기는 고온 히트펌프나 저온냉동기용으로 사용된다. 또한, 소용량화와 함께 밀폐화가 이루어져 공랭식 히트펌프 냉온수기 등의 제품으로 사용되기도 한다.

(1) 장점

① 소형 경량으로 설치면적이 작다
② 진동이 없고, 강고한 기초가 필요 없다.
③ 12 ~ 100%의 무단 용량제어가 가능하며 자동운전에 적합하다.
④ 액격(liquid hammer) 또는 유격(oil hammer)이 적다.
⑤ 밸브와 피스톤이 없어 장시간의 연속운전이 가능하다.
⑥ 부품수가 적고 수명이 길다.

(2) 단점

① 오일분리기와 오일냉각기가 크다.
② 오일펌프를 별도로 설치해야 한다.
③ 경부하 시 동력이 크다.
④ 분해조립 및 정비에 특수한 기술이 필요하다.
⑤ 소음이 비교적 크다.

스크루 압축기의 원리
다음 그림은 스크루 압축기의 흡입-압축- 토출 행정의 과정을 나타낸 작동원리이다.

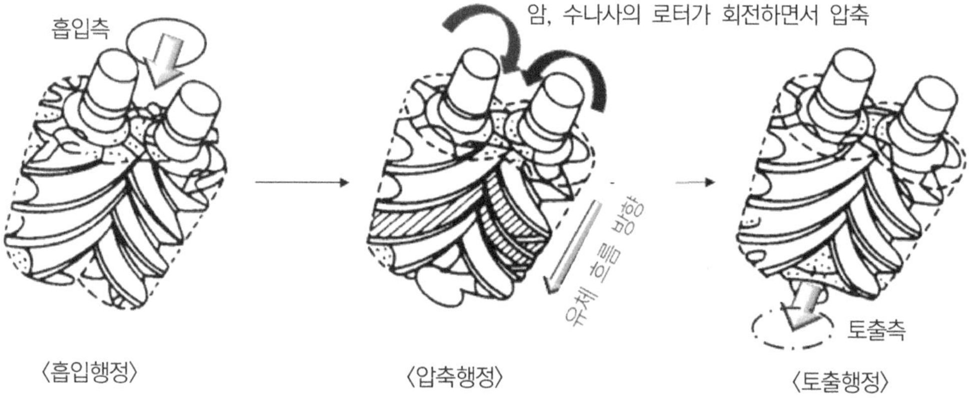

5.8 터보 압축기(Turbo compressor)

터보 압축기는 원심력을 이용한 것으로 흡입가스의 용적을 크게 할 수 있으나 압축압력을 높게 하는 것은 곤란하다. 또한 냉매가스의 비중량이 작고 압축비가 큰 경우는 다단(多段)으로 해야 한다.

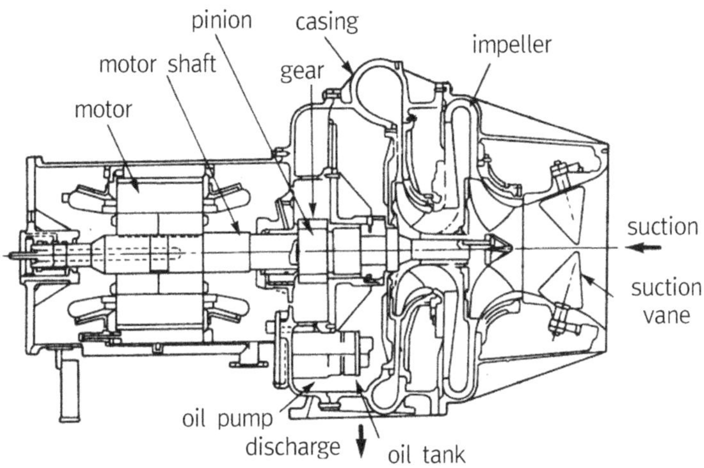

그림 5-20 2단 터보 압축기

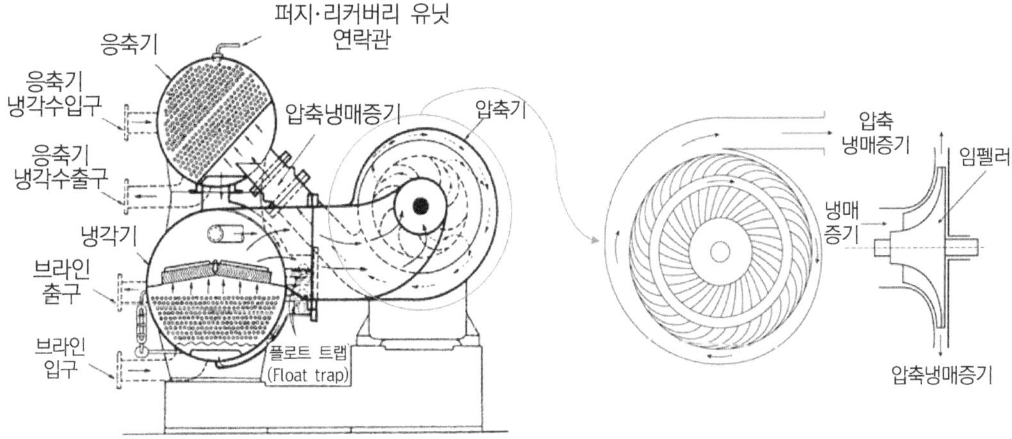

그림 5-21 터보 압축기의 구조

임펠러(Impeller)가 회전하면서 압축하므로 터보 압축기를 원심압축기(Centrifugal compressor)라고도 하며 팬(Fan), 프로펠러(Propeller), 터빈(Turbine) 등과 함께 터보기계(Turbo machinery)로 분류되는 기계장치의 하나이다. 회전운동을 하므로 유동이 연속적이며 베어링 이외의 접촉부분이 없고 진동이나 마모의 발생은 매우 적다.

터보 압축기는 냉동 및 공기조화 시스템에서 폭넓게 이용되고 있으며 거의 모든 냉매가 이 압축기에 이용될 수 있다.

터보 압축기의 구조는 일반적으로 압축기, 응축기 및 증발기가 한 유닛으로 구성되어 있다. 터보압축기의 장단점은 다음과 같다.

(1) 장점

① 한 대의 압축기로도 대용량이 가능하며 용량에 비하여 소형이다.
② 마찰부가 없으며 진동이 적다.
③ 압축가스 속에 유적(油滴)이 함유되지 않는다.
④ 응축기에서 가스가 응축되지 않더라도 이상 고압으로 되지는 않는다.

(2) 단점

① 소용량인 경우는 효율이 저하하여 경제적이지 못한다.
② 부하가 감소하면 서어징(Surging)을 일으킨다.
③ 일반적으로 냉매 회수장치가 필요하다.(R-12는 불필요)
④ 1단으로 압축비를 올리기 어려우며 패키지형이 아니면 설치가 어렵다.

[압축기의 사용범위]

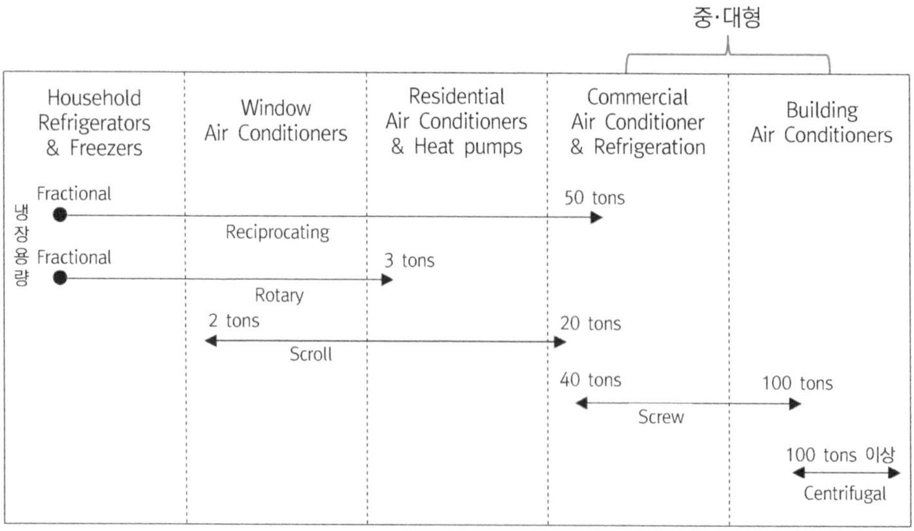

5.9 냉동기유(Refrigerating machine oil)

냉동장치의 윤활유(Lubricating oil)는 냉동기유(Refrigerating machine oil)라고 불리며, 압축기의 운동부의 윤활을 위하여 순환될 뿐만 아니라 압축기의 압축과정 중에 냉매와 함께 응축기, 증발기 등 냉동시스템으로 이동된다. 따라서 냉동장치의 윤활유는 윤활유가 가져야 할 기본 성질 외에도 냉동장치에 장애를 일으키지 않는 성질을 가져야 한다.

5.9.1 냉동기유의 특성

윤활의 목적은 어느 기계요소에서와 마찬가지로

1) 활동면에 유막을 형성하여 원활한 작동을 도모함으로써 기계적 마모를 방지한다.
2) 마찰부의 열을 제거하여 기계효율을 높이고 압축기의 소손을 방지하며, 개스킷과 패킹재료를 보호한다.
3) 누설의 우려가 있는 곳에 유막을 형성하여 냉매가스의 누설 및 외기 침입을 방지한다.
4) 방청작용을 한다.

냉동기유는 냉매와 공존하는 경우가 많으므로 냉매와의 용해성에 따라 냉동능력에 큰 영향을 미친다. 냉동기유 자체의 윤활성이 우수하여도 냉매의 용해성에 따라 그 특성이 좌우되며 일반적으로 냉매가 용해되는 쪽이 윤활성이 좋다.

피스톤의 행정이 짧은 비교적 소형 압축기의 윤활방식으로 비산식 급유법이 채택되며, 중대형 압축기에는 강제 급유식이 채택되고 있다.

크랭크 케이스 내의 윤활유의 온도는 냉매가 암모니아인 경우에는 토출 가스의 온도가 높으므로 실린더가 과열되고 윤활유가 열화·탄화할 우려가 있으므로 오일 냉각기를 설치하여 윤활유의 온도를 40℃ 이하로 냉각하여야 한다. 그러나 프레온 냉매의 경우는 유온이 낮으면 오일 포밍의 우려가 있으므로 저온용이나 터보냉동기에는 크랭크 케이스 히터(crank case heater; CCH)를 설치하여 윤활유 온도를 30℃ 이상으로 유지하여야 한다.

다음의 표는 참고로 SUN OIL 회사가 시판하고 있는 냉동기유의 특성을 나타낸 것이다.

특성	SUN ISO 3GS	SUN ISO 4GS	SUN ISO 5GS
점도 SUS/37.8℃	150-160	280-300	510-520
점도 SUS/98.9℃	40-42	44-47	51-54
비중 15/4℃	0.9155	0.9213	0.9278
인화점 ℃	172	181	196
발화점 ℃	188	200	
유동점 ℃	-45	-37.8	-30
유황분 %	0.05	0.06	0.07
수분량 PPM	20이하	20이하	20이하
절연 내압 kV	45	45	45

5.9.2 냉동기유 요구조건과 점도지수

냉동기유는 냉동기의 운전온도조건, 냉매의 종류, 압축기의 종류에 따라 차이가 있으나 일반적으로 다음과 같은 **냉동기유 요구조건**을 만족하여야 한다.

① 응고점이 낮을 것

② 인화점이 높을 것

③ 냉매와의 분리성이 좋고 화학반응을 일으키지 않을 것

④ 전기절연이 좋을 것

⑤ 점도가 적당할 것

암모니아는 기름에 잘 용해되지 않으므로 점도를 저하시키지는 않으나, 프레온계 냉매는 기름에 잘 용해되어 점도가 저하하므로 프레온계 냉매를 사용하는 냉동기에는 암모니아의 경우보다 점도가 높은 윤활유를 사용하여야 한다.

점도지수(Viscosity Index; *VI*)

온도에 따른 냉동기유의 점도변화를 나타내는 척도이며 온도에 의한 점도변화가 작은 기유(基油)의 VI를 100으로 하고 점도변화가 큰 기유의 VI를 제로(0)로 하여 다음과 같은 식으로 구한다.

$$점도지수\ (VI) = \frac{L-U}{L-H} \times 100$$

여기서 U : 시료유(試料油) 100°F(37.8℃)의 점도

L : 시료유 210°F(98.9℃)의 점도와 동일한 점도를 나타내는 VI = 0인 기준유의 100°F에서의 점도

H : 시료유 210°F 점도와 동일 점도를 나타내는 VI = 100인 기준유의 100°F에서의 점도

점도지수가 클수록 저온에서의 점도와 고온에서의 점도변화가 작다. 따라서 엔진유 등 사용온도 범위가 넓은 윤활유에서는 점도지수가 높은 것이 요구된다.

6

응축기(Condenser) 및 증발기(Evaporator)

열교환기(heat exchanger)는 온도가 높은 유체에서 상대적으로 온도가 낮은 유체로 고체 벽을 통하여 열이 이동하도록 만든 장치이며, 열교환기에서 주된 열전달 방식은 열전도와 열대류이다.

응축기(Condenser)와 증발기(Evaporator)는 열교환기의 한 종류이며, 사용 목적에 따라 분류한 것이다.

열교환기에서 전열량을 계산하기 위하여 열관류량을 구하는 방법을 이용한다.

$$Q = K \cdot A \cdot \Delta t_m$$

여기서,

Q : 열관류에 의한 전열량 $[kcal/h]$, $[W]$

K : 열관류율 $[kcal/m^2 \cdot h \cdot ℃]$, $[W/m^2 \cdot K]$

A : 전열 면적 $[m^2]$

Δt_m : 열교환을 하는 두 유체의 평균 온도차 [℃]

Δt_m은 대수평균온도차(logarithmic mean temperature difference; LMTD)를 사용한다. 두 유체의 유동방향에 따른 평행류와 대향류는 아래의 식과 같다.

$$\Delta t_m = \frac{\Delta t_1 - \Delta t_2}{\ln \dfrac{\Delta t_1}{\Delta t_2}} = \frac{(t_1 - t_1{}') - (t_2 - t_2{}')}{\ln\left(\dfrac{t_1 - t_1{}'}{t_2 - t_2{}'}\right)} \ (\text{평행류}) = \frac{(t_1 - t_2{}') - (t_2 - t_1{}')}{\ln\left(\dfrac{t_1 - t_2{}'}{t_2 - t_1{}'}\right)} \ (\text{대향류})$$

여기서, 유체의 유동방향에 따른 열교환 방식은 평행류(parallel flow)와 대향류(counter flow)로 구분된다. 평행류(parallel flow)는 온도가 서로 다른 두 유체의 유동방향이 동일한 경우이며, 대향류(counter flow)는 서로 반대 방향으로 유동하는 경우이다.

열교환기에서의 열전달은 두 유체 사이에서만 일어나며, 열교환기에서 주위로의 열전달은 무시한다. 이때 높은 온도의 유체가 잃은 열량은 낮은 유체가 얻은 열량과 동일하다. 두 유체 모두 상변화가 일어나지 않고 비열이 일정할 때, 열교환기에서의 교환 열량을 구하는 식은 다음과 같다.

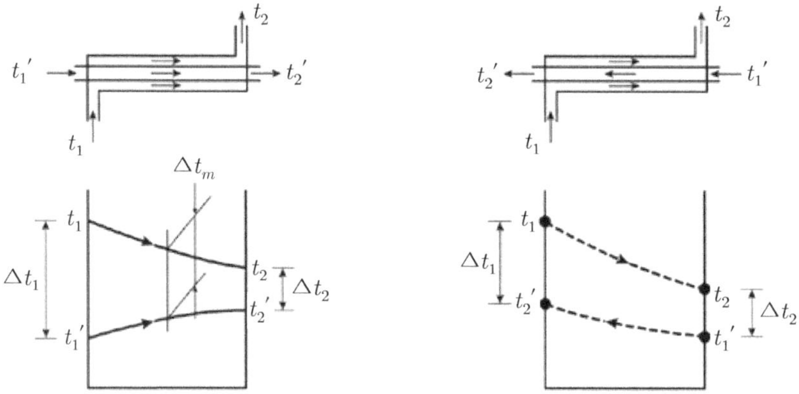

(a) 평행류 (b) 대향류

① 고온유체가 잃은 열량 : $Q = CG(t_1 - t_2)$

② 저온유체가 얻응 열량 : $Q = C'G'(t_2' - t_1')$

여기서,

C, C' : 고온 및 저온 유체의 비열 [kcal/kg・℃]

G, G' : 고온 및 저온 유체의 유량 [kg/h]

6.1 응축열량과 응축기의 특성

6.1.1 응축열량의 계산

압축기에서 압축되어 고온고압이 된 냉매증기를 액화시키기 위해서는 냉매증기를 냉각하여 응축잠열에 상당하는 열량을 제거해 주어야 한다.

즉, 냉매가 증발기에서 흡수한 열량과 압축기에서 압축되어 액화가 용이한 압력까지 압력을 높이는데 필요한 압축일에 상당하는 열량과의 합이 응축기에서 방출해야 하는 열량이다.

증발기 흡수 열량 + 압축기 압축일 열량 = 응축기 방출 열량

이 **응축열량**은 **증발온도(증발압력)**와 **응축온도(응축압력)**에 따라 달라지며 다음과 같은 방법으로 구한다.

(1) 수냉식 응축기의 냉각수 유량과 냉각수 입·출구 온도로부터 구한다.

$$Q_c = w \cdot \gamma \cdot C_w (t_o - t_i) \quad [kcal / h]$$

여기서 w : 냉각수 유량 $[\ell/h]$

γ : 냉각수 비중량 $[kgf/\ell]$ → 물은 1.0

C_w : 비열 $[kcal/kgf℃]$ → 물은 1.0

$t_{i,}\ t_o$: 응축기 입구, 출구의 냉각수 온도 [℃]

(2) 공랭식 응축기의 경우 응축기 입구와 출구의 공기온도로부터 구한다.

$$Q_c = 60 \cdot Q_a \cdot C_a (t_o - t_i) \quad [kcal / h]$$

여기서 Q_a : 풍량 $[m^3 / \min]$

C_a : 공기의 비열 $[kcal / m^3 ℃]$,

35 [℃]에서는 0.27, 25 [℃]에서는 0.28, 15 [℃]에서는 0.29이다.

t_o, t_i : 응축기 출구와 입구의 공기온도 [℃]

(3) 냉동능력과 소요동력으로 구한다.

$$Q_c = Q_e + AL \quad [kcal / h]$$

여기서 Q_e : 냉동능력 $[kcal / h]$

AL : 압축기 소요동력의 열당량 ($[kW]$ × 860, $[PS]$ × 632.3)

(4) 냉매의 엔탈피 차와 냉매 순환량으로 구한다.

$$Q_c = G(h_2 - h_3)\ [kcal/h]$$

여기서 G : 냉매 순환량 $[kgf/h]$

$h_2,\ h_3$: 응축기 입구와 출구의 엔탈피 $[kcal/kgf]$

(5) 전열량으로 구한다.

$$Q_c = K \cdot A \cdot \triangle t_m\ [kcal/h]$$

여기서 K : 냉각관의 열통과율 $[kcal/m^2h℃]$

A : 전열면적 $[m^2]$

$\triangle t_m$: 대수평균 온도차 또는 산술평균 온도차 [℃]

일반적으로 공기조화와 같이 증발온도가 높은 냉장장치에서는 응축열량은 냉동능력의 1.2~1.3배 정도가 되며, 냉동·제빙과 같은 냉동장치에서는 1.3~1.6배 정도로 보면 된다.

6.1.2 응축기의 열통과율(열관류)

열관류(over-all heat transfer)는 한 쪽의 유체로부터 고체의 격벽을 지나서 다른 쪽의 유체에 열이 이동하는 전열작용을 말하며, 열통과라고도 한다. 열전도와 열대류가 복합적으로 작용하여 이루어진다. 예를 들어 증발기 내부의 냉매로부터 외부 공기 또는 브라인으로의 열전달과 냉장고 밖으로부터 내부로의 열침입이 복합적으로 작용한다.

응축기에서의 전열은 냉매에서 냉각수로 이루어진다. 이때 열은 냉각관의 냉매 측 표면과 냉각수 측의 표면온도차에 의하여 이동하며, 전열량은 온도차와 전열면적에 비례한다.

냉각관 벽면에서의 열통과량은 관의 재질, 관의 양측면의 상태(유속, 더러움 정도)에 따라 크게 변화한다.

이와 같이 **열통과율(열관류, Over-all heat transfer)**은 열전달의 특성을 나타낸 값으로 단위 전열면적당, 온도차 1℃에 대하여 1 시간에 통과하는 열량을 나타낸 것이며 단위는 $kcal/m^2h℃$ 이다.

(1) 열통과율(K)

응축기의 냉각관이 평면벽 일 때 열통과율 K [$kcal/m^2h$℃]는 다음 식으로 계산된다.

$$K = \frac{1}{\frac{1}{\alpha_r}+\frac{l_0}{\lambda_0}+\frac{l}{\lambda}+\frac{l_f}{\lambda_f}+\frac{1}{\alpha_w}} \quad [kcal/m^2h℃]$$

여기서 α_r : 냉매 응축면에서의 표면 열전달율 [$kcal/m^2h$℃]

α_w : 냉각수 측에서의 표면 열전달율 [$kcal/m^2h$℃]

l, l_0, l_f : 냉각관의 관벽, 유막 및 스케일의 두께 [mm]

λ, λ_0, λ_f : 냉각관의 관벽, 유막 및 스케일의 열전도율 [$kcal/mh$℃]

(2) 응축면에서 냉매의 열전달율(α_r)

냉매증기가 수평관의 외부표면에서 응축할 때의

열전달율 α_r [$kcal/m^2h$℃]은 다음과 같이 계산한다.

$$\alpha_r = 0.725\left(\frac{1}{d\cdot\triangle t}\right)^{1/4}\left(\frac{r\gamma^2\lambda^2}{\mu}\right)^{1/4} \quad [kcal/m^2h℃]$$

여기서 r : 냉매액의 증발열 [$kcal/kgf$]

γ : 냉매액의 비중량 [kgf/m^3]

λ : 냉매액의 열전도율 [$kcal/mh$℃]

μ : 냉매액의 점성계수 [$kgf\cdot h/m^2$]

$\triangle t$: 응축온도와 전열벽 온도와의 차 [℃]

d : 수평관의 직경 [m]

수평관이 상하로 중첩되어 있는 경우에는 상단의 관에서 응축된 액이 하단의 관으로 흘러내려 전열을 촉진하기 때문에 하단의 관에서의 열전달율이 더욱 크게 된다. 이 때문에

Jacob은 2단 이하의 α_r은 상기 식에서 구한 값보다 10% 이상 많도록 하고 있다.

α_r은 복잡한 여러 조건에 의하여 변화되므로 관이나 응축기의 형상에 따라 실험적으로 구하는 것이 좋다.

(3) 관 내면의 열전도율(α_w)

냉각수 측의 열전도율 α_w $[kcal/m^2 h ℃]$는 발달한 난류상태에서는 다음과 같이 구한다.

$$\alpha_w = 0.023 \, Re^{0.8} \, \mathrm{Pr}^{0.4} \, \frac{\lambda}{d} \quad [kcal/m^2 h ℃]$$

여기서 Re : Reynolds number $(\frac{dw}{\nu})$

Pr : Prandtl number $(\frac{g \mu C_p}{\lambda})$, d : 관의 내경(m)

λ : 물의 열전도율 $[kcal/mh ℃]$, ν : 물의 동점성계수 $[m^2/h]$

μ : 물의 점성계수 $[kgf \cdot h/m^2]$, C_p : 물의 정압비열 $[kcal/kg ℃]$

w : 관내 평균유속 $[m/h]$, g : 중력가속도 $[m/h^2]$

상기 식은 **근사적**으로 다음과 같이 계산할 수 있다.

$$\alpha_w = 1227 (1 + 0.015 \, t_b) \, w^{0.5} \, d^{-0.2}$$

여기서 t_b는 출입구에서의 물의 평균온도이다.

위의 식들은 직관의 경우이나 이중관식이나 쉘앤코일식(Shell and coil)의 냉각수 측의 열전달율 $\alpha_{w'}$ $[kcal/m^2 h ℃]$은 다음과 같이 계산한다.

$$\alpha_{w'} = \alpha_w (1 + \frac{3.5 d}{D})$$

여기서 d는 관의 내경, D는 관의 곡경이다.

(4) 오염계수(Fouling factor)

응축기 냉각관은 냉매 중 함유된 윤활유, 냉각수 중의 불순물의 부착으로 인한 물때(Scale)에 의하여 전열이 저해된다. 이러한 전열면의 오염에 의한 열저항을 l_0/λ_0 또는 l_f/λ_f로 표시하며 이를 **오염계수(Fouling factor)**라고 한다.

윤활유의 열전도율은 0.1~0.13 $kcal/mh$ ℃ 정도이며, 물때의 열전도율은 0.3~1.0 $kcal/mh$ ℃ 정도로 비교적 작은 값이다. 냉각수 종류에 따른 오염계수를 표 6-1에 나타냈다.

표 6-1 냉각수의 오염계수

냉각수 종류	오염계수 (l_f/λ_f)
수돗물	0.0002
우물물	0.0002
해수	0.001
진흙이 섞인 하천수	0.0004
쿨링티워	0.0002
냉매증기중의 기름	0.0004
냉매액중의 기름	0.0002

(5) 냉각수의 속도

열통과율을 계산할 때 냉각관 내의 냉각수 속도가 클수록 냉각관 표면에서의 열전달율(K)이 커진다.

그러나 유속이 극단적으로 빨라지면 흐름에 대한 저항이 급격히 증가하여 냉각수 펌프의 동력손실이 커지므로 냉각수 속도는 1.5~2.5 m/s로 유지한다.

(6) 냉매의 종류와 열통과율

프레온은 암모니아에 비하여 응축기 표면에서의 열전달율(α_r)이 현저하게 적으므로 냉각수의 속도가 같을 때의 열통과율은 암모니아 응축기보다 프레온 응축기 쪽이 매우 적다. 이 때문에 프레온 응축기에서의 냉각수 속도를 크게 하여 응축기의 냉각수 측의 열전달율 α_w를 크게 한다.

또한, 프레온에서는 냉매가 접촉하는 측의 냉각관 표면에 핀(Fin)을 붙여 접촉면적을 증가시켜 줌으로써 냉매측의 전열저항을 작게 하여 열통과율이 크게 한다.

(7) 손실수두

수냉식 응축기의 냉각수 유동저항(손실수두)은 냉각수량과 유속의 관계로부터 결정된다. 응축기의 열통과율을 높이고 응축용량을 크게 하기 위해서는 냉각수 속도를 크도록 설계하여야 한다.

그러나 이에 따라 손실수두가 커져 보다 큰 양정(토출압력)의 냉각수 펌프가 요구되며, 펌프동력의 증가로 장치 전체로 볼 때 효율저하를 초래하게 된다.

프레온 냉매를 사용하는 응축기에서는 암모니아의 경우보다 유속을 크게 하여 전열효과를 높이고 있으나 보통 2.7 m/s 이하로 한다.

6.1.3 대수평균 온도차(Logarithmic mean temperature difference)

압축기를 나와 응축기로 들어오는 냉매는 과열증기이며, 응축기 출구에서의 냉매는 액체상태(포화액 또는 과냉각액)이다.

응축기에 들어온 냉매가스는 냉각수(또는 냉각공기)와의 열교환에 의하여 과열증기 → 포화증기 → 포화액 → 과냉각액으로 상태와 온도가 변한다.

반면에 냉각수는 응축열에 의하여 온도가 상승하고 냉매와 냉각수의 온도차도 과열영역, 포화영역, 과냉각영역으로 구분할 수 있다.

이와 같이 각 구분의 열통과율도 다르고 온도차도 다르지만 평균적인 온도차를 고려하여 설계하는 것이 편리하게 된다. 이 때 이용되는 것이 **대수평균 온도차**와 **산술평균 온도차** 2가지 방법이 있다.

냉매의 응축온도를 t_c , 냉각수 입구온도를 t_{w1} , 출구온도를 t_{w2}라 하면,

$$\Delta t_1 = t_c - t_{w1}\ , \qquad \Delta t_2 = t_c - t_{w2} \qquad \text{일 때,}$$

대수평균 온도차 Δt_m은 다음과 같다.

$$\Delta t_m = \frac{\Delta t_1 - \Delta t_2}{\ln \dfrac{\Delta t_1}{\Delta t_2}} = 0.43 \frac{\Delta t_1 - \Delta t_2}{\log_{10} \dfrac{\Delta t_1}{\Delta t_2}}$$

산술평균 온도차는 다음과 같다.

$$\Delta t_m = t_c - \frac{t_{w1} + t_{w2}}{2}$$

6.2 응축기의 종류와 특징

냉동장치에 사용되는 응축기에는 다음과 같은 종류가 있다.

- 응축기의 종류
  - 수냉식 응축기 (water-cooled condenser)
    - 횡형 쉘앤튜브식 응축기 (horizontal shell and tube condenser)
    - 입형 쉘앤튜브식 응축기 (vertical shell and tube condenser)
    - 쉘앤코일식 응축기 (shell and coil condenser)
    - 이중관식 응축기 (double tube water-cooled condenser)
  - 공랭식 응축기(air-cooled condenser)
  - 증발식 응축기(evaporative condenser)

표 6-2 각종응축기의 비교

종류		횡형 쉘앤튜브식	이중관식 응축기	증발식 응축기	공기식 응축기
용도		- 소형, 대형의 암모니아, 프레온용 냉동기	- 프레온용 소형냉동기, 유니트화된 중소형 프레온냉동기	- 주로 암모니아 냉동장치용	- 중소형 프레온 냉동기용
용량		0.5 RT~5000 RT	1~50 RT	10~100 RT	0.5~50 RT
양호한 적용 예		- 우물물, 하천수, 해수, 쿨링타워수, 어느 것이나 사용가능	- 비교적 양질의 냉각수가 얻어지는 곳, 또는 쿨링타워수를 사용	- 냉각수가 부족한 곳, 옥외설치	- 냉각수가 부족한 곳, 쿨링타워가 쓰일 수 없는 곳, 보통 옥외설치
설계상표준치	열통과율	600~900	900	300	20
	냉각면적	0.7~0.9 m^2/RT	0.8~1.0	2.2	12~15
	냉각수량	12 $\ell/\mathrm{min}\cdot RT$	10~12 $\ell/\mathrm{min}\cdot RT$	풍량 : 8~13 $m^3/\mathrm{min}RT$	풍량 : 34~45 $m^3/\mathrm{min}RT$ 풍속 : 2~2.5 m/sec
특징	장점	- 전열성능이 양호 - 소형, 경량이 가능 - 설치면적이 적음 - 수량이 적어도 됨	- 구조간단하고 저렴 - 냉각수와 냉매의 흐름이 역방향으로 과냉각도가 큼 - 고압에 잘 견딤 - 수량이 적어도 됨	- 물의 소비량 적음 - 쿨링타워를 쓰는 것보다 응축온도가 내려감 - 실외에 설치가능	- 냉각수, 냉각수배관, 배수설비가 불필요 - 옥외에 설치 가능 - 냉각관의 부식이 적음
	단점	- 과부하가 곤란 - 통수저항이 약간 큼 - 냉각관의 청소는 운전중에 곤란	- 냉각관 청소는 화학세정법 이용 - 냉각관의 부식발전이 곤란함 - 냉각관의 교환이 불가능	- 수냉식 보다 전열작용이 좋지 않음 - 송풍기, 순환펌프의 동력 필요 청소, 보수가 곤란 - 냉각관의 부식이 일어나기 쉬움 - 냉매배관의 시공 필요	- 응축온도가 높아진다. - 형상이 커짐 - 냉매배관의 시공 필요 - 겨울철에는 응축온도 제어가 필요

이들 응축기의 용도, 특징, 냉각면적과 냉각수량을 표 6-2에 나타냈다. 이 표에서 냉각면적은 수냉식 응축기의 경우 냉각수가, 공랭식 응축기의 경우 냉각공기가 흐르는 측의 표면적을 말한다.

(1) 수냉식 응축기(Water-cooled condenser)

냉각수를 이용하여 냉매가스를 응축한다.

수냉식 응축기(Water-cooled condenser)에는 횡형 쉘앤튜브식 응축기(Horizontal shell and tube condenser), 입형 쉘앤튜브식 응축기(Vertical shell and tube condenser), 이중관식 응축기(Double tube water-cooled condenser), 쉘앤코일식 응축기(Shell and coil condenser)가 있다.

수냉식 응축기의 냉각수는 선박용의 경우 해수를 이용하나, 육상용은 거의 냉각탑을 사용하고 있다.

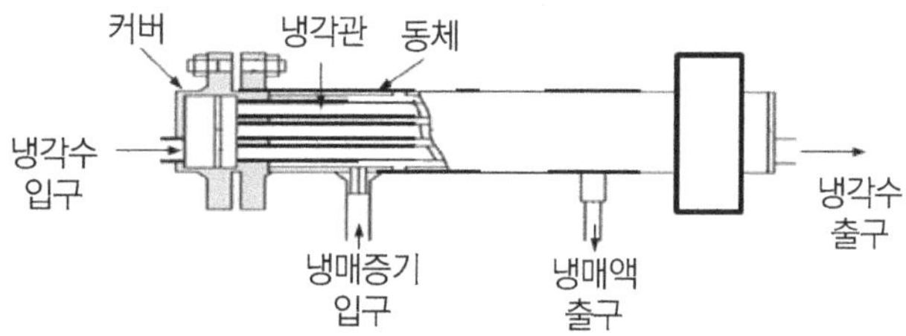

〈 횡형 쉘앤튜브식 〉

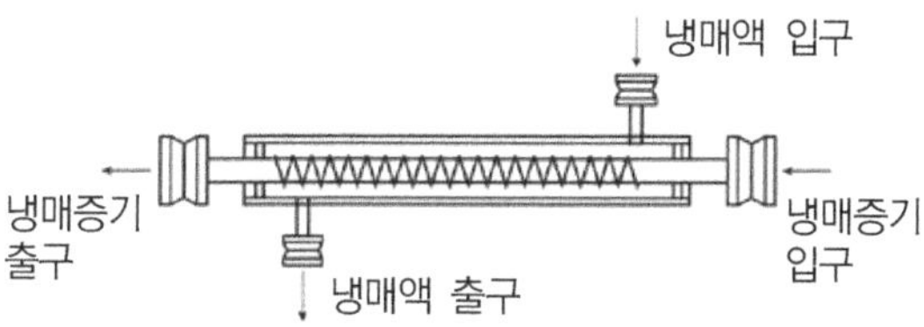

〈 이중관식 〉

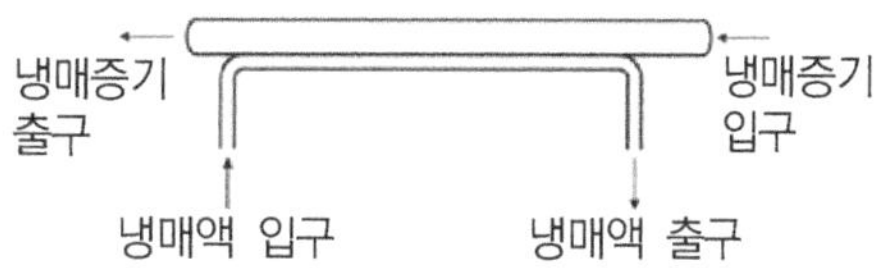

〈 관접촉식 〉

(2) 공랭식 응축기(Air-Cooled condenser)

냉각재가 공기이므로 냉각수에 비하여 전열이 대단히 불량하다. 송풍기로 공기를 약 3 m/s 속도로 응축기로 통과시켜 냉매가스를 응축시킨다. 주로 냉각수를 얻기 어려운 장소나 룸 에어컨, 차량용 에어컨, 가정용 냉장고에 많이 사용된다.

최근에는 대용량의 응축기에까지 공랭식 응축기가 사용되고 있으며 이에 수반하여 필연적으로 응축온도(응축압력)가 상승하게 된다. 이 경우 내압성능에 대한 문제와 압축기의 토출가스 온도상승에 따른 윤활유의 열화 등 냉동장치의 운전상 문제점을 초래한다.

(3) 증발식 응축기(Evaporative condenser)

수냉식과 공랭식 응축기의 작용을 혼합한 것으로 전열작용은 공랭식보다 양호하나 수랭식보다는 낮다. 증발식 응축기는 냉각수를 충분히 확보하기 어려워 지하수 또는 수돗물을 이용하는 경우에 이용하며, 응축기에 들어오는 공기의 습구온도에 따라 그 성능이 현저히 변화한다.

주로 10~150 RT 정도의 중소형 냉동장치에 사용되며, 설치장소는 실내외 어디든지 가능하다.

6.3 응축기의 구조

응축기는 냉매의 종류와 수냉과 공랭의 구별, 용량 등에 따라 나뉘며, 여기에 많이 사용되는 응축기에 대하여 간단히 설명한다.

6.3.1 횡형 쉘앤튜브식 응축기(Horizontal shell and tube condenser)

암모니아, 프레온 냉매 종류에 관계없이 소형~대형의 콘덴싱 유니트를 비롯하여 워터 칠링 유닛(water chilling unit; WCU) 및 패키지형 에어컨디셔너(package unit) 등에 이르기까지 광범위하게 쓰이고 있는 수냉식 응축기이다.

그림 6-1과 같이 횡형의 원통 내에 다수의 냉각관을 설치하고 냉각수는 관내를 흐른다. 원통의 양단에는 뚜껑이 있으며, 뚜껑의 내부에는 몇 개의 각막이 벽이 설치되어 몇 개의 구획으로 분할함으로써 냉각수 속도를 상당히 빠르게 되도록 되어 있다.

냉각수는 하부에서 들어가서 여러 구획으로 나누어진 냉각관군을 왕복하여 상부로 흘러가게 되는데, 이와 같이 냉각관군을 통과하는 회전을 패스(Pass)수라 한다.

이 패스 수는 적은 것은 2패스, 많은 것은 12패스에 이른다. 유속은 1.5~2.0 m/s가 되도록 설계되나, 패스 수가 많아지면 유동저항이 커진다.

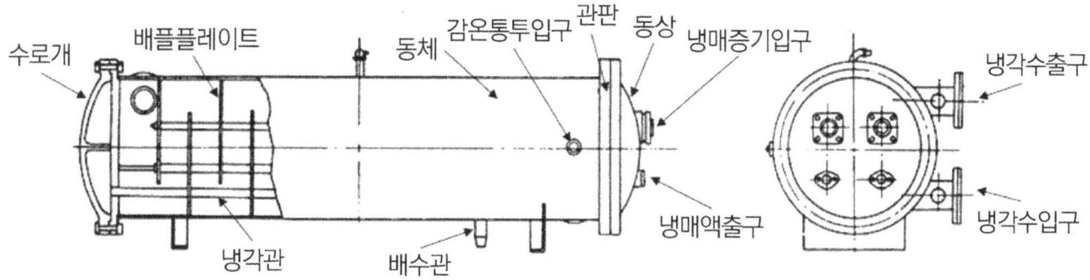

그림 6-1 횡형 쉘앤튜브형 응축기

냉각관은 암모니아의 경우에는 강관이 쓰이나, 프레온의 경우에는 동관이 쓰인다. 특히 내식성이 요구될 경우에는 황동관, 큐프로니켈관(Cupro nickel tube)이 쓰일 때도 있다.

응축기를 소형, 경량화하기 위하여, 냉매측의 면적을 증가한 핀튜브(Finned tube)를 써서 냉각관 단위 길이당의 냉각 표면적을 크게 하고 있다. 즉, 냉각수측 표면보다 냉매측 표면 쪽이 열전달이 나쁘므로 그만큼 냉매측의 표면적을 크게 취할 수 있도록 핀(Fin)을 붙이고 있다.

쉘앤튜브식 응축기는 약간의 냉매액량을 저장할 수 있으므로, 수액기로 겸용시키는 경우가 많다. 이 경우 냉각관의 일부가 냉매액 중에 잠겨 응축기로 작용하는 유효면적이 감소되어 응축압력이 상승하는 경우도 있다.

횡형 쉘앤튜브식 응축기의 특징을 들면 다음과 같다.

① 핀튜브의 사용과 관 피치(Tube pitch)를 짧게 할 수 있어 비교적 소형, 경량이며 대용량의 것도 제작 가능하다.
② 수배관의 시공이 간단하다.
③ 콘덴싱 유닛(Condensing unit)의 조립에 적합한 형상이다.
④ 냉각관의 청소가 비교적 용이하다.

6.3.2 쉘앤코일식 응축기(Shell and coil condenser)

유닛(Unit)화된 패키지형 에어컨디셔너(Package type air-conditioner), 워터 칠러(Water chiller) 등의 프레온 냉동장치에서 비교적 소용량의 응축기에 널리 쓰이고 있는 형식이다.

그림 6-2와 같이 입형의 쉘(Shell) 내의 냉각관을 코일(Coil) 상으로 감아 수납한 것이며, 쉘에 관판을 설치하여 뚜껑을 붙여서 냉각수의 출입구를 설치하고 있다.

냉각관은 수개의 동관이 코일모양으로 감기게 되는데, 관에는 나관 또는 나관에 핀(fin)을 감은 것이 쓰이며, 구조가 간단하고 비용이 싸다. 냉각관 내에 냉각수가 흐르도록 되어 있어 화학세제로 관내에 부착한 스케일 등의 이물질을 제거하여야 한다.

쉘앤코일식의 특징을 들면 다음과 같다.

① 관판으로의 냉각관의 확관가공(擴管加工)등 복잡한 가공과정이 없으므로 생산성이 좋으며 가격이 싸다.
② 동체를 입형으로 함으로써 콤팩트한 형상으로 할 수 있어, 유닛화된 제품으로 조합하기 쉽다.
③ 냉각관의 교환은 그 구조상 불가능하며 청소는 화학세제를 써서 한다.

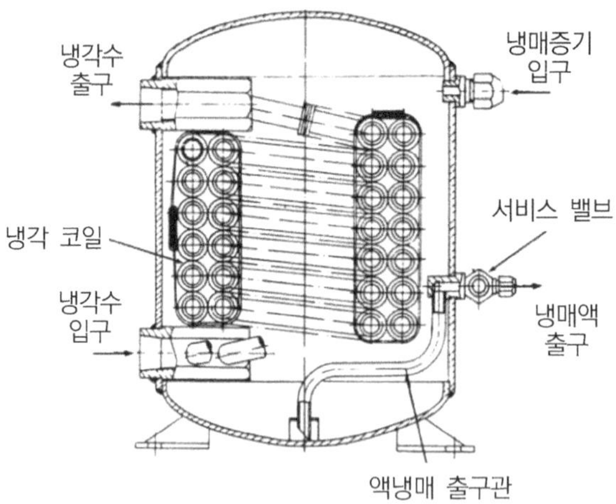

그림 6-2 쉘앤코일식 응축기

6.3.3 이중관식 응축기(Double tube water-cooled condenser)

동심(同心)의 이중관(Double tube)을 사용하며 냉매증기는 외측의 관과 내측의 관 사이에 위에서 아래로 향하여 흐른다. 이에 반하여 냉각수는 내측 관내를 아래에서 위로 향하여 흘러서(대향류) 열교환을 한다.

중소용량의 암모니아 냉동장치에서는 그림 6-3과 같이, 이중관을 용량에 따라 적당하게 연결하여 1대의 응축기를 구성하도록 한 구조의 것이 쓰였다.

소용량의 프레온 냉동장치에서는 그림 6-4와 같이 코일(Coil) 모양으로 한 이중관식 응축기가 쓰이며 내측, 외측 모두 동관이다. 이때 내측의 관에는 나관 외의 핀튜브(Finned tube)가 쓰이는 경우가 있다.

이중관식 응축기의 특징을 들면 다음과 같다.

① 구조가 매우 간단하고 싸다.
② 냉각수와 냉매의 흐름을 대향류로 함으로써 큰 과냉각을 취해질 수 있다.
③ 비교적 냉각수량이 적어도 된다.
④ 냉각수 측에 물때가 붙으면 청소가 곤란하다. 화학세제의 의하여 세정할 필요가 있다.
⑤ 내부의 점검, 부식 등의 발견, 냉각관의 교환이 불가능하다.

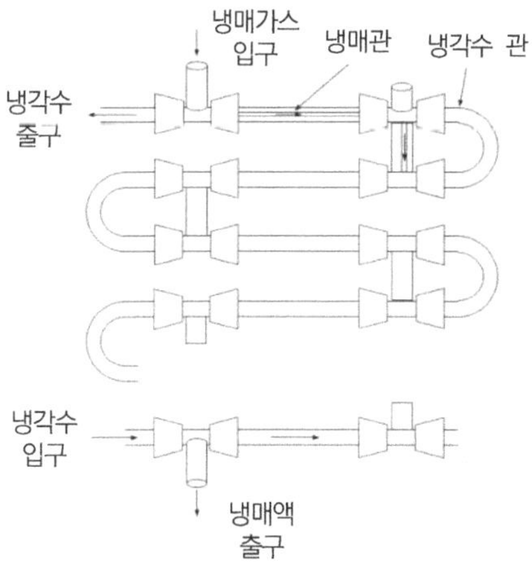

그림 6-3 이중관식(암모니아용)

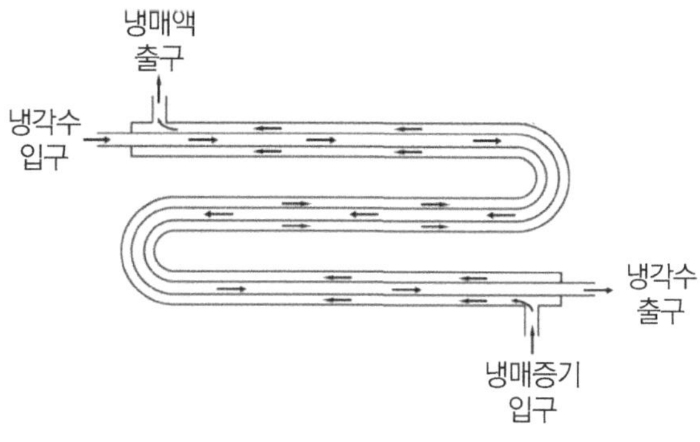

그림 6-4 이중관식(소형 프레온용)

6.3.4 공랭식 응축기(Air-cooled condenser)

초기에는 소용량의 프레온 냉동장치에 널리 쓰였으나 점차 대용량화되어 가고 있다.

그림 6-5와 같이 플레이트 핀 튜브(동관-알루미늄핀 또는 동관-동핀)의 냉각관으로 코일을 형성하고 송풍기를 이용하여 냉각관에 냉각공기를 직각으로 보낸다.

냉동장치의 열교환기(응축기, 증발기)등에서 전열이 불량한 측에 **핀튜브(Finned tube)**를 설치하여 유효전열면적을 증대시킴으로써 전열을 양호하게 한다.

관 내부에 전열이 양호한 유체가 흐르고 관의 외부에 전열이 불량한 유체가 있을 때 관외부에 핀을 부착하게 되는데 이를 **로우 핀튜브(Low finned tube)**라 하며, 관 내부로 전열이 불량한 유체가 흐르고 관외부에 전열이 양호한 유체가 있을 때 관 내부에 핀을 부착하게 되는데 이를 **인너 핀튜브(Inner finned tube)**라 한다.

전열이 양호한 순서는 NH_3 〉 H_2O 〉 Freon 〉 Air 이다.

공랭식 응축기의 특징은 다음과 같다.

① 냉각수를 전연 필요로 하지 않으므로, 냉각수 배관, 펌프, 배수설비 등이 불필요하다.
② 통풍이 좋은 장소에 설치하면 되므로 설치가 간단하다.
③ 방열면이 건조하므로 대기오염 지역에서 사용해도 특히 부식이 심하게 되는 경우가 적다.

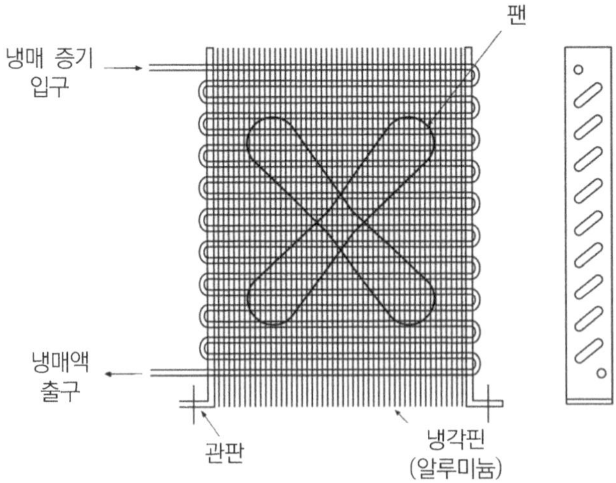

그림 6-5 공랭식 응축기

④ 응축기는 보통 옥외에 설치하므로 고압 냉매배관이 길어진다. 즉 소비동력이 커진다.

⑤ 겨울에 사용하는 냉동장치에서는 기온이 낮아지면 응축압력도 비정상으로 낮아지므로 리퀴드 백(Liquid Back) 현상 방지와 능력저하 등을 막기 위하여 응축압력을 제어해야 한다.

⑥ 송풍기 운전에 따른 소음이 발생하므로 대용량의 장치에는 적당치 않다.

6.3.5 증발식 응축기(Evaporative condenser)

증발식 응축기는 냉각수를 확보하기 힘들어 지하수나 수돗물을 쓰지 않으면 안되는 경우에 수냉식 응축기 대신에 쓰인다.

그림 6-6과 같이 다수의 냉각관군 상부에 위치한 노즐로부터 물을 분무하고, 하부 루버로부터 다량의 공기를 불어넣어서 냉각관 표면에 부착한 물의 증발을 촉진시킨다.

이와 같이 물은 관내를 흐르는 냉매로부터 증발열을 흡수하여 증발되고, 대기 중에 방출되며 냉매는 열을 빼앗겨 관내에서 점차 액화하여 흘러내린다. 냉각관에 살포된 물은 일부

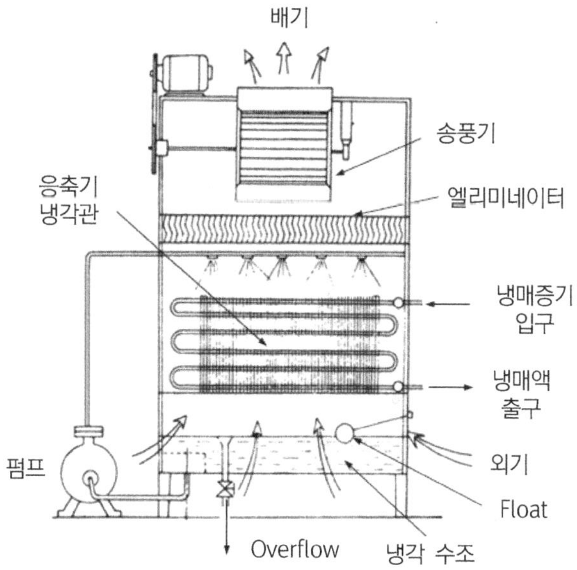

그림 6-6 증발식 응축기

가 증발하게 되나 나머지는 하부 수조에 흘러내려 고인다. 그리고 다시 순환수펌프에 의하여 흡입되어 냉각관군 위에 살포되며, 부족한 수량만큼이 보충된다. 증발식 응축기는 용량이 10~150 RT인 냉동장치에 쓰이고 있다.

증발식 응축기의 특징은 다음과 같다.

① 물의 증발작용을 이용하므로 냉각수량(보급수량)은 수냉식의 3~4%면 된다.
② 전열작용은 공랭식보다 양호하지만 수냉식 보다 좋지 않다.
③ 송풍기, 수조, 순환펌프가 필요하므로 대형이 된다.
④ 쿨링 타워를 사용하는 경우에 비하여 설비비가 저렴해지나, 고압측의 냉매배관이 길어진다.
⑤ 대기의 습구온도에 영향을 많이 받으며 습구온도가 높아지면 응축능력이 저하한다.

예제 6-1

수냉식 응축기의 냉각수량 250 [l/min], 입구온도 25 [℃], 출구온도 30 [℃], 냉매의 응축온도 35 [℃]일 때, 압축기의 동력은 15 [kW]였다. 이 때의 냉동능력은 몇 냉동톤 [RT]인가?

풀이 응축기에서 방출하는 열량은 냉매가 증발기에서 흡수한 열량과 압축에 의하여 가해진 열량의 합이다.

$$응축부하\ \ Q_c = cw(t_{w2} - t_{w1})$$
$$= 1 \times 250 \times 60(30 - 25) = 75{,}000\ [kcal/h]$$

$$압축동력\ \ AL = 15 \times 860 = 12{,}900\ [kcal/h]$$

$$냉동능력\ \ Q_e = 75{,}000 - 12{,}900 = 62{,}100\ [kcal/h]$$

$$\therefore \frac{62{,}100}{3{,}320} = 18.705\ [RT]$$

예제 6-2

암모니아 냉동장치의 응축기용 냉각수를 측정한 결과 유량 200 $[l/\text{min}]$, 입출구온도차 5 [℃]였다. 이때 압축기 흡입증기의 엔탈피가 398 $[kcal/kgf]$, 토출가스의 엔탈피가 428 $[kcal/kgf]$, 냉매액의 엔탈피가 128 $[kcal/kgf]$이라면, 이 냉동기의 냉동능력은 Q_e $[kcal/h]$를 구하라. 단, 장치의 열손실은 무시한다.

풀이 응축열량 $Q = 200\,[l/\text{min}] \times 60\,[\text{min}/h] \times 5\,[℃] = 60{,}000\,[kcal/h]$

냉매순환량 $G\,[kg/h] = \dfrac{60{,}000\,[kcal/h]}{428-128\,[kcal/kgf]} = 200\,[kgf/h]$

$\therefore$ 냉동능력 $Q_e = 200 \times (398-128) = 54{,}000\,[kcal/h]$

예제 6-3

수냉패키지형 공기조화기의 냉각수 온도를 측정하였더니 입구온도 32 [℃], 출구온도 37 [℃], 냉각수량 70 $[l/\text{min}]$였다. 이 밀폐형 압축기의 소요동력이 5 $[kW]$일 때, 이 공조기의 냉동능력은 몇 $[kcal/h]$인가? (단, 열손실은 무시한다)

풀이 $Q_e = Q_c - AL,$

$Q_c = w\cdot c\cdot(t_{w2} - t_{w1}),\quad AL = N \times 860$ 이므로

$Q_e = W(t_{w2} - t_{w1}) - N \times 860$

$= 70 \times 60 \times (37-32) - 5 \times 860 - 16{,}700\,[kcal/h]$

예제 6-4

냉동능력 29,980 $[kcal/h]$인 냉동장치의 냉각수 온도를 측정하였을 때, 입구온도 32 [℃], 출구온도 37 [℃]이고, 냉각수량이 120 $[l/\text{min}]$이었다. 이 냉동기의 축동력은 몇 $[kW]$인가? (단, 열손실은 무시한다)

풀이 $N = \dfrac{AL}{860}$ 에서 $AL = Q_c - Q_e = w\cdot c\cdot(t_{w2} - t_{w1}) - Q_e$

$\therefore N = \dfrac{(37-32) \times 120 \times 60 - 29980}{860} = 7\,[kW]$

예제 6-5

냉동부하가 3 [RT]인 장치에서 압축기의 소요동력이 5 [PS] 일 때, 응축기에 소요되는 냉각수량 [l/min]을 구하시오. 단, 냉각수의 입출구 온도차는 5 [℃]이다.

풀이

$$Q_c = Q_e + AL = 3 \times 3{,}320 + 5 \times 632 = 13{,}120 \ [kcal/h]$$

$Q_c = w \cdot c \,(t_{w2} - t_{w1})$ 이므로

$$w = \frac{Q_c}{(t_{w2} - t_{w1}) \times 60} = \frac{13{,}120}{5 \times 60} = 43.733 \ [l/\text{min}]$$

예제 6-6

냉각수온도 22 [℃], 냉각수량 600 [l/min], 응축기의 냉각 표면적 60 [m^2], 열통과율 500 [$kcal/m^2h$℃], 냉각수의 대수평균온도차를 7.8 [℃]로 하면 냉각수의 출구온도는?

풀이

$Q_c = w \cdot (t_{w2} - t_{w1}) = K \cdot A \cdot \triangle t_m$이므로

$$600 \times 60\,(t_{w2} - 22) = 500 \times 60 \times 7.8$$

$$\therefore \ t_{w2} = 28.5 \ [℃]$$

예제 6-7

응축기의 냉각수량이 80 [l/min], 입구 수온 32 [℃], 출구 수온 37 [℃], 응축온도 42 [℃], 증발기의 냉동능력이 20,000 [$kcal/h$] 일 때, 압축기의 소요동력 [kW]은?

풀이

$N = \frac{AL}{860}$ 에서 $AL = Q_c - Q_e$ 이므로

$$\therefore \ N = \frac{80 \times 60 \times (37 - 32) - 20{,}000}{860} = 4.651 \ [kW]$$

예제 6-8

유량 100 [l/min]의 물을 15 [℃]에서 10 [℃]로 냉각하는 냉수장치가 있다. 이 냉수장치의 냉동효과가 30 [$kcal/kgf$]일 경우에 냉매 순환량은?

풀이 $Q_e = w \cdot c \cdot \Delta t = 100 \times 1 \times (15-10) \times 60 = 30{,}000$ [$kcal/h$]

$$G = \frac{Q_e}{q_e} = \frac{30{,}000}{30} = 1{,}000 \ [kgf/h]$$

6.4 증발기의 종류와 작용

증발기(Evaporator)는 냉동장치에 있어서 저온의 열원으로부터 열을 흡수하여 냉동작용을 달성하는 열교환기(Heat exchanger)이다. 즉, 증발기의 내부에는 저온의 냉매액이 증발하면서 주위의 피냉각 물체로부터 열을 흡수하여 냉각효과를 얻게 되는 것이다.

증발기는 그 내부의 냉매의 상태에 따라 건식(Dry expansion type), 반만액식(Semi-flooded type), 만액식(Flooded type), 액 순환식(Liquid recirculation)으로 나뉜다.

증발기에서 냉매가 피냉각물로부터 빼앗는 **열량**은 다음 식으로 표시된다.

$$Q = K \cdot A \cdot \Delta t_m \qquad \therefore A = \frac{Q}{K \cdot \Delta t_m}$$

여기서 Q : 피냉각물로부터 흡수하는 열량 [$kcal/h$]

K : 열통과율 [$kcal/m^2h$℃]

A : 냉각표면 [m^2]

Δt_m : 대수평균온도차 [℃]

(1) 건식 증발기(Dry expansion type)

팽창밸브에서 감압된 냉매가 증발기 관내를 통과하는 동안 열교환에 의하여 증발하게 되며, 증발기 출구에서는 증발이 완전히 완료하여 냉매증기로 된다.

따라서 증발기 내의 대부분은 냉매증기가 차지하며 전열효과는 만액식에 비하여 좋지 않다. 그러나 냉매량이 적고, 윤활유가 증발기 내에 고이는 양도 적어진다.

증발기에 유입하는 냉매량은 팽창밸브에 의하여 제어되며, 증발기의 출구에 미처 증발되지 않은 액이 남아 있지 않도록 적당한 과열도를 갖도록 제어된다.

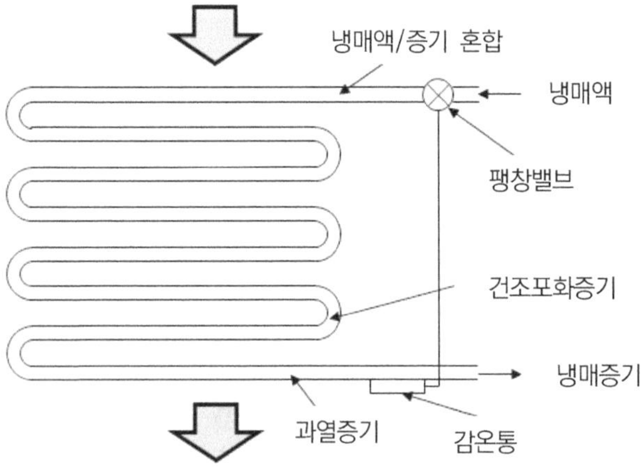

그림 6-7 건식 증발기의 작용

(2) 반만액식 증발기(Semi-flooded type)

증발기 중에 냉매가 어느 정도 고이게 한 것이며, 건식과 만액식의 중간상태가 된다. 따라서 건식에 비하여 냉매량이 많고 전열효과는 양호하지만, 만액식에는 미치지 못한다.

또한 냉각코일에 공급하는 냉매를 건식의 경우는 위로부터 공급되어지는데, 반만액식은 아래로부터 공급해주는 것이 다른 점이다.

(3) 만액식 증발기(Flooded type)

그림 6-8과 같이, 증발기의 냉각관 대부분이 액으로 채워지며, 증발열을 흡수하여 액중에서 기화하여 기포가 된 일부 냉매는 냉매액과 함께 액분리기(accumulator)에 들어가게 되며, 여기서 증기와 액이 분리되어 증기만 압축기로 돌아간다. 그리고 분리된 액은 응축기에서 공급된 냉매액과 함께 다시 증발기로 들어가게 된다.

(4) 액 순환식 증발기(Liquid recirculation type)

그림 6-9와 같이, 증발기에 공급하는 냉매액을 강제적으로 액 펌프(Liquid pump)로 송입하고 순환시키는 방식이다.

액 펌프의 용량은 냉매의 증발량보다 몇 배 많은 양을 순환시키게 되며 증발기에서 기화한 증기와 함께 서지 드럼(Surge drum)에 모이게 한다. 여기서 증기는 분리되어 압축기에 흡입되며, 대부분의 액은 서지 드럼의 하부에 고여서 재차 액 펌프에 의하여 증발기에 보내진다. 또한, 증발량만큼의 냉매가 응축기로부터 감압밸브를 통하여 서지 드럼으로 보충된다.

액 순환방식의 경우 증발기 내부에 유동하는 냉매는 거의 액 상태이고 또한 상당한 속도로 증발기의 냉각관 내를 흐르게 되므로 전열효과가 매우 양호하다. 그리고 증발기 내에 윤활유가 체류되는 일이 없고 증발기 내의 저항도 별로 문제가 되지 않는다.

액 순환방식은 대용량의 저온 냉장이나 급속동결에 이용된다.

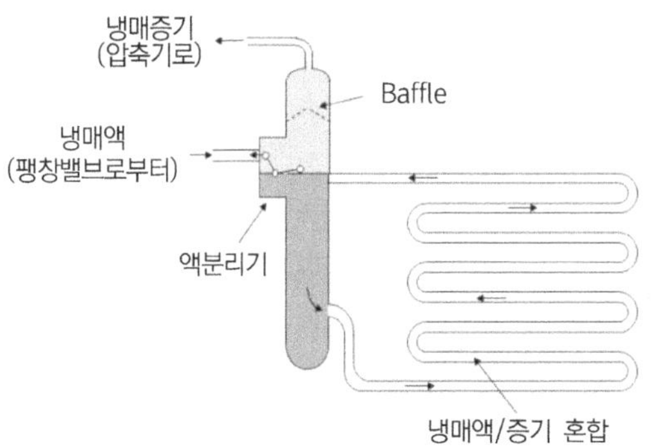

그림 6-8 만액식 증발기

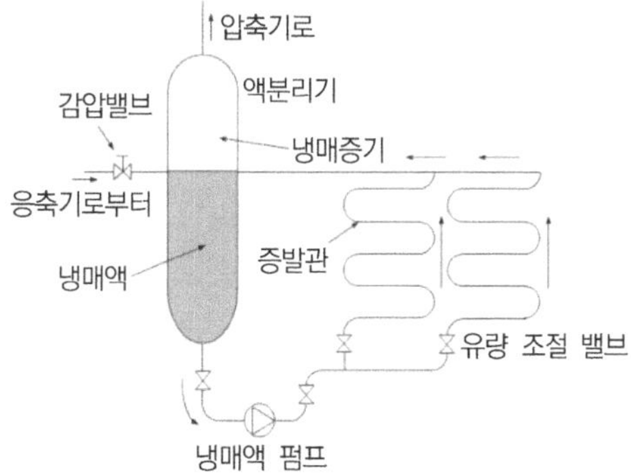

그림 6-9 냉매 액 순환식 증발기

6.5 증발기의 구조

6.5.1 탱크용 증발기

암모니아 냉동기를 사용하는 빙관식(氷罐式) 제빙장치에서는 브라인(Brine) 탱크내의 일부를 구획하여 그 속에 증발기를 설치하고, 교반기(Agitator)로 브라인을 순환시켜, 아이스캔(Ice can)을 냉각시켜 제빙을 한다.

이때, 사용하는 증발기는 그림 6-10과 같이 상하에 헤더(Header)를 설치하고, 그 사이에 다수의 냉각관을 붙여서 일반적으로 만액식으로 사용한다.

표 6-3 물.브라인탱크용 증발기의 열통과율($kcal/m^2h℃$)

유속 m/sec	브라인 냉각온도(℃) 0	-10	-20	-30	수냉각 0℃이상
0.2	215	185	160	140	290
0.3	300	260	225	200	375
0.4	380	330	290	255	445
0.5	465	405	355	310	530
0.6	575	475	420	365	610
0.7	620	550	485	415	695

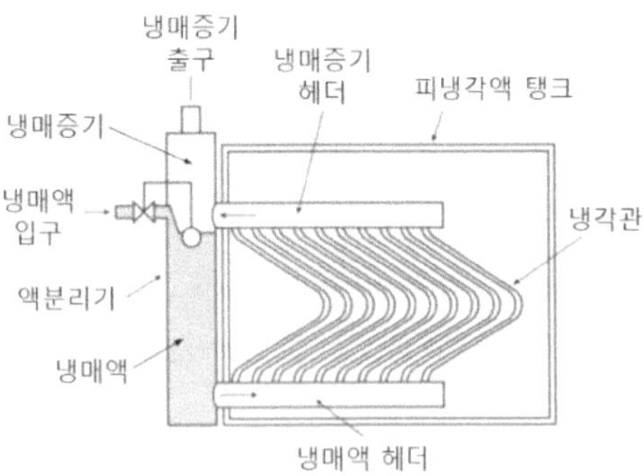

그림 6-10 탱크용 증발기(헤링본형)

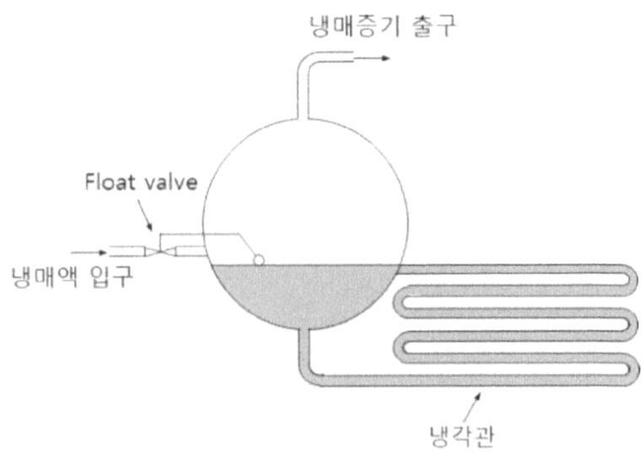

그림 6-11 탱크용 증발기(슈퍼플라디드형)

냉각관의 형상에 따라서, 각종 형식으로 나누어지고 있으나, 가장 대표적인 것으로 헤링본식(Herring bone type)이 있다. 이것은 하부의 액 헤더(Liquid header)와 상부의 가스 헤더(Gas header) 사이에 V자형의 관(보통 31A 강관)을 다수 붙인 것이다. 그 특징으로는 냉각관 길이가 비교적 짧아(2.3~3 m), 증발한 냉매증기를 신속하게 분리하여 액분리기(Accumulator) 상부에 나올 수 있게 할 수 있으므로, 냉각관과 액이 효과적으로 접촉하게 된다. 이 때문에 열통과율이 양호하여 암모니아의 브라인 냉각의 경우에는 400~500 $kcal/m^2h℃$가 된다. 관 주위의 브라인 유속은 1 m/s정도를 확보하지 않으면 열통과율이 저하한다.(표 6-3 참조) 이외에도 슈퍼플라디드형(Super flooded type)이 있다.

6.5.2 플레이트 증발기(Plate cooler)

플레이트 증발기(Plate cooler)는 2매의 금속판을 접촉하여 그 판의 한 면 또는 양면의 일부에 고압의 가스를 불어 넣어 부풀게 하여 냉매의 통로를 만든 것이다. 또는 판의 한 면에 코일을 용접하여 만들기도 한다. 판의 외면에는 피냉각물의 물, 브라인, 또는 공기 등을 접촉시켜 냉각한다.

이와 같이 형식의 증발기는 전기냉장고, 쇼케이스, 아이스크림 저장고 등 소형냉동 장치에 널리 쓰이고 있다. 또한, 콘택트 프리저(Contact freezer)에서는 그림 6-12와 같은 형상의 것도 사용된다. 플레이트 증발기에 있어서도 기체보다 액체의 경우가, 또한 정지상태보다 유동 상태인 쪽이 열통과율이 좋아진다.

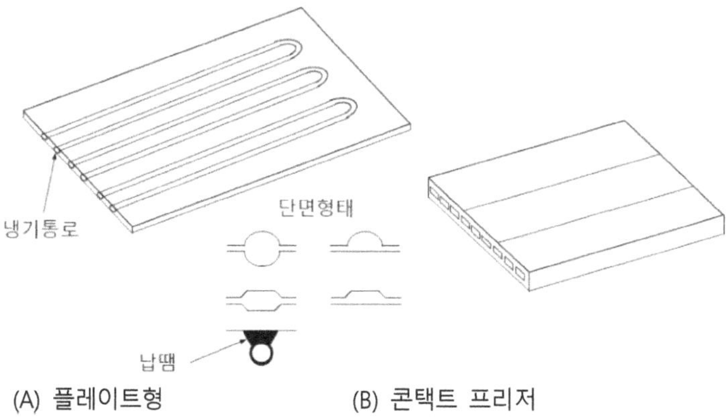

(A) 플레이트형 (B) 콘택트 프리저

그림 6-12 플레이트 증발기

6.5.3 건식 쉘앤튜브식 증발기

원통 내에 다수의 냉각관을 설치하고, 냉각관 내에 냉매가 냉각관 밖(원통 내)에 냉각수가 흐르게 한 구조의 열교환기이다. 원통 내에는 냉각관을 지지함과 동시에 칸막이 역할을 하는 배플 플레이트(Baffle plate)를 설치하여 원통내의 흐름이 관에 직각방향으로 흐르도록 하고, 유속을 높여서 액체와 냉각관 간의 접촉을 좋게 함으로써 전열효과를 높이고 있다.

냉매측은 앞뒤의 관판 커버에 있는 칸막이에 의하여 2패스 또는 4패스로 흐르도록 하고, 냉매액이 냉각관 내를 흐르는 동안에 완전하게 증발해서 압축기에 흡입된다.

냉매액의 공급은 온도식 자동 팽창 밸브에 의하여 증발기 출구의 냉매증기의 과열도가 일정하게 되도록 제어된다.

결점으로는 유속을 만액식과 같이 빠르게 할 수 없는 점과 표면열전달이 액체보다 좋지 않는 증기에 접촉하는 부분이 많으므로 열통과율이 적다는 점이다. 그러나 관 내부에 핀을 삽입한 인너 핀튜브(Inner finned tube)를 사용함으로써 대폭 열통과율이 개선되어 널리 쓰이고 있다.

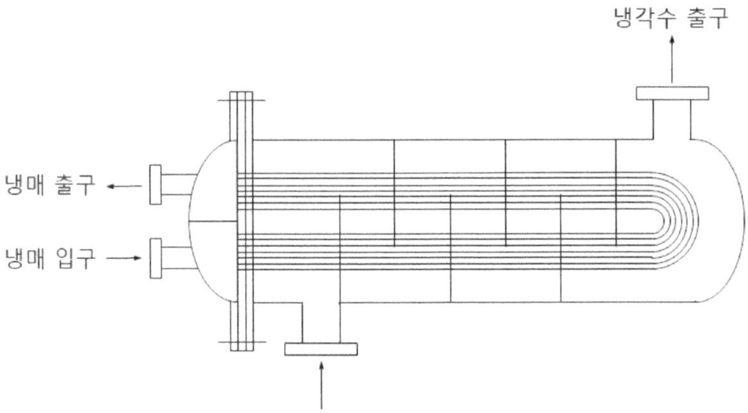

그림 6-13 건식 쉘앤튜브식 증발기

6.5.4 핀튜브식 증발기(Finned grid tube type)

주로 프레온용으로 건식을 채용하고 있으며 소형냉장고, 쇼케이스, 공기조화 등에 널리 사용되고 있다. 3/8 inch ~ 3/4 inch의 동관에 동 또는 알루미늄 판재의 핀을 부착하여 강제 대류형으로 공기냉각용에 사용된다.

핀의 간격은 0℃ 이하의 저온용에는 서리의 부착 때문에 inch 당 3~4개, 0℃ 이상에서는 inch 당 12~14개의 핀을 부착한다.

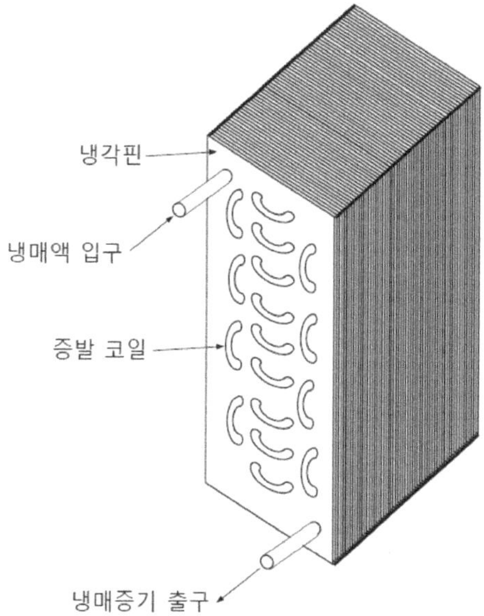

그림 6-14 핀튜브식 증발기

6.5.5 유닛 쿨러(Unit cooler)

핀코일 증발기에 팬(Fan)을 장치하여 강제대류 시키는 것으로 일반적으로 유닛 쿨러라고 불리고 있다(그림 6-15 참조).

용량, 설치장소, 송풍의 방향 등에 따라 각종 형식이 있으나, 그 특징은 다음과 같다.

① 자연대류의 핀코일 증발기에 비하여 3~5배의 열통과율을 취할 수 있어 동일한 능력이면 스페이스가 적어도 된다.

② 강제대류임으로 고내(庫內)공기의 순환이 신속하게 행해지며, 고내온도가 균일하게 된다.
③ 고내온도와 증발온도의 차를 적게 할 수 있다(증발온도를 높게 취할 수 있다.) 따라서 압축기의 효율을 향상시킬 수 있다.
④ 냉각기의 설치가 간단하다.
⑤ 제상(Defrost), 드레인(Drain)의 처리가 용이하다.
⑥ 냉장고의 부하변동에 신속하게 대응할 수 있어 온도조절이 용이하다.
⑦ 자연대류의 경우와 달라 저장물에 직접 냉풍(冷風)을 닿게 하여 냉각되므로 저장물의 건조나 중량감소가 일어나기 쉬우나, 이것도 증발온도와 고내온도와의 차를 될 수 있는 대로 적게 함과 동시에 저장물에 풍속을 0.4 m/s 이하로 억제하면 어느 정도 방지할 수 있다.

설치위치는 문 근처의 정면에 설치하게 되면 따뜻한 외기의 침입으로 인하여 착상(着霜, Frost)이 심해져 냉각능력이 저하한다.

또한 제상 수배관(除霜水配管) 및 드레인의 빙결(氷結)에 의한 막힘도 충분히 고려하여 설치위치를 결정하여야 한다.

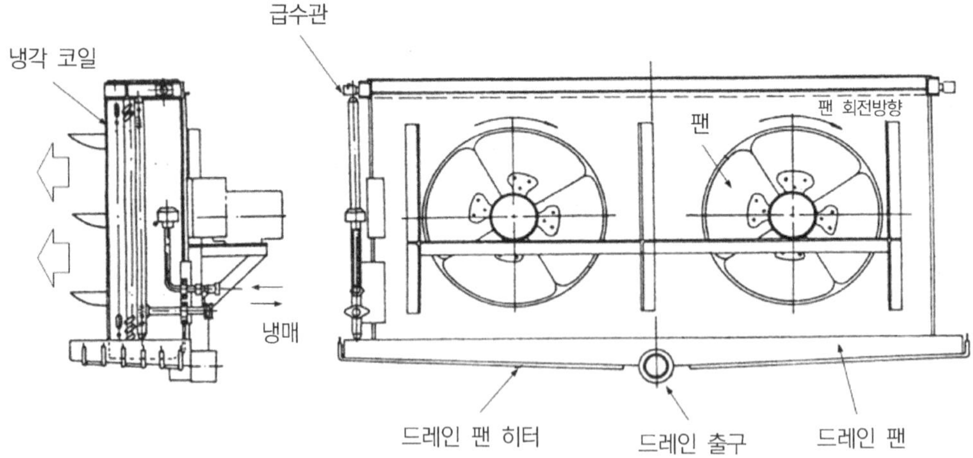

그림 6-15 유닛 쿨러(Unit cooler)

예제 6-9

유량이 300 [l/min]인 브라인을 5 [℃] 정도 냉각할 경우, 이 브라인 쿨러의 냉동부하는 얼마인가? (단, 브라인 비중량 1.18 [kg/ℓ], 비열 0.73 [$kcal/kg$℃] 이다)

풀이 $Q_c = w \cdot c \cdot (t_1 - t_2) = 300 \times 60 \times 1.18 \times 0.73 \times 5 = 77{,}526$ [$kcal/h$]

예제 6-10

벽 두께 100 [mm]인 물질의 양 표면온도가 각각 320 [℃], 40 [℃] 일 때, 이 벽의 단위시간 단위면적당 방열량과 벽의 중심에서의 온도를 구하시오.

(단, 벽의 열전도율은 $\lambda = 0.05$ [$kcal/mh$℃] 이다)

풀이 $Q = KA\Delta t_m = \frac{\lambda}{l}A(t_1 - t_2) = \frac{0.05 \times 1}{0.1}(320 - 40) = 140$ [$kcal/m^2h$℃]

$$t_m = \frac{320 + 40}{2} = 180 \ [℃]$$

예제 6-11

표면온도 22 [℃], 면적 100 [m^2] 인 판의 한쪽 면이 20 [℃]의 공기 중에 노출되어 있다. 열전달율이 15 [$kcal/m^2h$℃]이면, 이 때의 방열량은?

풀이 $Q = \alpha A(t_f - t_s) = 15 \times 100(22 - 20) = 3{,}000$ [$kcal/h$]

7

팽창밸브(Expansion valve) 및 부속기기

1편 냉동공학

팽창밸브(Expansion valve)는 응축기(condenser)에서 액화한 고압의 액체를 교축작용에 의하여 냉장고 내의 낮은 온도에서 기화할 수 있는 압력까지 감압시키는 역할을 한다.

팽창밸브의 목적은 고온·고압의 액체 냉매를 감압작용에 의하여 저온·저압 상태로 단열 팽창시키고, 동시에 부하변동이 있을 때 항상 적절한 밸브의 개도를 유지하며, 적정한 냉매량을 증발기에 공급하여 증발온도와 흡입가스온도(압축기)의 온도차(즉, 과열도)가 항상 일정하도록 밸브의 개도를 조절하여 적정 과열도(5 ~ 8℃)를 유지하게 하는 것이다.

주로 감온식 팽창밸브(expansion valve)를 사용하며, 교환할 때에는 용량 확인이 필요하다. 동일한 구역에 사용되는 팽창밸브의 용량은 냉동실보다 냉장실에 사용되는 팽창밸브의 용량이 훨씬 더 크며, 용량 표시는 TON/H으로 한다.

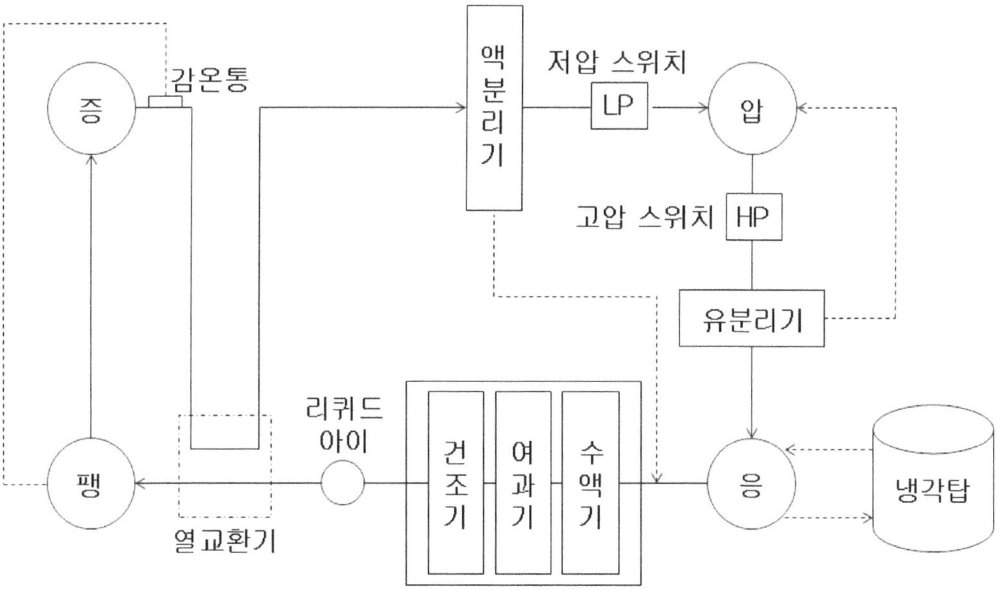

그림 7-1 부속기기 포함 실제 냉동사이클의 구성

7.1 팽창밸브(Expansion valve)

7.1.1 팽창밸브의 교축작용(Throttling)

팽창밸브(Expansion valve)는 냉동사이클의 가장 기본적인 제어기기로서 고온 고압의 액체 냉매를 **교축작용(Throttling)**에 의하여 저온 저압의 상태로 단열팽창시키고 또한 증발기의 부하에 따라 적정한 냉매 공급량을 유지할 수 있도록 조정하는 것이 설치 목적이다.

팽창밸브에서 교축작용이 일어날 때, 냉매액의 압력이 저하하여 액의 포화압력보다 낮아지면 냉매액 중의 일부가 증발하게 된다. 이 때 필요한 증발열은 냉매액 자신의 열량을 사용하게 되므로 냉매액의 온도는 급격하게 낮아지게 되며 체적은 현저히 증가한다.

냉매액이 팽창밸브를 통과할 때 열의 수수가 없는 단열작용을 하게 되므로 엔탈피의 변화가 없고 냉매액의 압력과 온도는 저하하여 과냉각액(또는 포화액) 상태에서 증기와 액이 공존하는 습포화증기로 변화하게 된다.

7.1.2 팽창밸브의 유량제어

팽창밸브는 증발기가 최대의 효과를 발휘할 수 있도록 냉동능력에 알맞은 양의 냉매를 공급하여야 한다.

① 팽창밸브의 개도(開度)가 증발기의 냉각부하에 적합할 때에는 액체냉매는 증발기 출구에서 완전히 증발을 완료하여 건포화증기 상태로 압축기에 흡입된다.

② 냉각부하가 감소하거나 팽창밸브의 개도를 지나치게 크게 하여 증발기에서 미처 증발하지 못한 냉매가 액체상태로 압축기에 흡입되면 **리퀴드백(Liquid back)**이 일어나 압축기의 밸브를 손상시키는 원인이 된다. 더욱이 냉매액의 흡입량이 많아지면 **액압축(Liquid compression)**을 일으켜 압축기를 파손시키게 된다.

③ 냉동부하가 증가하거나 밸브의 개도가 적은 경우에는 냉매가 증발기 출구에 이르기 전에 완전히 증발하고 더 많은 열을 흡수하게 되어 냉매증기는 증발온도보다 온도가 더 상승하게 된다. 즉 압축기 입구의 냉매는 과열증기가 된다.

냉매가스의 과열도가 작은 경우에는 큰 문제가 되지 않으나 과열도가 커지면 압축기의 토출가스 온도가 현저히 증가하여 실린더의 과열을 초래하게 되므로 유의하여야 한다.

7.1.3 팽창밸브의 종류

팽창밸브는 증기압축식 냉동사이클에서 시스템 제어라는 점에서 볼 때 매우 중요한 장치이다. 팽창밸브로 가장 많이 사용되는 것은 온도식 자동팽창밸브(TEV, Thermostatic expansion valve)와 모세관(Capillary tube) 장치이며, 이 외에도 오리피스(Orifice), 정압팽창밸브(Constant pressure expansion valve)와 플로트 밸브(Float valve)가 있다.

(1) 온도식 자동팽창밸브(TEV: Thermostatic expansion valve)

온도식 자동팽창밸브는 증발기 출구의 과열도차(증발기 내의 액체냉매온도와 감온구 온도와의 차이)에 의하여 작동되며, 자동압력팽창밸브(정압팽창밸브)는 증발기의 냉매압력을 일정하게 유지하는 목적으로 사용된다.

이 밸브는 증발기의 온도에 의하여 작동하는 것이 아니라 증발기 출구에서 압축기로 흡입되는 흡입가스의 과열도에 의하여 작동된다. 온도식 자동팽창밸브는 냉매를 일정량 담은 감온부(Sensing bulb)가 밸브의 다이어프램(Diaphragm) 윗 부분과의 사이를 가는 튜브(Tube)로 연결하여 감온부 냉매의 압력에 의하여 밸브작동이 조절된다.

그림 7-2는 온도식 자동팽창밸브의 작동원리에 대한 개략도이다. 감온부는 증발기 출구부분에 밀착 고정시켜 설치하며, 감온부 내부의 액체는 대부분 냉동시스템에 사용되는 냉매와 같은 종류를 이용하며 일정량이 채워져 있다.

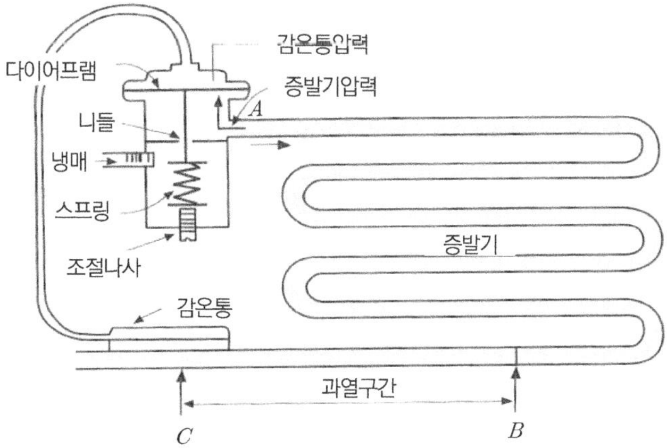

그림 7-2 내부 균압형 온도조설식 팽장밸브의 작동원리

따라서 감온부 내의 압력은 항상 증발기 출구의 감온부 부착 부분에서 냉매증기가 갖는 온도와 같은 온도에서의 액-증기 2상 혼합물이 갖는 포화압력이 되며, 이 압력이 다이어프램의 윗 부분에 작용한다.

다이어프램의 하부에서는 증발기 압력에 의한 힘과 스프링 장력에 의한 힘이 작용하여 다이어프램을 위로 밀어 올리고자 하므로 상부에서 작용하는 힘이 하부에서 작용하는 힘보다 더 클 때 밸브는 열리게 되며 반대의 경우는 닫히게 된다.

따라서 이 밸브가 열리기 위해서는 증발기 출구에서 어느 정도의 과열도가 요구된다.

증발기의 부하가 증가하면 증발기 출구의 과열도가 증가하게 되고 밸브의 개도는 더 커져 냉매 유량이 증가하게 되므로 과열도는 감소하게 된다. 반대로 증발기의 부하가 감소하게 되면 과열도가 감소하여 밸브의 개도가 작아져 냉매유량이 감소하게 되고 다시 과열도는 증가하게 된다.

결과적으로 이러한 작용은 증발기 출구의 과열도를 일정하게 유지시켜 주며 증발기의 부하 변동에 따라 압축기 부하를 변화시키므로 압축기로 액체 냉매가 유입되지 않도록 해준다.

밸브의 스프링 장력은 조절나사에 의하여 조절되며 장력을 증가시키면 밸브의 개도 조절을 위한 증발기 출구의 과열도는 증가되고 스프링 장력을 감소시키면 과열도도 감소한다. 온도식 자동팽창밸브는 일반적으로 3~5℃의 과열도를 유지할 수 있도록 제작자에 의하여 조정된다.

그림 7-3은 참고로 외부 균압형 자동팽창밸브와 수동식 팽창밸브의 개략도를 나타낸 것이다.

(2) 모세관(Capillary tube)

가정용의 소형 냉장고에서는 모세관(Capillary tube)를 사용하여 팽창밸브의 역할을 하게 한다. Tube의 내경은 1 mm 정도, 길이는 2~4 m로 냉매가 tube를 통과할 때 발생된 배관 저항이 감압작용을 하여 온도를 낮추고, 팽창밸브가 일정하게 열려있는 것과 유사한 역할을 한다.

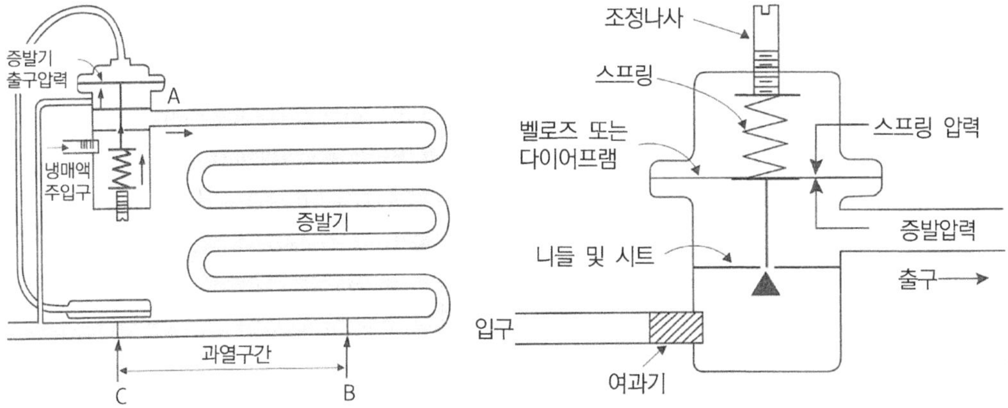

그림 7-3 온도식 자동팽창밸브(외부 균압형)과 수동식 팽창밸브

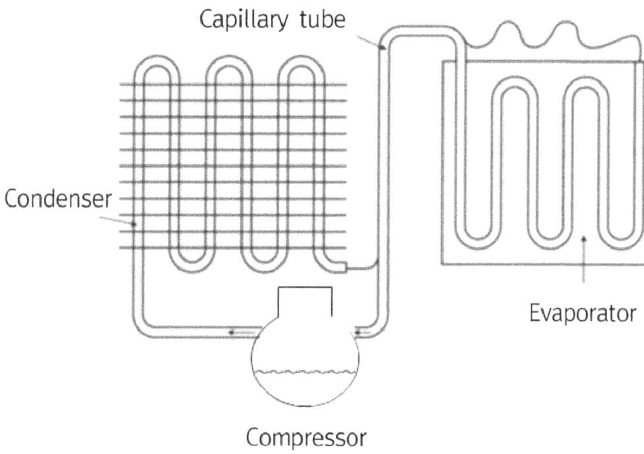

그림 7-4 모세관과 증발기

7.1.4 과열도와 팽창밸브

일정 압력에서의 포화온도와 그 압력에서의 실제 온도와의 차이를 과열도라고 하며, 에어컨의 경우 증발기 출구 냉매가스 온도와 해당 압력에서 포화온도와의 차이다. 과열도가 너무 높으면 증발기의 냉각능력이 저하되며, 압축기가 과열되기 쉽고, 너무 낮으면 액냉매가 흡입되어 **오일 포밍(Oil foaming) 현상**이 발생하여 윤활이 불량해지거나 액압축 손상이 발

생하므로 항상 적정 과열도를 유지하도록 운전하여야 한다.

포화온도는 냉매 종류와 압력에 따라 상이하며, 저압 압력계 바깥측에 해당 압력의 포화 온도가 눈금으로 표시되어 있다.(R22의 경우 -18℃ at 0.6bar, 0℃ at 4bar, 5℃ at 5bar, 11℃ at 6bar)

과열도는 5℃를 표준으로 하고 제작사에 따라 5~8℃ 또는 3~5℃ 의 범위로 과열도를 유지할 수 있도록 설계된다.

즉, 증발관 출구 냉매가스 온도 = 저압측 압력(L.P) 압력의 포화온도 + 5~8℃

예를 들면, 저압측 압력이 5.2 Bar라고 가정하면, 이 때의 포화온도는 약 7℃로 증발기 출구 온도는 이 값에 적정 과열도(5~8℃)를 더한 12~15℃ 혹은 그 이상을 유지하여야 한다.

그림 7-5는 팽창밸브의 조절 작용을 나타낸 그림이며, 조절 작용은 다음과 같다.

① 팽창밸브의 개도가 적정할 경우

증발기에서의 냉각 부하에 대해 팽창밸브의 개도가 적정할 때 증발기에 유입된 액 냉매가 증발기 출구에서 완전히 증발을 끝내고 압축기에 흡입된다.

② 냉각 부하가 감소 또는 밸브 개도가 클 경우

액냉매는 증발기 내에서 완전히 증발되지 않고 압축기에 흡입되는 냉매 중에는 액이 남아 있는 상태가 된다.

이러한 상태가 계속되면 액백(Liquid back) 흡입이 생기고 압축기 밸브를 손상시켜 더욱 액 귀환량이 많아지거나 배관 속에 고인 액이 한꺼번에 압축기에 흡입되어 액압축을 일으켜 압축기를 파손시킨다.

③ 냉각 부하가 증가 또는 밸브 개도가 적을 경우

증발기 출구에 이르기까지 냉매는 완전히 증발을 끝내고 다시 열을 흡수하므로 냉매 기체는 증발온도보다 온도가 상승(과열)된다.

이 과열도의 정도(과열도)가 적은 동안은 문제가 없지만 증대됨에 따라 압축기의 송출 가스 온도는 현저하게 상승해서 실린더의 과열을 초래한다.

그림 7-6은 팽창밸브를 조정하는 방법을 나타낸 그림이다.

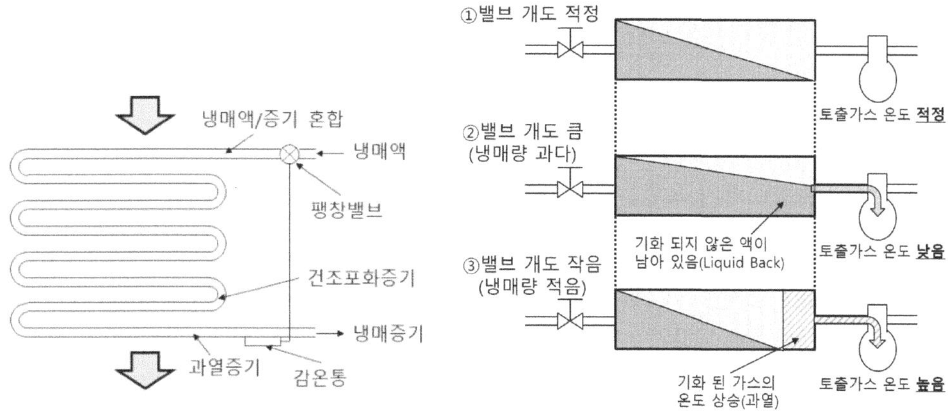

그림 7-5 팽창밸브의 조절 작용

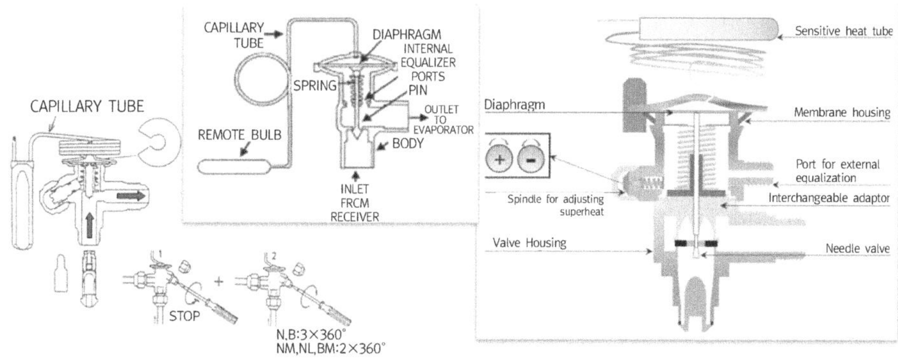

그림 7-6 팽창밸브의 조절 방법

팽창밸브는 냉동사이클로 항상 증발기에 최대의 효과를 발휘할 수 있게 한다.

그러기 위해서는 증발기의 열 교환량(냉동능력)에 균형이 잡힌 충분한 양의 냉매를 공급해야 한다.

과열도의 조정은 팽창밸브의 조절기어의 회전에 의해 한다. 조절기어를 반시계 방향으로 돌려서 스프링이 압축되면 과열도는 커진다. 즉 liquid back할 경우 이 방향으로 돌려 냉매의 공급량을 줄인다.

조절기어를 시계 방향으로 돌리면 상기와는 반대로 스프링이 느슨해져서 과열도는 적어진다. 즉 냉매 유량이 증가한다.

7.2 유분리기(Oil separator)

압축기가 작동될 때, 냉동기유는 뜨거운 압축 냉매가스와 혼합되어 계통 내를 순환하게 된다. 순환되는 소량의 오일은 성능에는 큰 영향을 끼치지 않는다.

그러나 압축기에서 압축된 냉매증기 중에서 미립자의 상태로 혼입된 윤활유가 일정량 이상 응축기로 유입되면 냉각관 표면에 막을 형성, 응축기의 전열을 방해하므로 냉매 증기의 응축에 장애를 주게 된다.

또한, 팽창밸브의 기능이 저하하며 심한 경우에는 유로가 막혀 냉매가 증발기로 유입되지 않을 뿐만 아니라 증발기에서도 전열면에 유막을 형성하여 증발온도가 상승하여 냉동능력을 감소시킨다.

압축기에서 토출된 냉매가스 중에 윤활유의 혼입량이 많아지면 이 기름에 의하여 응축기와 증발기의 전열작용이 저해될 뿐만 아니라 압축기에 윤활유 부족현상이 발생하게 된다.

그러므로 압축기와 응축기 사이의 토출가스 배관 중에 유분리기(Oil separator)를 설치하여 토출가스 중에 혼입된 윤활유를 분리하며, 프레온용 냉동기에서는 분리된 윤활유를 압축기의 크랭크 케이스로 되돌려 보낸다.

그러나 암모니아 냉동장치에서는 토출가스 온도가 높아 기름이 어느 정도 탄화되어 있을 때가 많으므로 유분리기에서 직접 압축기로 돌려보내지 않고 드레인(Drain)으로 외부로 배출시킨다.

따라서 암모니아 냉동기에 유분리기를 필수적으로 설치하여야 하며, 프레온용에서는 저온장치, 만액식 증발기를 사용할 때, 토출가스의 배관길이가 길어질 때 또는 토출가스에 다량의 기름이 섞여나간다고 판단될 때에 설치한다.

유분리기의 구조는 그림 7-7에서와 같이 입형의 원통내에 방해판이나 금속절삭편을 넣어 냉매가스의 유동방향이나 속도를 변환시키든지, 기름의 무게나 표면장력에 따라 분리되어 원통의 하부에 고이도록 한 것이다. 유분리기는 소음저하 효과를 가지고 있으며 가스의 맥동을 감소시켜 주는 이점도 있다.

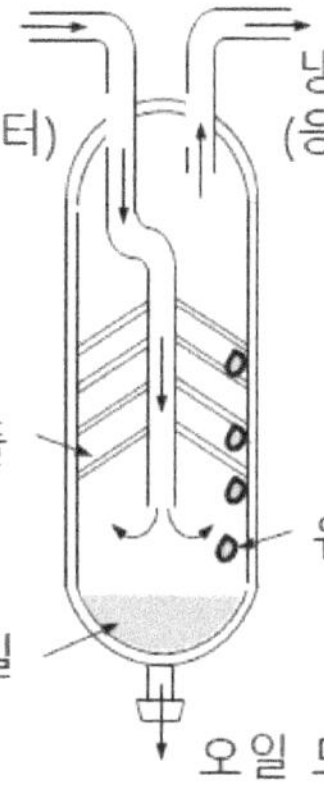

그림 7-7 유분리기

(1) Solenoid valve type Oil separator

전자밸브 제어형으로 오일 리턴 관(return pipe)에 설치된 전자 밸브는 압축기 운전 중에 계속 열려 있다.

리턴 관과 정지 밸브의 연결구에 설치된 오리피스(Orifice)에는 고압가스가 최소로 작용하도록 하여 운전 중 계속 일정한 양의 압축유가 크랭크실(Crank chamber)로 되돌아 오도록 되어 있다.

(2) Float valve type Oil separator

압축기에서 토출된 가스는 윤활유의 미립자를 포함하고, 윤활유 미립자는 냉각관의 전열면에 부착되어 전열 효율을 현저하게 떨어지게 한다.

이를 방지키 위해서 냉매가스에 포함된 윤활유의 미립자를 갑자기 넓어진 분리기 안으로 통과시키면 냉매가스 속도가 떨어진 상태에서 분리판에 닿아서 윤활유는 응집되어 아래에 모이고, 유분리기의 내부에 설치된 뜨개(Float)가 일정한 높이가 되면 뜨개가 들어 올려지고 크랭크실로 돌려 보낸다. 뜨개에 연결된 니들밸브(Needle valve)는 장기간 사용시 마모에 의해 누설되어 저압이 상승하여 압축기가 자주 기동하는 경우가 있다.

7.3 수액기(Receiver)

응축기에서 액화된 냉매액을 팽창밸브로 보내기 전에 일시 저장하는 용기로서 횡형 원통형이 주로 쓰이며, 소용량의 프레온 냉동장치에서는 수냉식 응축기를 수액기로 겸용하는 경우가 많다. 수액기의 냉매액 저장용량은 냉동장치의 운전 상태 변화에 따라 증발기 내의 냉매량이 변화하여도 항상 액이 수액기 내에 잔류하여 원활한 운전이 가능한 용량이 필요하다.

응축기에서 액화된 냉매액을 팽창밸브로 보내기 전에 일시 저장하는 용기로서 횡형 원통형이 주로 쓰이며, 소용량의 프레온 냉동장치에서는 수냉식 응축기를 수액기로 겸용하는 경우가 많다.

수액기의 냉매액 저장용량은 냉동장치의 운전 상태 변화에 따라 증발기 내의 냉매량이 변화하여도 항상 액이 수액기내에 잔류하여 원활한 운전이 가능한 용량이 필요하다.

또한 냉동장치를 수리하거나 장기간 정지시키는 경우에 장치 내의 냉매액을 회수하여 저장하는 역할을 한다. 이 때문에 암모니아 냉동장치에서는 냉매충전량을 1 RT 당 15 kg, 계통 내에 냉매량의 50%를 저장할 수 있는 수액기를 설치하여야 하며, 프레온용은 계통 내에 냉매량의 100%를 저장할 수 있는 수액기를 설치하여야 한다.

응축기에서 응축한 냉매액은 응축기보다 밑에 설치한 수액기에 자연적으로 흘러 들어가야 한다. 이와 같은 경우 응축기 내의 압력과 수액기 내의 압력은 같을 것으로 생각할 수 있으나 수액기 내의 압력이 더 높은 경우가 있다. 이것은 응축기에 사용하는 냉각수온이 비교적 낮고 수액기를 설치한 기계실의 온도가 높을 때 일어나며 응축액이 흘러내리기 힘들게 된다. 이 때문에 수액기는 응축기의 하부에 그리고 응축기보다 온도가 높지 않는 위치에 설치하는 것이 중요하며, 두 곳의 가스압력을 균등하게 하기 위하여 균압관(均壓管)을 설치할 필요가 있다.

7.4 중간냉각기(Intercooler)

2단 또는 다단 압축식 냉동장치에서는 고압측 압축기의 토출가스 온도가 너무 높게 되지 않도록 저압측 압축기의 토출가스 온도를 그 토출압력의 포화온도 가까이 냉각하기 위하여 중간냉각기를 설치한다.

7.5 여과기 & 냉매건조기(Filter & dryer)

냉매계통에 수분이 존재하게 되면 장치 각부에 악영향을 미치므로 드라이어를 통하여 냉매액 중의 수분을 제거하여야 한다. 드라이어는 중공(中空)의 원통 내부에 탈습제(건조제)를 철망속에 넣어 수납한 것이다. 이 여과망은 건조제의 용기가 되어 교환이 편리하도록 함과 동시에 탈습제의 미편이 냉매와 함께 유출되는 것을 방지하면서 냉매에 포함되어 있는 수분을 흡수하고 냉동기 시스템을 순환하면서 발생된 찌꺼기를 거르는 필터(Filter) 역할도 겸한다.

건조제로는 실리카 겔(SiO_2), 활성 알루미나(Al_2O_3), 몰리큘라시브, 소바이드 N 등이 있으며, 주로 많이 사용 중인 건조제로써는 실리카 겔(SiO_2)이나 활성 알루미나(Al_2O_3) 등으로

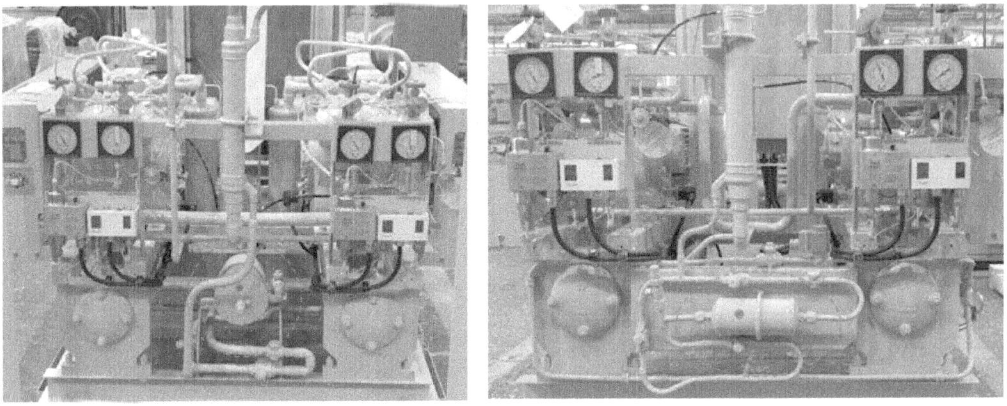

그림 7-8 Filter & dryer

대부분 둥그런 조그마한 알맹이이며 최근에는 일체형인 고정식이 주로 사용된다. 건조제는 수분을 흡착하여도 화학변화가 일어나지 않는 것이 중요하다. 수분을 흡착하면 색이 투명하게 변화하므로 건조한 것과 교환한다.

7.6 액분리기(Accumulator or liquid separator)

증발기와 압축기의 흡입가스 배관 사이에 설치하여 흡입가스 중에 냉매액이 혼입되어 있을 때, 액을 분리하여 증발기로 되돌려 보내고, 증기만을 압축기에 흡입시켜 **액압축(Liquid compression)**을 방지하고 압축기를 보호하며, 압축기를 기동할 때 냉매액의 교란을 방지하는 역할을 한다. 따라서 암모니아 냉동기와 냉동부하의 변동이 심한 제빙장치, 대형냉장고, 동결장치, 브라인 쿨러 등에 반드시 설치해야 하는 장치이다. 원리는 유분리기와 같다.

구조는 원통형의 동체를 갖는 용기 내에 흡입가스를 도입하여 용기 중에서 갑자기 속도를 1 m/s 이하로 낮추면 무게에 의하여 액과 증기가 분리되도록 설계되어 있다. 액분리기에서 분리된 액은 용기의 하부에 고여 액회수장치에 의하여 수액기로 돌려보내거나, 소형의

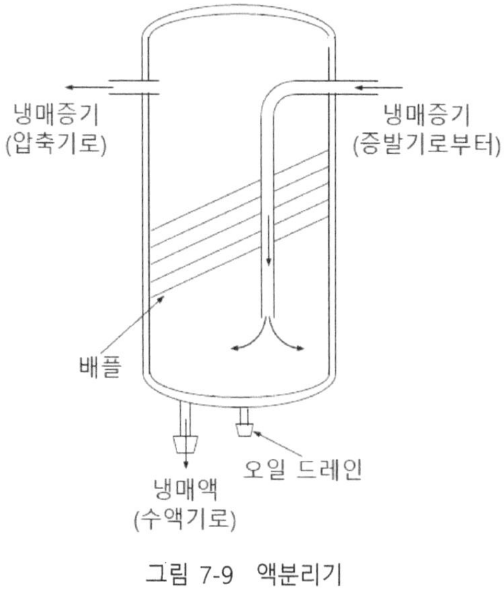

그림 7-9 액분리기

것에서는 액립이 많은 습운전에서 과열운전으로 변환되었을 때 증발하여 압축기로 흡입되는 것도 있다.

7.7 가스퍼저(Gas purger)

냉동장치의 냉매 계통에 공기 등 불응축 가스가 존재하면 그 분압만큼 응축압력이 높아지며 냉동능력의 감소, 소비동력의 증가, 압축기 실린더의 과열 등 악영향을 미치므로 신속하게 장치 내에서 제거해 줄 필요가 있다. 운전 중 불응축가스는 장치의 고압부인 응축기나 수액기 상부에 모이게 되므로 운전을 정지하여 응축기를 충분히 냉각한 다음 Air purge valve를 열어 제거하는 방법도 있으나 대형의 장치에서는 자동화된 가스퍼저가 쓰인다. 그림 7-10에 암스트롱식 가스퍼저의 구조를 나타냈다.

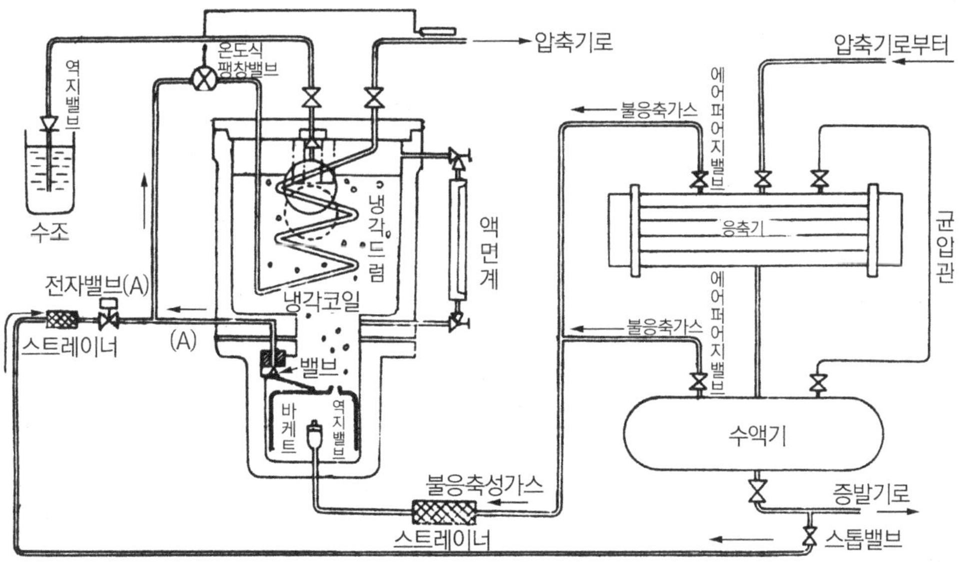

그림 7-10 암스트롱식 가스퍼저

7.8 제상장치(Defrost)

공기를 냉각하는 증발기에는 대기 중의 습기가 서리가 되어 냉각관에 부착된다. 이 서리는 가볍고 공기를 다량으로 함유하고 있으므로 열전도율이 매우 나쁘기 때문에 전열작용이 나쁘게 된다. 이와 같이 전열작용이 나빠지면 냉매의 증발온도를 낮추어야 하므로 냉동능력의 손실과 전력의 낭비를 초래하게 된다. 이와 같이 증발관의 표면에 부착된 서리를 제거하는 장치를 제상장치라 한다.

제상방법에는 다음과 같은 방법이 이용되고 있다.

(1) 고압가스 제상법(Hot gas defrost)

압축기에서 토출되는 고온·고압의 냉매가스를 직접 냉각관(증발관)내로 공급하여 냉각관 표면에 붙은 서리를 녹이는 방법이며, 동시에 고온가스는 액화된다.

이 방법은 대형의 냉장장치에서 가장 일반적으로 사용하는 방법이나 냉장 쇼케이스(Show case)와 같이 1/4~1/2 kW정도의 소형 냉동장치에도 사용되기도 한다. 냉동 컨테이너의 냉동시스템에서 많이 이용된다.

고온의 냉매가스 흐름은 솔레노이드 밸브(Solenoid valve)에 의하여 제어된다.

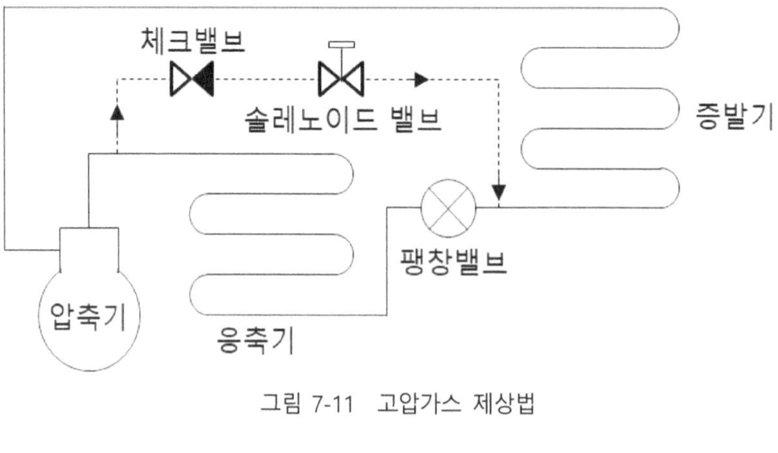

그림 7-11 고압가스 제상법

(2) 전열식 제상법(Electric defrost)

강제대류식의 코일 냉각기에 쓰이기도 하는 방법이며, 냉각코일에 히터를 삽입한 것으로 보통 드레인 팬 및 드레인 배관도 제상수에 의한 동결을 방지하기 위하여 전열히터로 가열된다. 유닛 쿨러(Unit cooler)를 제상할 때에는 일반적으로 송풍기를 정지한다.

이외에도 미지근한 온수를 증발관에 분사하여 서리를 제거하는 살수식 제상법과 냉동기 정지법이 있다.

[전열 제상 방법-제상 시퀀스]

① 제상 릴레이(Defrost relay)에 의해서 자동 제상이 실시되면 압축기는 정지되고, 모든 솔레노이드 밸브(Solenoid valve)는 잠긴다.

② 육고, 생선고 등의 냉동고(Freezing room)의 증발기 팬(Evaporator fan)은 정지된다. 이는 증발기에 부착된 서리만 국부적으로 녹이기 위함이고, 팬을 운전하면 냉동실 전체 온도가 높아져서 식품을 상하게 한다. 이 때, 야채고, 로비 등의 냉장고(Chilled room)의 증발기 팬은 계속 운전된다.

③ 제상장치의 전열기(Electric heating coil)에 의해 얼음(서리)가 녹게 되고, 증발기 하부의 배출관 및 팬(Drain pipe & pan)에도 전열기(Heating coil)이 있어서 드레인(Drain) 배출을 쉽게 한다.

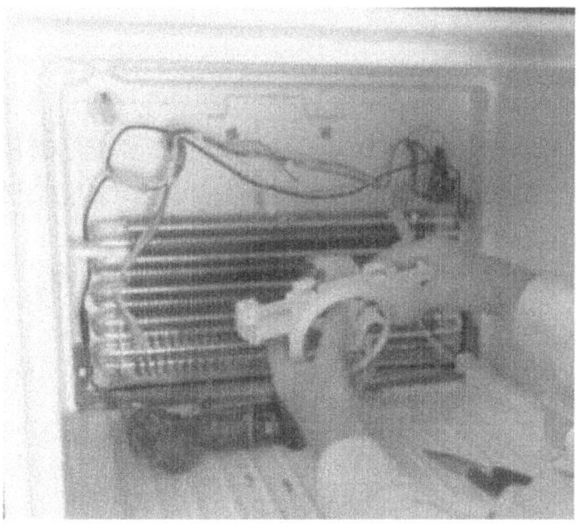

냉동고의 증발기 펜

④ 증발기에 부착된 얼음은 0℃가 되면 녹고, +10℃가 되면 제상 온도조절기(Defrosting thermostat)가 작동하여 제상 릴레이(Defrost relay)를 소자시킨다.

⑤ 제상 릴레이(Defrost relay)가 소자되면, 시퀀스 제어 회로의 의해 압축기가 재기동 된다.

⑥ 증발기의 코일(coil) 온도가 영하로 떨어지면, 냉동고(Freezing room)의 증발기 팬(Evaporator fan)이 운전된다. 냉장고(Chilled room)의 증발기 팬은 계속 운전 중에 있다.

제상이 자동으로 실시되지 않으면 압축기와 증발기 팬(Evaporator fan)을 수동으로 정지시키고, 주기적으로 물 살포 제상을 실시한다.

자동 전열식 제상법은 증발기의 서리가 제상되는 상태를 확인하여 제상시간을 임의로 조정할 수 있다. 그림 7-12는 제상시간을 조정하는 방법이다.

시간	접점No.	1/6	2/7	3/8	4/9	5/10	비고
①	1.5 SEC		■	■		■	■ 접점 ON상태
		■			■		□ 접점 OFF상태
②	400 SEC	■	■	■		■	
					■		
③	13 MIN	■		■		■	
			■		■		
④	50 MIN	■				■	
			■	■	■		
⑤	14 HOUR	■			■		
			■	■		■	
⑥	28 HOUR	■	■	■			
					■	■	

1. SWITCH 1~5 : ON TIME RANGE (RELAY의 여자시 작동하고, 실제로 제상을 하고 있는 기간)
2. SWITCH 6~10 : OFF TIME RANGE (RELAY의 소자시 작용하고, 다음 제상까지의 INTERVAL)

	1	2	3	4	5	6	7	8	9	10
ON	■	■	■		■	■			■	
OFF				■			■	■		■

예)냉동기의 제상간격을 14시간마다 400초 동안 실시하려면 DEFROST RELAY의 시간 조정표에서 1~5까지의 접점은 ②항을 선택하고 6~10까지의 접점은 ⑤항을 선택

그림 7-12 제상시간 조절 방법

(3) 물 살포 제상(Water defrost)

증발기 표면의 서리를 상온의 청수로 녹이는 것이며, 자동 제상장치의 고장 시 주로 사용한다. 육고(meat room), 어고(Fish room) 등과 같은 냉동고에서 주로 이용된다. 야채고 같은 경우는 압축기를 정지 후 증발기 팬(Evaporator fan)만 기동시켜 제상시킨다.

물 살포 제상방법은 냉동기 압축기와 증발기 팬(Evaporator fan)을 모두 정지하고, 증발기 코일 측에 청수로 뿌려 가면서 서리를 제거한다. 수분이 들어갈 경우 절연저항이 좋지 않게 되며 합선에 의한 모터의 손상 또는 기판의 손상의 우려가 있으므로 증발기 팬(Evaporator fan) 측 모터나 기타 전기 부위에 청수 등 수분이 닿지 않도록 주의해야 한다. 물 살포 제상(수동제상)을 끝내고 냉동실 내부 바닥 등의 수분을 가능한 제거한다. 이 때, 증발기 팬(Evaporator fan)만 기동시켜서 증발기 코일의 수분을 완전히 제거한다. 육안으로 건조된 것을 확인 후 압축기를 운전한다.

7.9 냉각탑(Cooling tower)

냉매가스를 응축시키고 온도가 상승되어 응축기를 나오는 냉각수를 그대로 외부로 버리는 것은 비경제적이며 특히 공업용수를 사용하거나 지하수를 사용할 수 없는 경우는 이 냉각수의 온도를 다시 냉각시켜 재순환시키는 경우를 고려하여야 한다. 이 목적을 위하여 설치한 것이 **냉각탑(Cooling tower)**이다.

냉각작용은 공기와 물의 온도차를 이용하는 열전달(Heat transfer)과 물의 증발에 의한 잠열을 이용하는 물질전달(Mass transfer)의 두 작용에 의해서 이루어진다.

이 중에서 물질전달은 매우 유리한 방법이며 큰 비중을 차지한다. 예를 들면 물의 증발에 필요한 잠열을 물 자신으로부터 얻는다면 불과 0.2%의 물소비로 수온을 1℃ 정도 강하시킬 수 있다. 즉 물을 0.2% 공기 중에 증발시킬 수 있다면 수온은 이로 인하여 1℃ 강하하게 된다.

열전달과 물질전달을 촉진시키기 위해서는 공기의 유동속도, 접촉시간 및 면적이 고려되어야 한다.

자연통풍식 냉각탑(Natural draft cooling tower)은 유럽에서 화력, 원자력 발전소에 사용되고 있으며 높이가 90 m 되는 것도 있다.

[강제통풍식 냉각탑]

현재 공업용, 공기조화용으로 가장 널리 사용되고 있는 냉각장치이며, 송풍기를 이용하여 탑 내에 상승기류를 형성시키는 방식으로 공기와 물은 대향류(Counter flow cooling tower, 그림 7-13), 직교류(Cross flow cooling tower, 그림 7-14) 또는 혼합류에 의하여 열교환을 실시한다.

강제통풍식 냉각탑은 자연통풍식에 비하여 효율이 높고 경제적이며 대형건물의 공기조화용으로 많이 이용되기 때문에 빌딩의 옥상에서 흔히 볼 수 있다.

냉각탑

충전물은 탑 내의 물과 공기의 분포를 양호하게 하고 접촉면적과 시간을 증가시키기 위하여 설치되는데 이것은 충전물에서 수막효과를 기대하는 수막(水膜)형과 충전물에 충돌하여 낙하하는 수적(水滴)형으로 나누어진다. 보통 소형의 탑에서는 수막형이 대형 탑에서는 두 가지를 혼합한 형태를 주로 사용한다.

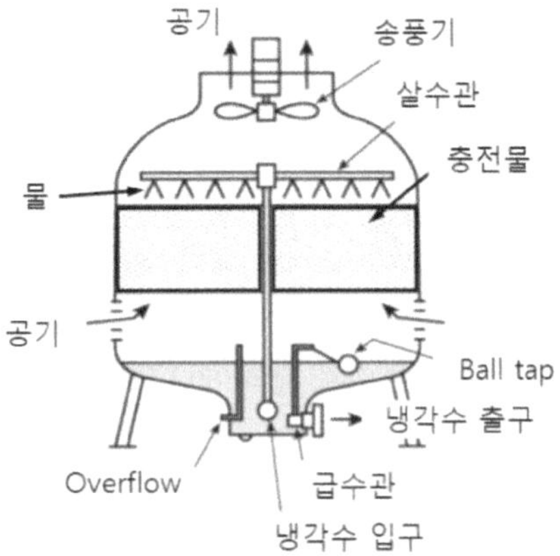

그림 7-13 대향류 냉각탑

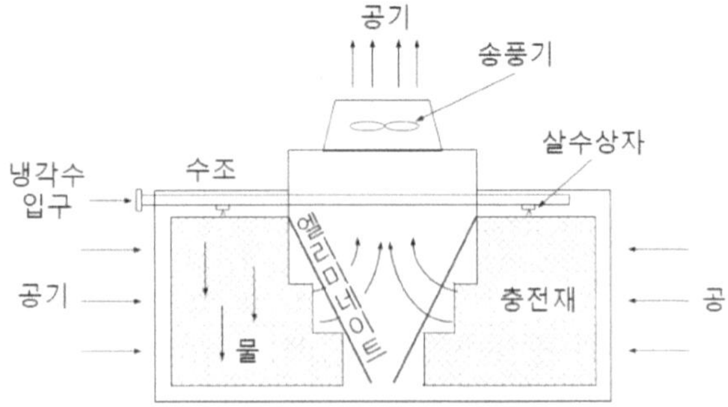

그림 7-14 직교류 냉각탑

보통 열전달과 물질전달 및 압력손실 사이에는 일정한 관계가 있으므로 3개의 량 중에서 어느 하나를 알면 나머지 양은 계산에 의하여 구할 수 있으며, 열전달이 클수록 물질전달도 커지지만 공기의 압력손실도 증대한다(Colburn의 관계). 따라서 열효율을 높이기 위해서는 압력손실이 어느 정도 증가하는 것은 피할 수 없다.

충전물은 냉각탑에서 매우 중요한 부분이며, 이에 따라 탑의 특색 및 우수성이 결정된다. 또 탑의 우수성은 탑 내의 공기와 물의 분포에 따라 변하며 특히 공기분포가 좋은 탑을 설계하기는 어려운 일이다.

탑 입구에 있는 Louver는 탑 내의 공기분포를 양호하게 하여 수적이 외부로 나가거나 큰 입자의 먼지가 공기와 함께 흡입되는 것을 방지한다. 또 탑상부의 공기 출구 측에 설치되는 엘리미네이터(Eliminator)는 수적이 공기와 함께 탑 밖으로 배출되는 것을 방지한다. 이 형식의 탑은 온도상태가 일정하며 냉각효과가 크므로 설치면적이 적어도 된다. 그리고 건설비가 저렴하여 널리 이용되고 있다.

냉각장치의 냉각효율은 다음 식으로 표시된다.

냉각수 순환량을 $w[kgf/h]$, 냉각수의 비열 $c\ [kcal/kgf℃]$, 냉각수 입출구 온도차(Cooling range)를 Δt라고 할 때 냉각탑에서의 제거열량 즉 냉각능력 Q는 다음과 같이 구한다.

$$Q = w \cdot c \cdot \Delta t \quad [kcal/h]$$

또한, 냉각효율은 다음과 같이 구한다.

$$\text{냉각효율}(\%) = \frac{cooling\ range}{cooling\ approach}$$

$$= \frac{(\text{냉각탑의 입구수온}) - (\text{냉각탑의 출구수온})}{(\text{냉각탑의 출구수온}) - (\text{입구공기의 습구온도})} \times 100$$

냉각탑의 냉각능력이 **3,900** $[kcal/h]$ 일 때, **1 냉각톤**이라 한다.

이 때의 조건은 입구공기의 습구온도 27 [℃], 입구수온 37 [℃], 출구수온 32 [℃], 순환수량 13 [l/min] 이며,

$$Q_{CT} = 13 \times 60(37-32) = 3,900\ [kcal/h]$$ 이다.

냉각탑의 성능을 지배하는 요소는 공기의 통과속도, 공기량과 수량과의 비, 충전물의 구조 및 분무수량 등에 따라 변화하며 쿨링 레인지(Cooling range)가 클수록, 쿨링 어프로치(Cooling approach)가 작을수록 성능이 좋은 냉각탑이 된다.

* Cooling range = 냉각탑의 입구수온 - 출구수온
* Cooling approach = 냉각탑의 출구수온 - 입구공기의 습구온도

8

자동제어 기기

1편 냉동공학

8.1 자동제어의 목적

냉동장치에 사용되는 자동제어기기는 냉동장치의 상태를 자동적으로 조정하기 위한 것이며 냉동장치의 운전상태의 안정, 냉동장치의 안전과 경제적 운전 등 사용 목적에 맞는 자동제어기기를 선택하여 최대한의 기능을 발휘하도록 하여야 한다.

또한 전기적인 제어기기는 냉동장치 전체(압축기, 냉각수 펌프, 순환펌프, 팬 등)의 각 모터제어와 상호연관성을 충분히 고려하여 조합하여야 한다.

다음은 냉동장치에 사용되는 자동제어기기들을 그 기능에 따라 분류하여 설명한다.

8.2 냉매유량과 온도제어

8.2.1 팽창밸브(Expansion valve)

팽창밸브는 고압의 액체 냉매를 적당한 증발압력으로 감압시키는 작용을 함과 동시에 부하에 알맞은 적당한 냉매 유량을 확보하는 작용을 한다.

즉 증발기에서 냉매가 증발된 후 압축기로 흡입될 때, 냉매가스의 과열도를 검지하여 항상 일정한 과열도를 유지할 수 있도록 밸브의 개도를 제어한다.

8.2.2 전자밸브(Solenoid valve)

밸브의 개폐를 전자석 작용을 이용한 것으로 냉매 또는 물의 공급을 압력스위치 또는 온도 스위치와 조합되어 유동을 제어한다.

사용 목적에 따라 **액백(Liquid back)** 방지용, 온도 제어용, 냉매 액면 제어용, 열가스 제상용, 용량 제어용, 흡입가스용, 물 또는 브라인용 등이 있다.

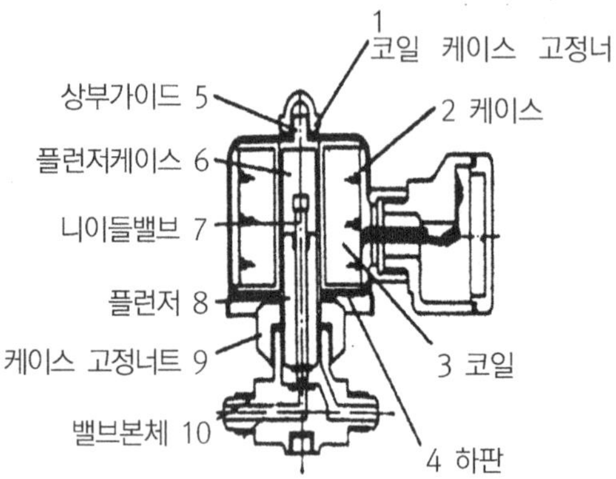

그림 8-1 직동식 전자밸브

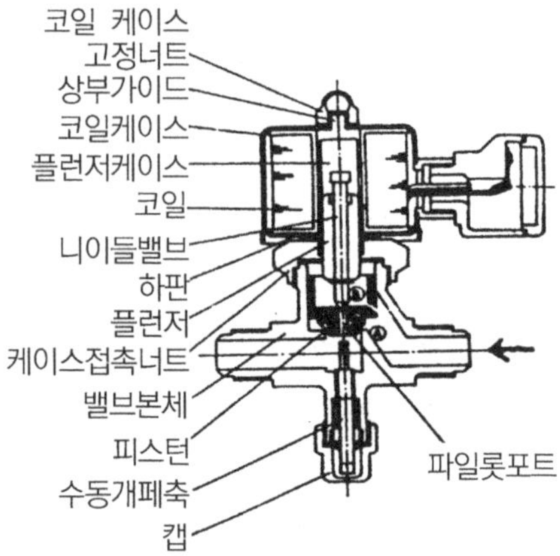

그림 8-2 파일럿식 전자밸브

전자밸브는 플런저 자체가 밸브로 되는 직동식과 플런저와 파일럿으로 되어 있는 파일럿식 전자밸브로 구별되며, 구조는 그림 8-1, 8-2에 나타냈다.

전자밸브를 선정할 때에는 냉매의 종류에 유의하여야 한다. 또한 전자밸브를 설치할 때는 전자밸브 본체에 표시된 유체 흐름 방향을 확인하고, 여자 코일을 상부로 하고 작동 불량을 막기 위하여 반드시 수직으로 설치하여야 한다.

전자밸브 앞에 가능하면 스트레이너(Strainer)를 설치하여 이물질에 의하여 작동불량이 일어나지 않도록 하여야 한다.

8.2.3 증발압력 조절밸브(Evaporating pressure regulator)

청과물의 냉장(창)고, 브라인 냉각장치 및 종류가 다르고 일정한 온도를 유지하는 냉동장치에서 엄밀한 온도제어나 브라인의 빙결방지 등을 위하여 증발압력이 일정한 값 이하로 내려가지 않도록 증발기 출구에서 압축기로의 흡입가스 유량을 자동적으로 제어하는 밸브이다.

다구획(多區劃), 다온도(多溫度)의 냉장고에 많이 사용된다. 만약 증발온도가 서로 다른 2대 이상의 증발기가 설치되는 경우 구획마다 증발압력 조정밸브를 설치하여야 한다.

그림 8-3 증발압력 조절밸브

8.2.4 온도조절기(Thermostat)

온도조절기는 온도변화를 검출하여 전기접점을 on-off시키는 스위치이며 온도 측정부의 종류에 따라 다음과 같은 것이 있다.

(1) 바이메탈식(Bimetal type)

바이메탈식 온도조절기는 온도변화를 바이메탈(Bimetal)의 변형으로 바꾸어 접점을 on-off 시키는 것이다. 바이메탈은 열팽창이 서로 다른 2종의 금속을 융착시킨 것이며, 온도가 변화할 때 열팽창율이 서로 다르기 때문에 만곡되는 성질을 이용한 것이다.

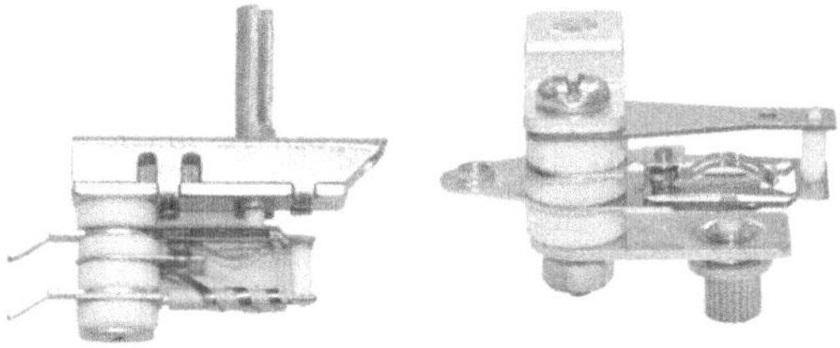

그림 8-4 바이메탈식 온도조절기

(2) 감온통식(感溫筒式)

온도를 검지하는 감온통에 봉입된 액체나 가스의 온도가 상승하면 그 포화증기압이 높아져 벨로우즈가 축소되고 조정용 스프링에 대항하여 벨로우즈가 동작하게 된다. 이 움직임이 레버를 거쳐 접점을 작동시킨다. 레버 대신에 마이크로 스위치(Micro switch)를 쓴 것도 있으나 이것은 마이크로 스위치의 푸시로드(Push rod)를 밀어 올려 내장된 접점을 개폐하는 구조로 되어 있다. 냉장고 내에 설치된 온도 센서(Temperature sensor)인 Thermo bulb의 충전액이나 가스(주로 사용 냉매와 동일)의 온도변화에 따라서 수축 팽창에 따른 변화량을 전기적 신호로 바꾸는 장치이며 솔레노이드 밸브(Solenoid valve)를 작동시킨다.

그림 8-5 감온통식 온도조절기

8.2.5 흡입압력 조정밸브(Suction pressure regulator)

저온냉동설비에서 냉각 초기일 때와 같이 흡입압력이 높으면 전동기가 과부하로 될 수 있다. 이 때 사용되는 것이 흡입압력 조정밸브라고 한다. 이 밸브는 압축기의 흡입압력이 일정압력 이상이 되면 흡입압력을 자동적으로 조정하는 것으로 직동식과 파일럿식의 두 종류가 있으며, 파일럿식에는 내부 파일럿 작동형과 외부 파일럿 작동형이 있다.

직동형과 내부 파일럿 작동형은 비교적 소용량의 것에 외부 파일럿 작동형은 대용량의 것에 쓰인다. 직동식 흡입압력 조정밸브의 작동은 정압식 자동팽창밸브와 거의 같으며, 내부 파일럿 작동형의 동작은 흡입압력이 설정치보다 낮은 경우 다이어프램에 걸리는 힘이 스

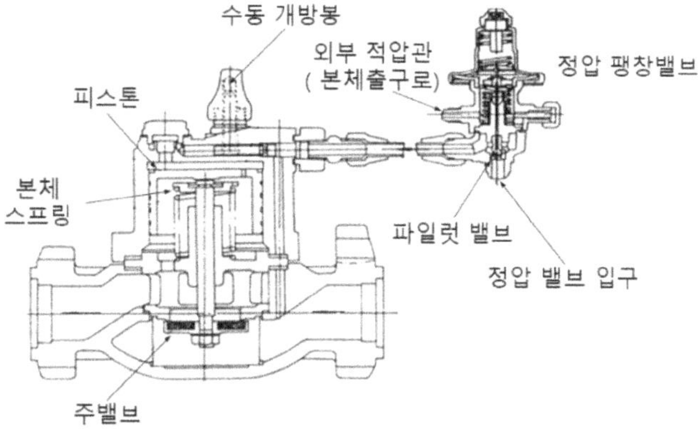

그림 8-6 외부 파일럿 작동식 흡입압력조정밸브

프링보다 작기 때문에 밀려 내려가 파일럿 밸브가 열려 계속하여 메인밸브(Main valve)가 열려있게 된다. 그러나 흡입압력이 높아지면 다이어프램이 밀어 올려져 파일럿 밸브가 닫히면서 메인 밸브가 닫히게 된다.

8.2.6 응축압력 조정밸브

공랭식 응축기를 채용한 냉동장치를 겨울철에 운전하면 차가운 공기 때문에 응축압력이 상승하지 않고 팽창밸브 전후의 차압(差壓)이 형성되지 않으므로 소요 냉매유량이 팽창밸브를 통과할 수 없어 냉동능력이 저하한다. 이를 방지하기 위하여 응축압력 조정밸브를 설치한다.

기온이 저하하여 수액기 내의 압력이 낮아지면 바이패스(By-pass)회로가 열려 압축기의 토출가스 일부가 응축기를 통과하지 않고 직접 수액기로 들어가 압력을 높여 주는 작용을 한다. 이와 같이 추운 겨울철에는 일시적으로 수액기에 있는 냉매만으로 냉매액을 공급해야만 하는 상황이 발생되므로 수액기 내와 보유 냉매량을 충분히 크게 해야 할 필요가 있다.

8.2.7 플로트 스위치(Float switch)

플로트 스위치는 냉동장치의 액면(液面)을 전기적으로 제어하는 장치로 널리 쓰이고 있다.

플로트 스위치는 하부가 플로트실이고 상부에는 영구자석, 수은스위치, 릴레이 등이 내장되어 있으며 모두 밀폐된 케이스에 수납되어 있다.

플로트실 내의 냉매액면이 상승하여 플로트의 위치가 상승하면 자기(磁氣)를 띤 플로트 봉도 올라가게 된다. 이로 인하여 릴레이 위에 있는 영구자석의 자장(磁場)밖으로 봉이 나오게 되어 스위치를 조정하여 전기회로가 열리게 된다. 반대로 플로트가 내려가면 전기회로가 닫히게 된다. 이와 같이 플로트의 상하작용으로 전기회로를 개폐하는 스위치가 플로트 스위치이다.

8.3 압력제어

압력 스위치는 고·저압의 이상을 조기 발견하고, 이상 발생 시 회로를 차단하여 압축기를 보호하는 역할을 한다. 종류는 다음과 같다.

① L.P.S(저압 차단 스위치) Low pressure switch :

L.P.S는 반드시 안전용으로서 사용하지는 않고 제어를 목적으로 사용

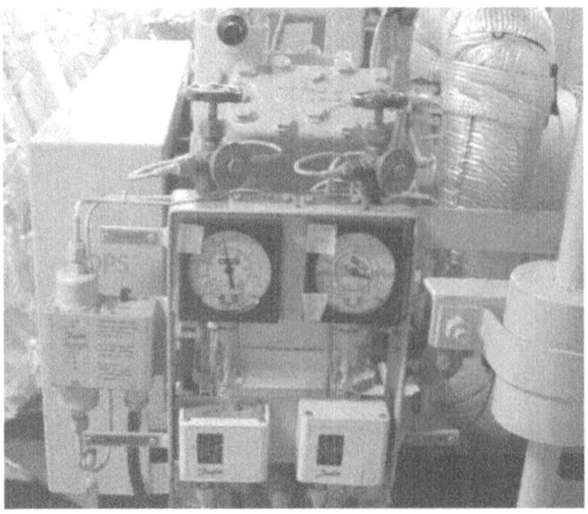

② H.P.S(고압 차단 스위치) High pressure switch :

H.P.S는 장치 내 이상 고압 발생 방지.

③ O.P.S(유압보호 장치) Oil pressure switch :

윤활유의 정상적인 공급을 위해 적당한 압력 유지 필요.

유압이 이상 저압이 되는 것을 방지.

④ D.P.S(고저압 차단 스위치): L.P.S와 H.P.S가 함께 있는 듀얼타입.

8.3.1 고압 스위치(High pressure switch)

압축기가 운전 중 응축기의 냉각이 여러 원인에 의하여 불충분하게 되거나 토출밸브의 개도(開度)부족 등의 원인으로 인하여 고압측 압력이 비정상적으로 높아졌을 때 압축기가 정지되도록 하는 스위치이다.

고압 스위치의 설정압력은 냉매의 종류에 따라 정해지며 그 압력은 누설시험압력 이하가 되도록 세팅되어 있다.

압축기의 토출(Discharge) 측 압력을 통해 압축기를 제어하며 토출압력(Discharge pressure) 설정값(Setting value)까지 상승하면 압축기를 정지(Cut out or Cut-off) 시킨다.

재기동 하려면 압력스위치(Pressure switch) 위쪽에 있는 작은 노브(Nob)를 눌러 리셋(Reset) 시켜줘야 한다. 제조사에 따라 자동 리셋(auto reset) 기능이 있는 고압 스위치도 있으나 냉동기의 운전상태 파악 및 안전상 수동 리셋 기능으로 주로 사용한다.

8.3.2 저압 스위치(Low pressure switch)

압축기 정지용(Cut-off)과 언로더용(Unloader) 2가지가 있다. 압축기 입구의 압력이 일정 압력 이하가 되면 압축기를 정지시키는 작용을 하며, 언로더용은 저압이 일정 압력 이하가 되면 언로더용 전자밸브가 작동하여 언로더 상태로 만들므로 일종의 용량제어장치이며 압축기 보호장치가 된다.

작동값(Cut-in value)과 편차값(Differential value)을 설정해 주면 압축기 흡입(Suction) 측의 압력에 따라 압축기를 자동으로 기동/정지시킨다.

8.3.3 고저압 스위치(High-low pressure switch)

이 압력스위치는 고압 스위치와 저압 스위치를 합한 것이며, 하나의 케이스 내에 각각 독립적으로 존재하고 접점 부분만 함께 모아 놓았다.

이것은 배관계통 내의 냉매압력에 의하여 냉동장치의 압축기 운전을 발정(發停)하는 것이며, 고압차단 측은 압축기의 토출압력에 의하여, 저압차단 측은 압축기 흡입압력에 의하여 작동한다. 즉, 토출압력이 이상히 높아졌을 때 또는 흡입압력이 이상히 낮아졌을 때 접점이 열려 압축기를 정지하는데 사용된다. 따라서 토출압력과 흡입압력 모두 정상이 아닌 경우에는 압축기의 운전은 불가능해진다.

고압스위치와 저압스위치를 함께 조합한 것으로 고압 스위치는 압축기의 토출 측 라인에 연결하여 고압측의 압력이 설정된 압력 이상이 되면 전기회로를 열어 압축기를 정지시키고, 고압으로 트립(Trip)이 되었을 경우 리셋 버튼(Reset button)을 눌러 주지 않으면 압축기를 기동할 수 없다.

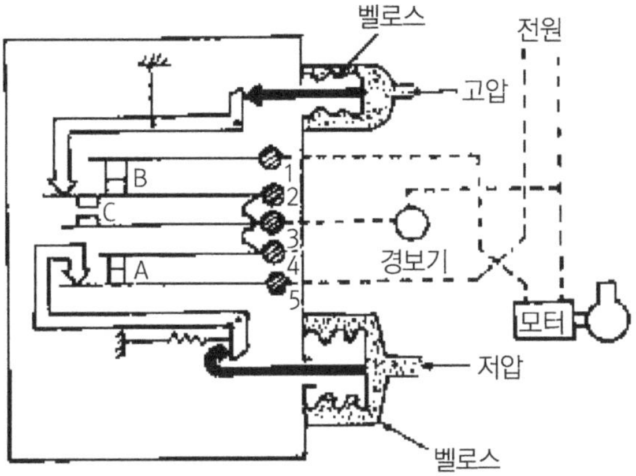

그림 8-7 고저압 스위치

저압 측의 압력이 운전 초기 설정치에 도달되면 압축기가 기동한다.

에어컨 압축기의 경우, 3개의 헤드(Head)에 총 6개의 실린더가 있다면 실린더 중 2개의 실린더(헤드 1개)만 부하(Loading) 상태로 되며 4개의 실린더는 무부하(Unloading)로 운전되는데 이때 흡입측 압력이 설정 압력 이하가 되면 회로가 열려 압축기는 정지된다.

(예시)

- CUT IN POINT : 4.7 BAR
- CUT OUT POINT : 4.0 BAR (CUT IN – DIFF.)
- H.P TRIP : 18 BAR

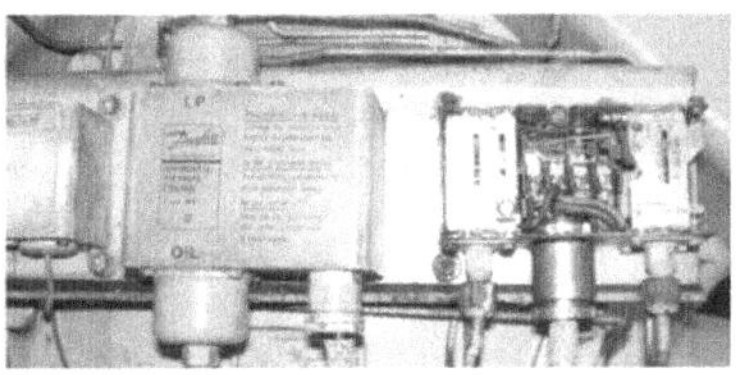

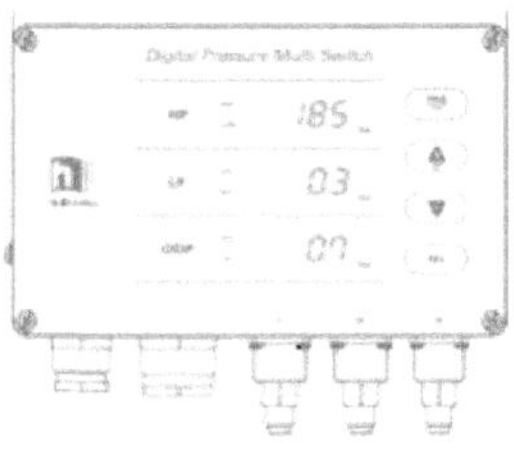

8.3.4 유압보호 스위치(Oil pressure switch)

강제 윤활방식의 고속회전 압축기에서는 정상적인 윤활유 공급이 매우 중요하다.

냉동기 운전 중 유압이 이상하게 저하했을 때는 즉시 압축기를 정지시키는 장치로써 유압보호스위치가 설치된다.

압축기의 베어링부에서 필요한 유압은 대기압과의 차이가 아니라 크랭크케이스 내의 압력과의 차이며, 그 차압의 대소에 의하여 급유효과가 달라지게 된다. 따라서 유압보호스위치는 유압과 흡입압력의 차압이 일정값 적어졌을 때 Off가 된다. 또한 유압펌프는 압축기와 연동되어 있는 것이 보통이므로 시동 시에는 유압이 형성되지 않아 운전이 불가능하게 된다. 이 때문에 유압보호스위치에 내장된 타이머가 부속되어 일정시간(60~90초)동안은 강제적으로 운전을 하고 그래도 유압이 상승하지 않으면 냉동기는 정지된다.

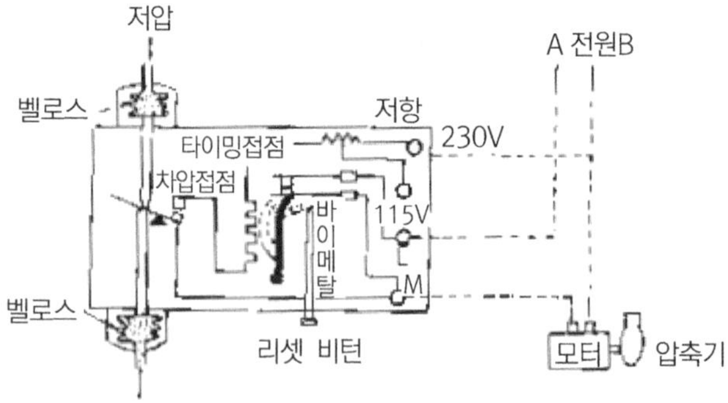

(바이메탈식)

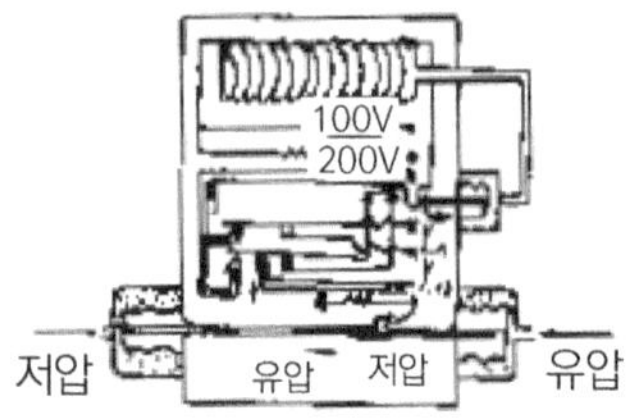

(가스통식)

그림 8-8 유압보호 스위치

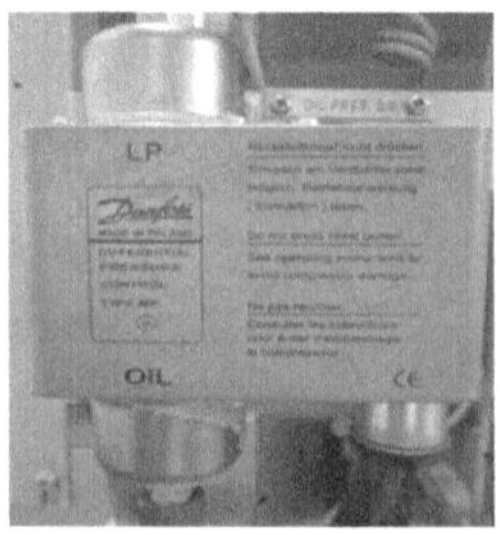

8.4 기타

HUMIDISTAT

냉장고 내의 공기가 일정한 습도를 유지하여 냉장물의 신선도를 유지하고,

특히 AIR CONDITIONER에서는 실내의 공기가 일정 습도조절을 유지하도록 하는데 사용하며, 대부분 0℃ 이상의 실온에서 작동된다.

OZONE GENERATOR

야채고에 설치되어 있으며 식품에서 발생되는 냄새를 제거한다.

9

냉동장치의 운전 및 보수

1편 냉동공학

9.1 냉동장치의 운전관리

9.1.1 응축압력과 증발압력의 변화

(1) 응축압력(압축기 토출압력)이 높아질 때

1) 응축압력의 상승 원인

① 응축기에 액냉매가 퇴적하여 전열면적이 감소할 때

② 응축기 냉각수량의 부족 및 냉각수온의 상승(공랭식인 경우는 송풍량 부족 및 외기 온도의 상승)

③ 응축기가 유막 또는 스케일에 오염되어 열전달이 저하될 때

④ 불응축 가스가 혼입될 때

⑤ 냉매가 과충전되었을 때 또는 부하가 증대할 때

2) 응축압력 상승시의 영향

① 압축비의 증대로 압축기의 소요동력이 증가하며 토출가스의 온도가 상승한다.

② 실린더의 과열로 오일이 열화 또는 탄화되며, 윤활 불량으로 피스톤링이 마모될 수 있다.

③ 체적효율의 감소로 냉동능력이 감소한다.

④ 냉동능력 당 소요동력이 증가하며 축하중이 증대한다.

3) 대책

① 냉각관을 깨끗이 세관한다.

② 가스퍼저를 작동하여 불응축가스를 제거한다.

③ 냉매 충전량과 부하 정도를 점검한다.

(2) 증발압력(압축기 흡입압력)이 낮아질 때

어떤 원인으로 인하여 응축압력이 일정한 상태에서 증발압력이 저하하는 원인과 영향 및 그 대책은 다음과 같다.

1) 증발압력 저하 원인

① 팽창밸브의 개도가 과소하거나 부하가 감소할 때

② 냉매 충전량이 부족할 때

③ 증발기 냉각관에 유막이나 적상이 되어 열전달이 저해될 때

④ 액관의 **플래쉬 가스(Flash gas)**가 발생할 때

⑤ 팽창밸브, 제습기 또는 여과망이 이물질 등에 의하여 막힐 때

2) 증발압력 저하 영향

① 압축기 흡입가스의 과열, 토출가스 온도 상승

② 압축비 증대로 냉동능력 당 소요동력이 증가한다.

③ 실린더 과열로 오일의 열화 및 탄화가 일어나며 윤활 불량으로 활동부가 마모한다.

④ 체적효율 감소로 냉동능력이 감소한다.

3) 대책

① 팽창밸브의 개도를 조절한다.

② 증발관의 제상 및 배유를 시행한다.

③ 냉매 충전량과 부하 상태를 점검한다.

④ 액관 방열 및 과냉각 등으로 Flash gas 발생을 방지한다.

⑤ 팽창밸브, 제습기 또는 여과망의 이물질을 제거

9.1.2 냉매가스의 온도와 압력

(1) 토출가스의 온도와 압력

압축기의 토출가스 압력은 냉매의 응축압력과 거의 같다고 하지만 실제로는 밸브나 배관 등의 저항에 의한 압력강하만큼 높다.

응축압력은 응축기에서의 냉각상태 즉 수냉식의 경우는 냉각수 온도와 유량, 공랭식의 경우는 냉각공기의 온도와 풍량, 증발식의 경우에는 주로 외기의 습구온도와 풍량에 따라 변화한다.

이미 설명한 바와 같이 토출가스 압력의 증가는 압축기의 압축비의 증가와 체적효율의 저하로 냉동능력이 감소하고 냉동능력 당 소요동력이 증가하여 경제 운전을 저해한다.

이 때문에 응축압력이 너무 높게 되지 않도록 적절한 냉각수(공기)량과 냉각수(공기)온도를 확보하고 전열면을 깨끗이 해야 하며 장치 내의 불응축 가스를 충분히 제거하여야 한다.

토출가스의 온도상승은 압축기의 과열운전을 초래하여 실린더가 과열되고, 체적효율의 저하, 윤활유의 탄화, 밸브, 실린더 라이너, 피스톤 베어링 소손 등의 손상을 일으키게 된다.

프레온 냉동기는 토출가스의 온도가 비교적 낮으나 암모니아 냉동기는 토출가스 온도가 비교적 높으므로 특히 유의해야 한다. 토출가스 온도가 130℃가 넘으면 앞에서 설명한 장애를 일으키므로 과열운전이 되지 않도록 해야 한다.

(2) 흡입가스의 온도와 압력

흡입가스의 압력은 증발압력과 대략 일치하며 증발기의 상태와 팽창밸브의 조절 등에 따라 변화한다. 흡입가스 압력이 낮아지면 압축비의 증대로 인하여 체적효율이 저하하고 이는 토출가스의 압력상승 때보다 더 많은 냉동능력을 감소시킨다. 흡입압력은 증발압력을 기준으로 하는데 증발압력은 피냉각물의 냉각온도에 따라 결정된다.

냉매의 증발온도와 냉각온도와의 차는 증발기의 크기에 관계가 있으며, 이 온도차를 적게 하면 증발압력을 높게 운전할 수 있으나 증발기가 커져 설비비의 증가를 가져온다. 따라서 설계조건에 정해진 증발압력으로 운전하는 것이 중요하다.

흡입가스 압력이 저하되는 원인은 다음과 같다.

① 피냉각물의 유량 과 온도가 내려갈 때

② 팽창밸브의 개도 부족, 증발압력 조절밸브의 조절 불량

③ 냉매 부족

9.1.3 액압축(Liquid compression)

기름 또는 액체 냉매가 실린더에 흡입되면 액압축을 일으키게 된다. 액체는 비압축성이므로 큰 압력이 생겨 격심한 충격음과 진동을 수반하는 **액 해머링 현상(Liquid hammering action)**이 발생하여 압축기를 파손시키는 원인이 되기도 한다.

암모니아의 경우는 소량의 액이 흡입되어도 압축기의 큰 능력 저하는 없으므로 과열운전을 피하는 방법으로 쓰이는 경우는 있으나, 다량으로 흡입되면 액압축되어 헤드 커버 혹은 매니폴드 밸브를 파손한 예가 있다.

흡입관 도중에 그림 9-1과 같은 U자관의 트랩이 형성되어 있을 때는 이곳에 고여 있던 기름이나 액이 일시에 흡입되어 액압축을 일으키게 된다. 따라서 흡입배관에 이러한 개소의 설치는 금물이다. 배관에서 이러한 작은 U자 트랩은 발견이 용이하나, 배관길이가 길어지는 경우 찾기 어려우므로 주의를 요한다.

압축기의 부하를 전환할 때는 일단 압축기의 흡입밸브를 조인 다음 전환하는 것이 원칙인데 이를 소홀히 하여 큰 사고를 일으키는 예가 있다.

그림 9-2는 이 때의 배관을 나타낸 것이다. 압축기의 흡입밸브를 조이지 않고 그대로 제빙운전에서 동결운전으로 전환했기 때문에 배관에 고여 있던 액이 순식간에 흡입되어 헤드 커버가 깨진 사고가 일어난 것이다.

액 해머링 현상(Liquid hammering action)이 일어날 경우, 압축기를 정지시킨 후 워터 재킷의 냉각수를 빼내고, 크랭크 케이스를 가열하여 액냉매를 증발시킨 다음, 오일 교환의 과정을 거쳐 재운전하며 액 해머링 현상의 정도가 클 경우 압축기의 파손 여부를 확인한다.

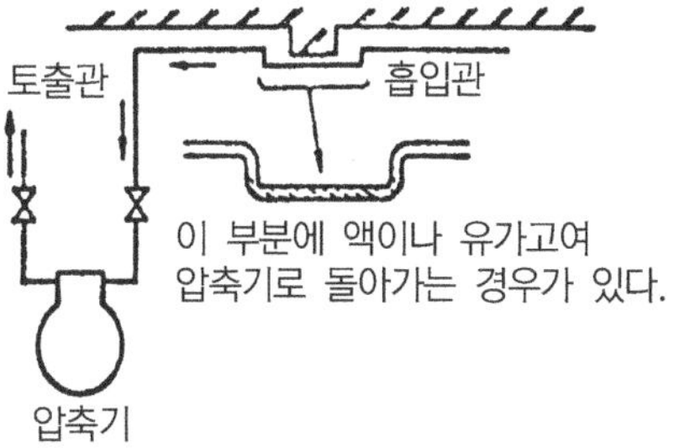

그림 9-1 액압축을 일으키는 U자 트랩

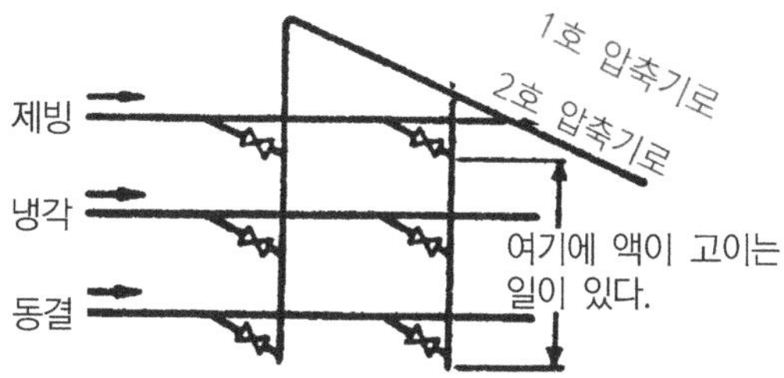

그림 9-2 전환헤더

9.1.4 불응축 가스

응축기에서 액화되지 않는 가스를 발하며, 불응축 가스가 냉매계통에 혼입되면 불응축 가스의 분압만큼 응축압력이 높아지므로 토출가스 온도를 상승시켜 실린더가 과열되고 윤활유가 열화·탄화되고, 축마력을 증가시켜 냉동능력을 감소시키는 등 여러 가지 장애를 일으킨다.

불응축 가스가 혼입되는 이유는 다음과 같은 것이 있다.

① 냉매충전 전에 계통 내의 진공이 불충분하여 잔류공기가 남아 있는 경우 또는 윤활유 중에 공기가 혼입되어 있는 경우

② 냉매나 윤활유가 분해하여 불응축 가스를 생성한 경우

③ 흡입가스 압력이 대기압보다 낮아져 공기가 누입된 경우

불응축 가스의 혼입 여부는 냉각수 온도에 상당하는 냉매의 포화압력과 응축기 압력을 비교하여 응축압력이 높으면 불응축 가스가 혼입한 것으로 판단할 수 있다.

9.1.5 윤활유의 상태

각종 기기의 운전에서 윤활은 가장 중요한 요소이다.

압축기의 윤활 방법을 크게 나누면 오일펌프를 이용하는 강제급유법과 크랭크 샤프트의 회전을 이용하여 기름을 쳐올리는 비산식 급유법이 있다. 강제급유법은 고속 다기통형이나 대형 압축기에 사용되며, 비산식은 비교적 소형의 것에 사용된다.

압축기 운전 중 윤활유와 관련한 다음 사항에 유의하여야 한다.

① 윤활유를 너무 많이 충전한 경우 유면이 상승하여 **오일 포밍(Oil foaming)** 현상을 일으키기 쉽고 또한 운동부에 접촉하면 유적이 크랭크 케이스를 타격한다.

② 윤활유에 수분이 혼입되면 기름을 유화시켜 윤활을 저해한다.

③ 압축기의 크랭크 케이스가 진공이 되면 오일펌프의 유흡입이 저해되어 충분한 유량확보가 어렵게 된다.

④ 유분리기에서 응축된 냉매가 크랭크 케이스로 돌아가거나, 정지 중에 냉매가 용해함으로써 기름이 희석되어 점도가 저하됨과 동시에 기동 시 또는 운전 중에 오일 포밍(Oil foaming)이 일어나고 기름이 실린더에 흡입되어 계통 내로 들어간다.

⑤ 장기간 정지 후 급격한 진공 운전을 할 때 윤활유 중에 냉매가 용해된 상태에서 기동하여 진공에 가깝게 되면 냉매가 급격히 비등하여 유면에 거품이 생기면서 오일 포밍(Oil foaming) 현상이 일어나고 실린더에 흡입되어 계통 내에 기름이 들어가게 된다. 이로 인하여 열교환기의 더러움이나 기름흡입을 일으키게 되며, 과다할 경우 오일 해머링(Oil hammering) 현상이 발생할 수 있다.

9.1.6 플래시 가스(Flash gas)

냉매액은 팽창밸브를 지나 증발기에서 증발하는 것이 정상이나 응축기와 팽창밸브 사이의 관에서 냉매액이 증발하는 현상이 발생할 수 있다. 이 가스를 **플래시 가스**라고 한다.

액관 내에 플래시 가스 또는 증기가 존재하면 이들이 팽창밸브를 통과할 때 팽창밸브의 능력을 현저히 감소될 뿐만 아니라 흡입가스의 과열로 압축기 토출가스 온도가 상승하여 윤활유와 장치에 여러 가지의 악영향을 미치므로 압축기 운전 중에는 액관에 가스냉매가 흡입되지 않도록 응축기 또는 수액기 저부에 적당량의 액체 냉매를 저장하여 리퀴드 씰(Liquid seal)이 되도록 최저액면을 유지해야 한다.

냉매액 충전량을 확인하기 위하여 응축기 본체에 **사이트 글라스(Sight glass, 검사 유리창)**를, 수액기 또는 응축기 액출구 밸브 근처에 **리퀴드 아이(Liquid eye, 기포 관찰 창)**를 설치한다.

플래시 가스(Flash gas)의 발생원인은 다음과 같다.

① 액관이 직사광선에 노출되거나 방열하지 않고 따뜻한 곳을 지날 때
② 액관이 지나치게 길거나 액관밸브, 전자밸브, 드라이어, 스트레이너 등의 원지름이 작거나 막힌 경우
③ 응축온도가 지나치게 낮을 때
④ 배관 부속 부품에 의하여 큰 압력손실이 발생할 때

9.1.7 토출밸브의 누설

토출밸브의 누설은 압축기 성능에 큰 영향을 미친다. 토출밸브가 파손 또는 누설하고 있을 때는 압축기 정지 직후 급속하게 흡입압력이 상승하며 그 비율이 매분 0.3 kgf/cm^2 이상이 되면 토출밸브를 검사 또는 교환하여야 한다.

이와 같이 판단하기 전에 반드시 흡입압력이 상승하는 다른 원인 즉, 팽창밸브, 액관 전자밸브(Solenoid valve), 유분리기의 반유밸브의 누설이 아닌지 확인할 필요가 있다. 이와 같은 때에는 전 장치를 펌프다운할 필요가 없고 압축기만 정지하면 된다.

9.2 냉동장치의 보수

9.2.1 응축기의 세정

냉각수의 수질이 나쁘면 응축기의 전열면이 오염되어 열전도율이 저하되므로 주의하여야 한다. 냉각관을 청소하는 방법은 와이어 브러시(Wire brush), 워터건(Water gun), 증기세정(Steam cleaner)을 이용하는 방법과 화학세정법 등이 있다.

브러시를 이용하여 냉각관 내의 이물질을 제거하고 워터건으로 깨끗한 청수를 분사하여 이를 제거하며, 증기세정 방법은 4~6 kgf/cm^2 압력의 증기를 세정제 수용액과 함께 코일에 불어넣어 응축기 내를 세정하는 방법이다.

응축기 중 기계적으로 청소할 수 없는 부분에는 화학세정법을 사용하여야 한다. 화학세정법에는 세정액을 응축기에 채워 세정시키는 정치법(靜置法)과 이를 순환펌프로 순환시키는 순환법이 있다. 세정이 끝나면 냉각수 계통의 액을 완전히 배제한 다음 쿨링타워에 청수를 보급하여 순환수펌프를 이용하여 물로 씻어 낸다. 5분 정도씩 3~4회 물을 새로 바꾸어서 수세를 반복하는 것이 좋다.

화학적 세관에는 일반적으로 관내의 윤활유를 제거하기 위하여 R-11, 물때를 제거하기 위하여 묽은 염산 또는 쿨민을 많이 사용한다. 세정작업의 효과는 세정 중에 나오는 물때의 정도로 확인할 수 있으며, 효과는 응축기 출구 냉각수온의 상승, 냉각수 계통의 압력감소 또는 압축기 출구의 냉매가스 압력의 감소 등으로 나타난다.

9.2.2 사이트 글라스 및 드라이어의 취급

(1) 사이트 글라스(리퀴드 아이, Liquid eye)

냉매가 과충전되는 경우 냉매의 용해에 의하여 윤활유의 발포현상이나 액압축이 일어날 수가 있다. 이를 방지하기 위하여 냉매액관 중에 사이트 글라스를 설치하여 냉매 봉입 적정량을 확인하는 것이 좋다.

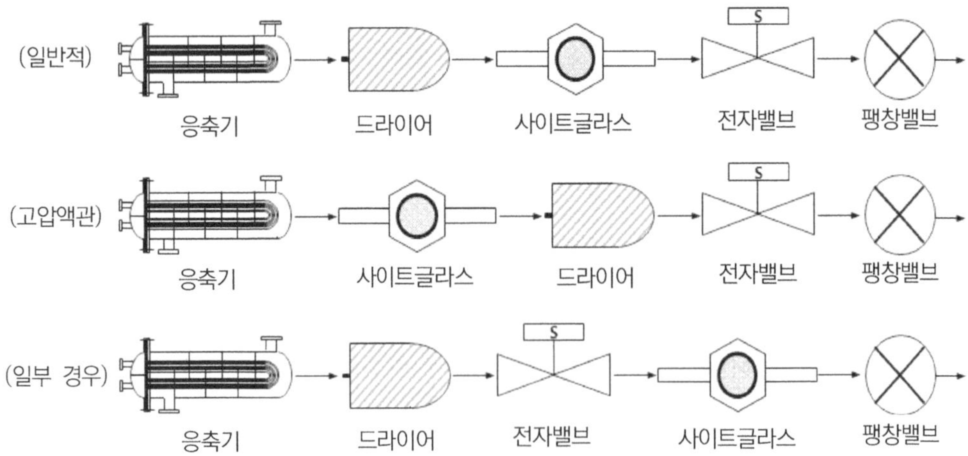

그림 9-3 사이트 글라스 설치위치

사이트 글라스는 그림 9-3과 같이 수액기와 팽창밸브 중간에서 수액기에 가장 가까운 곳에 드라이어와 함께 설치한다. 설치 위치는 일반적으로 응축기(수액기)-드라이어-사이트 글라스-전자밸브-팽창밸브 순서로 설치한다. 고압액관의 경우 드라이어 전단에 설치하며, 일부 경우에 따라 팽창밸브 전단에 설치하기도 한다. 압축기를 운전하여 냉매를 충전하기 시작하면 처음에는 다량의 기포가 사이트글라스에 보이나 점차 기포량이 적어져 마침내 기포가 없어져 액체만 흐르게 된다. 이때가 적정한 냉매량이 충전된 때라고 할 수 있다. 이러한 이유로 사이트 글라스를 **리퀴드 아이(Liquid eye)**라 불린다. 압축기를 운전하여 냉매를 충전하기 시작하면 처음에는 다량의 기포가 사이트글라스에 보이나 점차 기포량이 적어져 마침내 기포가 없어져 액체만 흐르게 된다. 이때가 적정한 냉매라 불리며, 내부 상부면에는 **습도지시기**가 포함되어 있다. **냉매가 습기를 포함하고 있으면 녹색에서 노란색으로 색이 변한다.**

(2) 드라이어 사용상의 주의사항

드라이어의 밀봉이 불완전한 때에는 그 역할을 하지 못할 뿐만 아니라 냉매에 수분을 혼입시키는 현상이 발생되어 도리어 유해한 결과를 가져오므로 사용 전에 재건조하여야 한다.

냉동장치 내에 수분이 침투하는 원인은 다음과 같다.

① 진공 작업의 불충분으로 수분이 잔류할 수 있다.

② 냉매나 오일 충전 작업 시의 부주의

③ 수리, 정비, 설치 시의 부주의

④ 개방형의 경우 저압측의 진공운전 시 외기가 침입할 때이며 장치 내에 수분의 침입에 의하여 팽창밸브의 폐쇄(프레온 냉매), 증발온도의 상승(암모니아), 유탁액 현상(암모니아), 동(銅)부착현상(프레온)이 발생하며 윤활유의 열화가 촉진된다.

9.3 냉동장치의 각종 시험

냉동장치의 시험은 **내압시험 → 기밀시험 → 누설시험 → 진공시험** 순으로 실시한다.

9.3.1 내압시험

내압시험은 압축기, 부스터(Booster), 압력용기, 밸브 등 냉동장치의 배관을 제외한 구성기기에 대하여 개별적으로 실시하는 시험으로, 이들의 내압강도를 시험하기 위하여 공장에서 실시한다.

상용압력 이상의 압력으로 시험하기 때문에 작업의 안전을 확보하여야 한다. 내압시험 시 가스를 이용하는 경우 내압시험 중 기기가 파손될 때 대형 사고를 초래할 수 있으므로 액압(液壓)시험을 원칙으로 한다.

시험압력은 최소 누설시험압력의 15/8 배 이상의 압력으로 실시하며, 피시험품의 각부에 누설, 변형, 파괴 등이 없는 것을 합격된 것으로 한다.

9.3.2 기밀시험

기밀시험은 내압시험을 실시한 압축기, 부스터, 압력용기, 밸브 등 냉동장치의 배관을 제외한 구성기기에 대하여 개별적으로 실시하고 일반적으로 내압시험에 합격한 부품을 연속하여 실시한다.

이 시험은 기기의 누설여부를 쉽게 확인할 수 있도록 가스압 시험으로 하며 주로 제작공장에서 시험된다.

시험에 사용하는 압축가스는 공기 또는 비독성·불연성가스(탄산가스, 질소가스)를 사용하여 작업의 안전을 도모한다. 산소는 사용하지 말고, 암모니아 냉동장치의 경우에는 탄산가스를 사용하지 않는다.

공기압축기를 이용하여 압축공기를 공급하는 경우에 고온의 공기(140℃ 이상)를 주입하지 말고, 공기 중에 수분이나 이물질이 혼입되지 않도록 압축기의 흡입측에 드라이어 또는 필터를 설치해야 한다.

피시험품 내의 가스압력을 최소 누설시험압력의 5/4배 이상 유지한 다음 수조 내에 넣어 기포가 발생하는지 여부를 확인하거나, 또는 외부에서 비눗물 등 발포액을 발라서 거품이 일지 않는 것으로 누설이 없는 것을 확인한다.

또한, 가스 중에 프레온 가스를 혼입시켜 가스누설검지기를 이용하여 검사할 수도 있다.

9.3.3 누설시험

냉매 배관공사를 완료 시, 방열공사 및 냉매를 충전하기 전에 냉매배관의 전 계통에 대하여 설계압력(기밀시험압력)의 90%의 압력으로 누설시험을 하여야 한다. 이 시험은 진공시험으로 최종적인 기밀을 확인하기 전에 누설 개소를 발견하여 완전 기밀을 확인하는 것이 목적이므로 누설 개소가 없어질 때까지 몇 번이고 실시할 필요가 있다.

누설시험에는 압축용기에 충전된 탄산가스, 질소가스를 사용하거나 시험용 공기압축기를 사용하여 가압한다. 가압 시 산소 또는 아세틸렌가스 등의 가연성 가스 또는 독성 가스를 사용할 수 없다.

공기압축기를 이용하는 경우는 압축기의 흡입측에 필터와 드라이어를 설치하여 이물질이나 수분의 흡입을 막도록 해야 한다. 또한 누설시험은 고압측과 저압측으로 분리하여 시험해야 한다.

9.3.4 진공시험

누설시험에 의하여 냉매계통의 완전한 기밀을 확인한 후 계통 내를 진공 건조함으로써 공기 등 불응축 가스를 배제하고 계통 내의 수분을 완전히 배제할 필요가 있다.

이 작업은 냉매를 충전하기 전에 장치의 배관시공이 완료되었을 때 마지막으로 행하는 중요한 작업이며, 프레온 냉동장치에서는 필수 불가결한 작업이다. 이 시험을 얼마나 충실하게 하였는가가 냉동장치 운전에 큰 영향을 미친다.

9.4 냉매가스의 누설검지

냉매의 화학적 성질을 이용하여 시스템에서의 누설을 검출하며 그 방법은 냉매의 종류에 따라 다르다.

9.4.1 냉매가스의 누설검지법

(1) 암모니아

냄새로 암모니아 가스의 누설을 알 수 있다. 유황을 섞어서 꼬아 놓은 실을 누설개소에 접근시켜 태우면 흰 연기가 발생한다. 또한 젖은 **페놀프탈레인 용지**를 누설개소에 대면 같은 붉은색으로 변한다(**리트마스 용지**는 청색으로 된다).

물 또는 브라인에 암모니아가 누설하고 있을 때에는 물이나 브라인의 시료를 가열하여 그 위에 젖은 페놀프탈레인 용지를 대어보면 같은 붉은색으로 된다.

세밀한 검지법은 **네슬러(Nessler)시약**을 사용하는 방법으로써 시료에 몇 방울 떨어뜨리면 암모니아 양이 많지 않은 경우에는 노란색으로 되고 다량으로 암모니아가 누설하면 적갈색으로 된다.

(2) 프레온계 냉매 및 메틸클로라이드

가스가 누설할 만한 곳에는 **비눗물**로 검사한다. 조인트, 연결부, 밸브 등에 기름이 누설되어 있으면 냉매가 누설하고 있다고 의심해도 좋다.

폭발의 위험이 없을 때에는 **할라이드 토치(Halide torch)**를 사용한다.

누설이 없는 경우 **청색**의 불꽃 반응을 보이나, 누설개소에서는 불꽃이 **녹색**으로 되고 다량으로 누출하고 있으면 **자색**으로 변한다.

또한 미소량이 누설하고 있으면 할로겐 누설검지기를 이용한다. 이 할로겐 검지기로 검지할 수 없으면 누설이 없는 것으로 볼 수 있다.

(3) 아황산가스

냄새로 누설을 알 수 있다.

26%의 **암모니아수**로 배관을 검사하면 누설개소에 흰 연기가 발생한다. 암모니아수를 배관에 접촉시키면 부식의 염려가 있으므로 접촉을 피한다.

9.4.2 냉매가스 누설검지장치

(1) 할라이드 토치(Halide torch)

할라이드 토치를 사용하기 위해서는 그림 9-4에 나타낸 바와 같이 먼저 밑 덮개를 풀어내고 연료통에 무수(無水) 알코올을 주입한다. 그러면 알코올은 통 내의 목면등심(木綿燈心)에 침투된다. 알코올이 충분히 이 등심에 침투되면 밑 덮개를 닫고, 화재를 예방하기 위하여 외부에 흘린 알코올을 완전히 닦아 낸다.

다음에 약 절반 정도의 알코올을 넣고 점화하면 이 알코올의 연소에 의하여 생긴 열로 연료통 내의 등심에 침투한 알코올이 가열되어 그 증기압이 상승한다. 대체로 가열용기 내의 알코올이 거의 다 탔을 때 조정밸브의 핸들을 1/4~1/2 회전시켜 밸브를 열면 압력이 높은 연료통 내의 알코올 증기가 공기와 혼합하여 노즐로부터 분출된다. 이 분출된 혼합기체에 점화하면 불꽃을 내면서 연소하므로 불꽃이 너무 커지지 않도록 조정밸브로 조절한다.

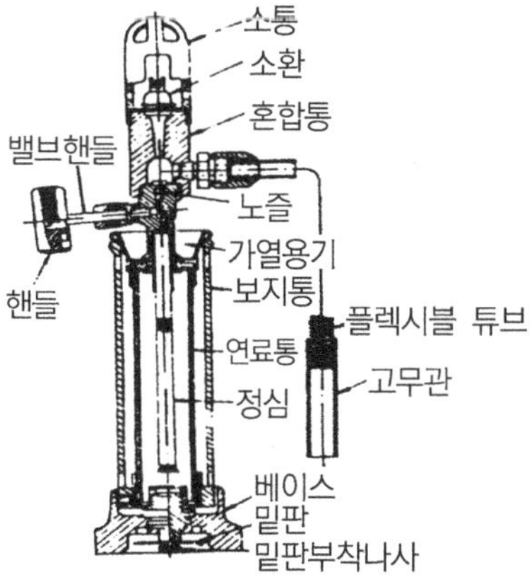

그림 9-4 할라이드 토치

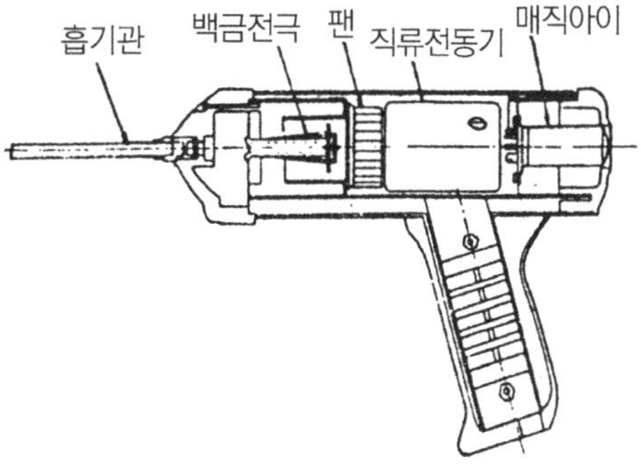

그림 9-5 할로겐 누설검지기

이 할라이드 토치에 붙어 있는 흡기관의 선단(先端)을 프레온 가스의 누설개소에 가져가면 흡기관 내로 흡입된 누설가스는 화재환(火災環)에서 할로겐화 동으로 되어 불꽃이 **녹색**으로 된다.

프레온가스의 농도가 짙을 때는 불꽃은 **자색**으로 된다. 이때 불꽃조정밸브를 작게 해 놓는 것이 누설가스를 검출하는데 편리하다. 그리고 불꽃에 한 번 색이 생기면 좀처럼 색이 없어지지 않으므로 누설가스가 없는 곳에서 불꽃을 크게 하여 불꽃의 색이 없어진 후 다시 불꽃을 작게 하여 검지해야 한다.

(2) 할로겐 누설검지기

이 검지기는 할라이드 토치보다 더 **미량의 누설가스**를 검지하는 장치로서 누설량이 많으면 상당히 멀리 떨어진 곳에서도 검지기가 작동하여 누설을 알 수가 있다.

따라서 할라이드 토치로 다량의 누설을 검지하고 누설량이 미소량일 때는 할로겐 누설검지기를 사용하면 좋다.

이 검지기는 2극관식의 적열백금전극(赤熱白金電極)에 할로겐화합물의 증기가 접촉되면 순간적으로 큰 양이온 전류가 흐르는 현상을 응용한 것이다.

그림 9-5와 같이 원통전극과 동축(同軸)에 있는 백금 필라멘트를 공기 중에서 적열상태로 가열하여 필라멘트를 양극, 원통전극을 음극으로 하여 직류전압을 가하면 필라멘트로부터 수 μA의 양이온 방사가 일어나는데 이 경우 전극간극에 할로겐화합물 증기가 들어가면 그 양이온 방사는 순간적으로 수십 배 증가하게 된다.

이 양이온 전류를 증폭하여 전류계가 흔들리게 하거나 소리가 나게 하면 할로겐을 포함한 냉매의 누설을 검출할 수가 있다.

누설가스 흡입구 속의 금속필터는 사용 후에 용제로 깨끗이 청소하여 먼지나 이물질이 없도록 해야 한다. 또한 할로겐 누설검지기 사용 중에는 약 800℃로 가열되므로 폭발성 또는 가연성 가스가 있는 곳에서는 사용을 금지해야 한다.

(3) 전자식 냉매 누설 탐지기

최근 가스 측정 기술의 발달로 가스 탐지 반도체 센서를 이용한 전자식 냉매 누설 탐지기를 주로 사용하고 있다.

단, 냉매의 종류에 따라 탐지기의 사용이 제한적이다. 그림은 모든 할로겐족의 냉매 가스 탐지가 가능한 탐지기이다. 그림은 R-11, R-12, R-500, R-503, R-134a, R-123, R-124, R-502, R-22, R-404a, R-125 등을 탐지할 수 있는 전자식 냉매 누설 탐지기의 예이다.

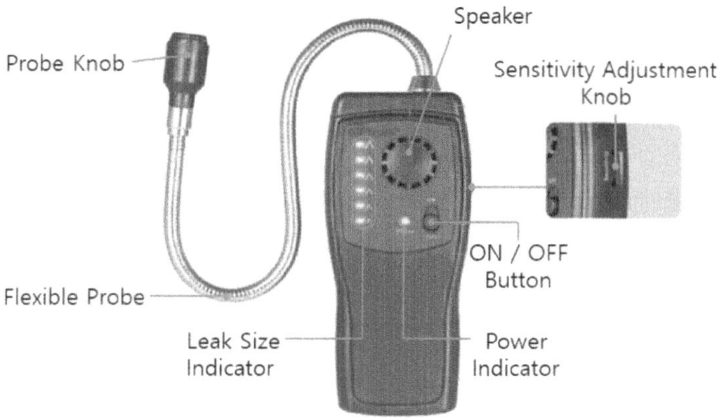

그림 9-6 전자식 냉매 누설 탐지기

9.5 냉동장치의 운전

냉동장치를 운전하기 전 준비해야 할 사항과 정지순서 그리고 펌프다운 시 유의사항은 다음과 같다.

9.5.1 운전 준비사항

① 냉매량과 압축기의 윤활유 레벨이 적정한지 체크한다.

② 응축기와 유냉각기의 냉각수 밸브를 연다.

③ 압축기의 흡입측, 토출측 밸브를 전개한다.
흡입측 냉매배관 중에 액냉매가 고여 있을 우려가 있는 경우, 액백(Liquid back)의 우려가 있는 경우에는 흡입측 밸브를 전폐 상태로 둔다.

④ 압축기와 모터 축이 자유스럽게 회전하는지, 벨트의 장력은 충분한지, 커플링의 상태는 양호한지 확인한다.

⑤ 전기결선, 절연저항, 전자밸브의 작동을 확인한다.

⑥ 냉각수 펌프를 작동하여 응축기 및 실린더 재킷(Cylinder jacket)의 통수를 확인한다.

⑦ 전동기를 수초 간격으로 2~3회 발정시켜 상태를 확인한다.

9.5.2 운전 정지 순서

① 팽창밸브 직전의 밸브를 닫는다.
냉매가 응축기 또는 수액기에 회수되어서 흡입가스 압력이 프레온 냉매의 경우 정상보다 게이지 압력으로 1~1. 5kgf/cm^2 이하, 암모니아에서는 0 kgf/cm^2 이하가 되어서는 안 된다. 이는 장치에 누설부가 있을 경우 공기가 누입되기 때문이다.

② 압축기의 토출측 스톱밸브(Stop valve)를 전폐한다.

③ 유분리기의 오일 리턴 밸브(Oil return valve)를 전폐한다.

④ 겨울철에 동파의 위험을 방지하기 위하여 응축기, 실린더 재킷(Cylinder jacket)의 냉각수를 차단시킨다.

9.5.3 냉동장치의 펌프다운(Pump down)

냉동장치의 점검, 수리 등을 위하여 냉매계통을 개방하고자 할 때는 계통내의 냉매를 응축기 또는 수액기로 회수하여 작업 시 안전을 도모하고 냉매의 손실을 피해야 한다.

이를 **펌프다운(Pump down)**이라 부르며 일반적인 유의사항은 다음과 같다.

① 저압측의 냉매를 전부 수액기로 회수한다. 저압측과 압축기 내의 압력은 0.1 $kgf/cm^2 \cdot g$ 정도의 압력을 남겨둔다. 더 낮아질 경우 공기의 흡입으로 수분으로 인한 부식의 염려가 있기 때문이다.

② 밸브류의 그랜드는 꼭 조여 둔다. 액봉(液封)이 되지 않도록 한다.

③ 동파를 방지하기 위하여 냉각수는 완전히 배제한다.

④ 전누설개소를 체크하여 수리해 둔다.

10

공기조화의 개요

2편 공기조화

공기조화(空氣調和: Air conditioning)는 어느 일정한 장소의 공기온도, 습도, 청정도, 기류분포 등을 사용 목적에 따라 적합한 상태로 유지하는 것을 말한다.

눈부신 산업발전과 제품의 초정밀화 그리고 생활의 질이 향상됨에 따라 현재는 생활과 산업의 여러 분야에서 공기의 온도, 습도 및 공기의 질을 제어하는 것이 필수적으로 되었으며, 이에 따라 공기조화기기의 발달은 비약적으로 이루어지게 되었다.

공기조화에서 중요시되고 있는 요소는 건강과 작업에 대한 쾌적성, 제어환경에 대한 필요성, 공기 질에 대한 중요성 및 시스템 작동의 효율성 등이 있으며 이들에 대하여 꾸준한 연구와 개발이 이루어지고 있다.

10.1 공기조화의 정의

공기조화는 일정한 장소의 공기상태를 사용 목적에 따라 적절한 상태로 유지하는 것을 말한다.

① **온도** : 냉방 또는 난방으로 공기온도와 분포상태를 제어한다.
② **습도** : 제습 또는 가습으로 공기습도와 분포상태를 제어한다.
③ **청정도** : 공기의 신선도를 유지하며, 공기 중에 포함된 오염물질(박테리아, 먼지, 냄새, 유해가스 등)을 제거한다.
④ **기류 분포** : 쾌적성을 높이기 위하여 공기의 유동상태를 제어한다.
⑤ **복사** : 벽면이 미치는 복사효과를 제어한다.

이중에서 **온도, 습도, 청정도, 기류분포**를 **공기조화 4대 요소**라 하며 **복사**를 포함하여 **5대 요소**라고 하기도 한다.

공기조화는 그 대상에 따라 다음의 두 종류로 나뉜다.

주택, 병원, 호텔, 백화점, 극장, 사무실 등과 같이 실내의 사람이 쾌적한 상태에서 능률적으로 일을 할 수 있도록 실내의 공기상태를 조절하는 **보건용 공기조화법(Comfort air conditioning)**과 제품의 생산 혹은 물품저장을 목적으로 항온·항습이 요구되는 곳에 이용되는 **공업용 공기조화법(Industrial air conditioning)**이 있다.

인체에 해가 되지 않는 오염물질의 한계농도를 **서한도(恕限度)**라고 하며 보건용 공기조화 기준은 다음과 같다.

① **먼지** : 0.15 mg_f/m^3

② CO_2(**탄산가스**) : 대기 중의 농도가 보통 0.03~0.04%이지만 허용농도는 1,000 ppm(0.1%)이다.

③ CO(**일산화탄소**) : 담배연기, 자동차 배기가스 및 불완전 연소에 의하여 발생한다. 허용농도는 10 ppm(0.001%)이다.

④ **상대습도** : 40% 이상 70% 이하

⑤ **기류의 이동속도** : 0.5 m/s 이하

⑥ 서한도와 오염물질 발생량을 알 때 실내에 도입하여야 할 **외기 도입량** V [m^3/h]은

$$V \geq \frac{x}{C_a - C_o} \quad [m^3/h]$$

여기서 x 는 실내의 오염물질발생량 [m^3/h]

C_a 는 오염물질의 서한도 [m^3/m^3]

C_o 는 외기의 CO_2 함유량 [m^3/m^3] 이다.

10.2 공기조화 설비의 구성

공기조화 장치는 다음과 같이 크게 나눌 수 있다.

1) 공기조화기(AHU : Air handling unit)

공기조화기는 하나의 세트로 되어 있으며 내부에 **공기냉각기(CC : Cooling coil)**, **공기가열기(HC : Heating coil)**, **에어필터(AF : Air filter)**, **가습기(Humidifier)**, **감습기(Dehumidifier)**, **송풍기(Fan)** 등이 설치되어 있다.

2) 열 운반장치

송풍기(Fan), 덕트(Duct) 등과 같이 기계실로부터 각 실로 차가운 공기 또는 따뜻한 공기를 운반하는데 사용한다.

3) 열원장치

냉동기, 보일러, 냉각탑을 말하며 이들과 공조기를 연결하기 위한 각종 배관과 펌프를 말한다.

4) 자동제어 장치

실내의 온도·습도조건을 일정하게 유지하며, 장치의 경제적 운전을 도모하기 위한 장치이다.

일반적인 공기조화 장치의 계통도는 다음 그림 10-1과 같다.

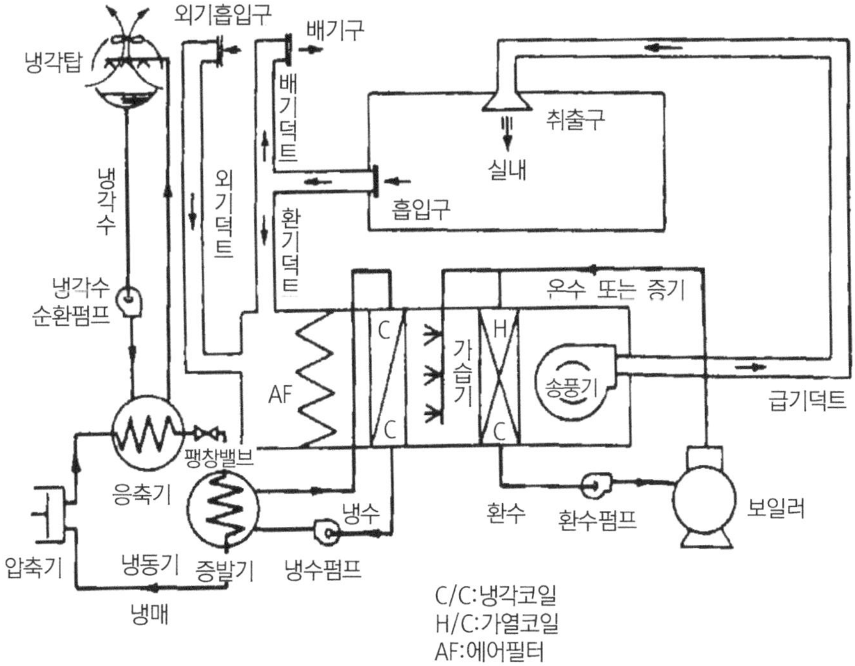

그림 10-1 공기조화 장치의 계통도

11

공기의 성질

2편 공기조화

11.1 공기의 종류

공기는 수분을 포함하지 않는 **건공기** 그리고 자연계에 존재하는 **습공기**와 **(불)포화공기, 무입공기** 등으로 구분할 수 있다.

11.1.1 건조공기(Dry air)

수분을 전혀 포함하지 않는 공기를 건공기라고 하며 건조공기는 자연계에 존재하지 않는다. 건조공기는 체적비로 질소 78.1%, 산소 20.93%, 아르곤 0.933%, 탄산가스 0.03%, 네온 1.8×10^{-3}%, 헬륨 5.2×10^{-4}% 등으로 이루어져 있으며 상태량은 다음과 같다.

평균분자량(m) : 28.964

기체상수(R) ; 29.27 $kgf \cdot m\,/\,kgf \cdot K$

비중량 : 1.293 kgf/m^3 (20℃일 때 1.2 kgf/m^3)

비체적 : 0.7733 m^3/kgf (20℃일 때 0.83 m^3/kgf)

11.1.2 습공기(Moisture air)

공기 중에 수분을 포함하고 있는 공기를 습공기라고 하며 자연계의 공기는 전부 습공기이다. 공기 중의 수분은 온도와 함께 인체에 미치는 영향이 크므로 공기조화를 행할 때는 온도와 습도의 조절이 필요하게 된다.

상태	건조공기	+	수증기	=	습공기
중량	1 $[kgf]$	+	χ $[kgf]$	=	$(1+\chi)$ $[kgf]$
분압	P_a(건조공기 분압)	+	P_w(수증기 분압)	=	P(습공기 전압)
체적	$V_a\,[m^3]$	+	$V_w\,[m^3]$	=	$V[m^3]$

11.1.3 포화공기(Saturated air)

공기 중에 있는 수증기량은 미소한 양이지만 그렇다고 무제한으로 공기 중에 포함될 수는 없다. 공기 중에 포함된 수증기량은 공기의 온도와 압력에 따라 변하며 최대한의 수증기를 포함한 공기를 **포화공기(Saturated air)**라고 한다.

포화상태에 이르지 못한 습공기를 **불포화공기(Unsaturated air)**라고 하며 실제의 대부분의 공기는 불포화공기이다.

공기의 온도가 상승하면 포화압력도 상승하여 공기는 보다 많은 수분을 함유할 수 있게 되며, 온도가 내려가면 공기가 함유할 수 있는 수증기의 한도는 낮아져 포화압력은 내려간다. 어느 압력에서 포화공기를 가열 또는 냉각시켰을 때의 상태변화를 그림 11-1에 나타냈다.

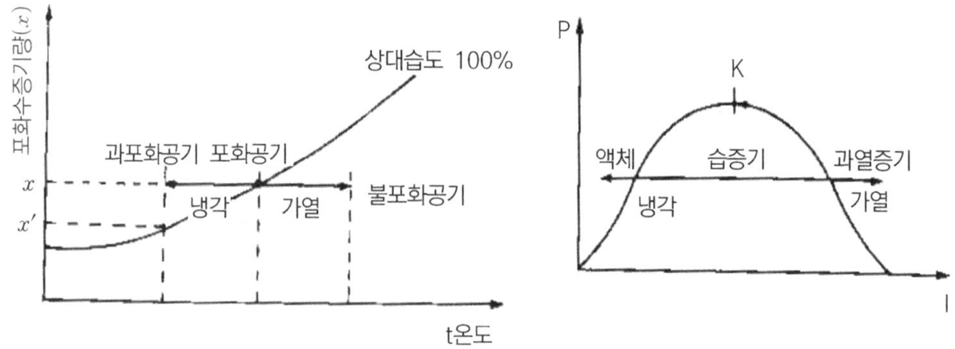

그림 11-1 포화공기의 상태변화

11.1.4 무입공기(霧入空氣 : Fogged air)

위의 그림에서 t℃의 포화공기 온도를 서서히 내려 t'℃로 하면 x → x' 만큼 수증기는 응축하여 미세한 물방울이나 안개상태로 공중에 떠돌아다니게 되는데 이와 같이 안개가 혼입된 공기를 **무입공기**라 한다.

11.2 온도의 체감 환경

11.2.1 유효(감각)온도(Effective temperature, ET)

인체는 공기의 온도, 상대습도, 기류 등을 종합한 조건들에 의하여 "춥거나 따뜻하다" 라는 감각을 느끼므로 이 요소들의 합성효과를 나타내는 것을 만들면 편리하다. 이 목적을 위하여 유효온도를 이용한다.

유효온도를 **실효온도** 또는 **감각온도**라고도 하며, 주어진 공기상태에서 존재하는 것과 동일한 감각을 주는 정지(5~8 m/min)된 포화공기의 온도를 말한다.

다음 그림 11-2의 점선 부분이 등 **유효곡선**이다. 여름철 건구온도가 높은 날에도 상대습도가 낮으면 인체의 표면에서 일어나는 증발이 활발하여 피부표면이 냉각, 건조되므로 쾌적하다고 느낄 수 있다.

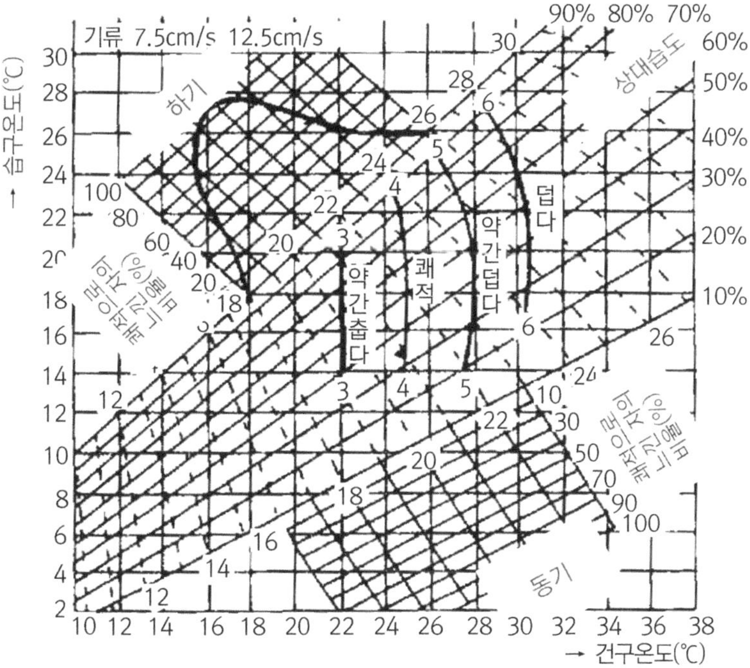

그림 11-2 ASHRAE(미국공조냉동공학회) 쾌감선도

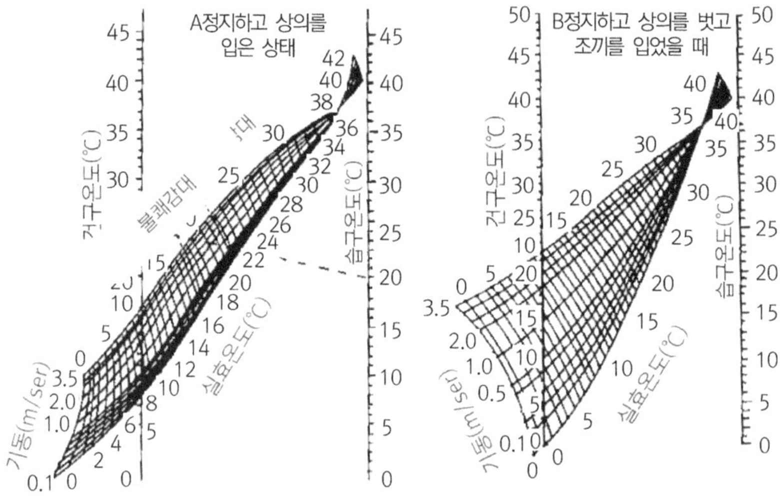

그림 11-3 야글루(Yaglou) 선도

예를 들어 건구온도 26℃, 상대습도 28%인 경우 유효온도는 21.5℃가 된다. 인체는 건구온도와 관계없이 유효온도만 같게 되면 같은 체감온도를 느끼게 되며 공기의 유속이 증가할 경우에는 인체로부터 대류 및 증발열의 발산을 증가시키므로 유효온도를 낮추는 효과를 갖는다. 공기의 **온도, 습도, 기류의 3요소**를 혼합하여 인체가 느끼는 쾌적온도는 **야글루(Yaglou) 선도**로 알 수 있으며, 이는 정지된 포화상태(상대습도 100%) 에서의 공기온도이다. 예를 들어 건구온도 25℃, 습구온도 20℃(64% 상대습도)인 경우 실내 정지공기(기류속도 0.1 m/s)에서의 유효온도는 22.7℃가 되므로 하절기의 쾌감온도에 해당한다.

11.2.2 효과(작용)온도(Operative temperature, OT)

실내의 더위와 추위를 종합적으로 나타낸 온도로서 기류와 습도의 영향을 무시하고 실내 벽면(천장, 바닥포함)의 평균복사온도와 실온의 평균으로 나타내며 인체가 느끼지 못할 정도의 미풍일 때에 글로브 온도와 일치한다.

$$OT = \frac{\text{평균 복사 온도} + \text{실온}}{2}$$

11.2.3 불쾌지수(Uncomfort index, UI)

실제 인체가 느끼는 불쾌함의 정도를 숫자로 나타낸 것이다.

$$UI = 0.72\,(DB + WB) + 40.6$$

일반적으로 불쾌지수가 86이상이면 견디기 어려운 무더운 상태를 나타내며, 75이상은 반 이상의 불쾌감을 느끼는 상태이며, 70이상은 일부 불쾌, 70미만은 쾌적함을 느끼는 상태를 나타낸다.

11.3 공기의 상태량

11.3.1 건구온도(DB)와 습구온도(WB)

알코올이나 수은이 들어있는 온도계의 감온부가 건조한 상태로 있으면 건구온도계라 하며 이 온도계로 측정한 온도를 **건구온도(DB, Dry bulb temperature)**라 한다. 예를 들어 건구온도가 30℃이면 30℃ DB로 표시하며 온도는 특별한 표시가 없는 한 건구온도를 나타낸다.

반변에 온도계의 김온부가 습힌 천으로 돌러 씨여 있으면 습구온도계라 하며 이로 측정한 온도를 **습구온도(WB, Wet bulb temperature)**라고 한다. 예를 들어 습구온도 30℃이면 30℃ WB라고 표시한다. 공기가 포화되지 않는 상태에서는 수분이 공기 중으로 계속하여 증발할 수 있으므로 습한 천에 스며든 수분은 점차 증발하게 된다.

이때 증발에 필요한 열을 빼앗기 때문에 습한 천의 온도는 떨어지게 된다. 따라서 상대습도가 낮을 때에는 습구온도는 내려가며, 반대로 주위의 공기가 포화상태로 되면 습한 천의 수분 증발이 중지되어 주위 공기온도와 동일한 온도 즉 건구온도와 습구온도는 같아지게 된다. 따라서 건구온도와 습구온도 차가 클수록 공기의 상대습도는 낮으며 또 두 개의 온도가 같으면 공기는 포화상태에 이르렀음을 알 수 있다.

건구온도와 습구온도를 측정하는 계기를 **습도계(Psychrometer)**라고 한다.

11.3.2 노점온도(Dew point)

습공기 중의 수증기가 공기로부터 분리되어 응결하기 시작할 때의 온도 즉 습공기의 수증기의 분압과 동일한 분압을 갖는 포화습공기의 온도를 말한다. 노점온도 이하로 되면 절대습도는 감소한다.

11.3.3 절대습도(SH)와 상대습도(RH)

습공기 중에 포함되어 있는 수증기의 비율은 **습도(Humidity)**로 표시하며 습도에는 절대습도와 상대습도의 2종류가 있다.

습공기 중에 함유되어 있는 수증기의 중량을 건조공기의 중량으로 나눈 값을 **절대습도**(SH : Specific humidity, x)라 하며 건조공기 1 $[kgf']$ 에 대한 수증기의 중량 $[kgf]$으로 표시한다. 절대습도는 공기의 온도나 압력이 변하여도 일정하므로 수분량의 계산에는 매우 편리하다.

$$x = \frac{G_w}{G_a} = \frac{P_w / R_w T}{P_a / R_a T} = \frac{P_w / 47.06}{(P - P_w) / 29.27}$$

$$x = 0.622 \frac{P_w}{P - P_w} \quad [kgf/kgf']$$

여기서 P_W : 수증기의 분압 $[kgf/m^2]$

P_a : 건조공기의 분압 $[kgf/m^2]$

P : 대기압 (P_W + P_a)

R_W : 수증기의 가스정수(47.06 $[kgf \cdot m / kgfK]$)

R_a : 건조공기의 가스정수(29.27 $[kgf \cdot m / kgfK]$)

T : 습공기의 절대온도 $[K]$

공기 중에 포함되어 있는 수증기의 량을 동일한 온도에서 포화상태일 때의 수증기의 량과 비교하여 몇 %가 되는가를 나타낸 것이 **상대습도**(RH : Relative humidity, ψ)이다.

$$\psi = \frac{\gamma_w}{\gamma_s} \times 100 = \frac{\mathrm{P}_w}{\mathrm{P}_s} \times 100 \quad [\%]$$

여기서 γ_w, γ_s는 습공기, 습포화증기 1 m^3중에 함유된 수분의 중량

P_w , P_s는 습공기, 포화습공기의 수증기분압을 나타낸다.

상대습도는 통풍식 건습구온도계로 측정하며, 상대습도(ψ) 0%는 건조공기를, 상대습도 100%는 포화공기를 나타낸다.

일반적으로 기온이 높아지더라도 습공기의 수증기량은 일정한 반면 포화 수증기량은 증가하므로 상대습도는 낮아지며 반대로 온도가 낮아지면 포화 수증기량이 감소하므로 상대습도는 증가한다. 즉 온도와 상대습도는 반비례 관계가 있다.

절대습도와 상대습도의 관계는 다음과 같다.

$$x = 0.622 \frac{\psi p_s}{p - \psi P_s}$$

$$\therefore \psi = \frac{x P}{(0.622 + x) P_s}$$

11.3.4 포화도(Saturation degree)

습공기의 절대습도(x)와 이와 같은 온도의 습포화공기의 절대습도(x_s)의 비를 **포화도 (Saturation degree, %)**라고 한다.

$$\phi = \frac{x}{x_s} \times 100 \quad [\%]$$

$$\phi = \frac{0.622\, \psi P_s / P - \psi P_s}{0.622\, P_s / P - P_s}$$

$$\phi = \psi \frac{P - P_s}{P - \psi P_s}$$

11.3.5 비체적(Specific volume)

비체적(Specific volume, m^3/kgf **)**은 1 kgf의 건조공기 중에 습공기가 차지하는 체적을 뜻한다.

건조공기 1 kgf에 함유된 수증기량을 x kgf이라 하면 건조공기 1 kgf에 대한 상태방정식은 $P_a V = R_a T$ 로 되고, 수증기 1 kgf에 대한 상태방정식은 $P_w V = R_w T$ 이 된다.

Dalton의 법칙에 따라 습공기의 전압 $P = P_a + P_w$ 이 되므로

$$(P_a + P_w) V = (R_a + x R_w) T$$

$$V = \frac{(R + x R_w) T}{P_a + P_w} = \frac{(R_a + x R_w) T}{P}$$

위의 식에 건조공기와 수증기의 가스상수 값을 대입하면 다음과 같다.

$$V = (29.27 + 47.06x)\frac{T}{P} = (0.622 + x) \times 47.06\frac{T}{P}$$

11.3.6 공기의 엔탈피(Enthalpy)

일반적으로 1 kgf의 건공기에 dq $[kcal/kgf]$의 열량이 가해질 때 내부에너지의 증가량을 du $[kcal/kgf]$, 외부에 대하여 한 일을 dW $[kgf\,m/kgf]$ 이라고 하면

$$dq = du + A\,dW$$

가 된다. 외부압력에 대하여 비체적이 dv $[m^3/kgf]$ 만큼 증가한다면 외부에 한 일은

$$dW = p\,dv$$

$$dq = du + A\,dW = du + A\,p\,dv = d(u + Apv) - Av\,dp$$

여기서 $(u + Apv)$를 **엔탈피**라고 하며 h 또는 i $[kcal/kgf]$로 표시한다.

습공기의 엔탈피는 건조공기가 그 상태에서 가지고 있는 열량(현열)과 동일온도에서 수증기가 가지고 있는 열량(현열 + 잠열)과의 합이다. 즉, 단위 중량의 습공기가 갖는 현열량과 잠열량의 합이 습공기가 갖는 엔탈피가 된다.

건조공기 1 $[kgf]$에 함유된 수증기의 량을 x $[kgf]$ 라고 할 때 건조공기의 현열량은

$$h_a = C_p\, t = 0.24\, t \;\; [kcal/kgf]$$

수증기의 엔탈피를 i_w라 하면,

$$h_w = \gamma + C_{pw}\, t = 539.3 + 0.441 t \; [kcal/kgf]$$

그러므로 수증기 량이 $x\,[kgf]$인 습공기의 엔탈피(i)는

$$h = h_a + x \bullet h_w$$

$$h = 0.24\, t + (597.3 + 0.441\, t) \cdot x \;\; [kcal/kgf]$$ 이다.

여기서 공기의 정압비열 0.24 $[kcal/kgf℃]$, 수증기의 정압비열은 0.441 $[kcal/kgf℃]$ 이며, 수증기(0℃)의 증발잠열은 597.3 $[kcal/kgf]$ 이다.

11.3.7 현열비(SHF)

현열비(SHF, Sensible heat factor)는 전열부하(현열부하 q_s + 잠열부하 q_L)에 대한 현열부하의 비를 말하며, **감열비**라고도 한다. 현열비와 공기조화의 부하를 알면 장치의 크기, 필요한 온도나 습도를 계산할 수 있다.

$$SHF = \frac{q_s}{q_T} = \frac{q_s}{q_s + q_L}$$

11.3.8 열수분비(U)

수분량(절대습도)의 변화량에 따른 전열량의 변화량을 열수분비(Moisture ratio, U)라 한다.

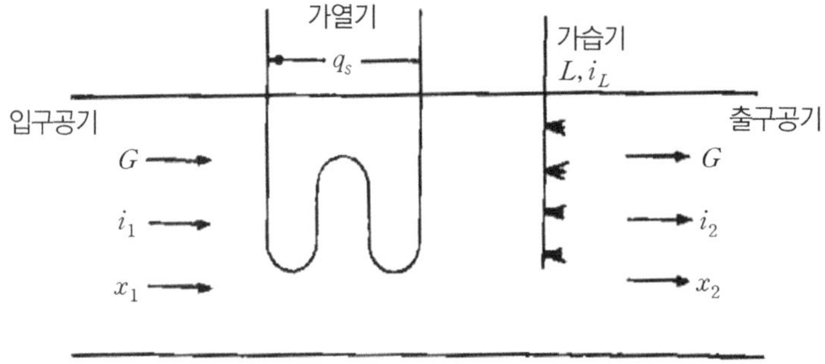

그림 11-4 덕트 내에서의 열평형과 물질평형

그림 11-4와 같이 단열된 덕트 내에서의 열평형과 물질평형에 대하여 고찰해보자.

단열된 덕트 내에 $G\,[kgf/h]$ 공기를 통과시키고, 여기에 열량 $q_s\,[kcal/h]$와 수분 $L\,[kgf/h]$을 가하면

(가) 덕트에 가해진 열은 $Gh_1 + q_s + Lh_L$, 덕트를 나오는 열은 Gi_2 이므로,

열평형(Energy balance)은 $Gh_1 + q_s + Lh_L = Gi_2$

(나) 덕트에 가해진 수분량은 $Gx_1 + L$, 덕트를 나오는 수분량은 Gx_2 이므로,

수분에 대한 물질평형은 $G(x_2 - x_1) = L$ 이 된다.

$$\text{수분비 } U = \frac{dh}{dx} = \frac{h_2 - h_1}{x_2 - x_1} = \frac{q_s + Lh_L}{L} = \frac{q_s}{L} + h_L$$

예제 11-1

20 [℃] DB, 엔탈피 7 [$kcal/kgf$], 절대습도 0.0035 [kgf/kgf'], 비체적 0.833 [m^3/kgf]인 공기 25,000 [m^3/h]에 증기압력 1 [kgf/cm^2], 엔탈피 647 [$kcal/kgf$]의 공기를 120 [kgf/h] 가습하였다면, 취출 공기의 절대습도와 엔탈피를 구하시오.

풀이

$$x_2 = x_1 + \frac{G_s}{G} = 0.0035 + \frac{120}{25{,}000/0.833}$$

$$= 0.0075\ [kgf/kgf']$$

$$h_2 = h_1 + h_s \frac{G_s}{G} = 7 + 647 \times \frac{120}{25{,}000/0.833} = 9.588\ [kcal/kgf']$$

예제 11-2

온도 20℃, 상대습도 65 [%]의 공기를 30 [℃]로 가열하면 상대습도는 몇 [%]로 되는가?
(단, 20 [℃]의 포화 수증기압은 0.024 [kgf/cm^2], 20 [℃]의 포화습공기 수증기압은 0.043 [kgf/cm^2]이다.)

풀이

20 [℃]의 수증기분압 $= 0.024 \times 0.65 = 0.0156\ [kgf/cm^2]$

$$RH = \frac{p_w}{p_s} \times 100 = \frac{0.0156}{0.043} \times 100 = 36.279\ [\%]$$

예제 11-3

건구온도 22 [℃], 습구온도 18 [℃], 기압 760 [$mmHg$] 일 때의 공기의 상대습도는 몇 [%] 인가?
(단, 22 [℃], 18 [℃] 에서의 수증기 포화압력은 각각 19.82 [$mmHg$], 15.47 [$mmHg$]이다)

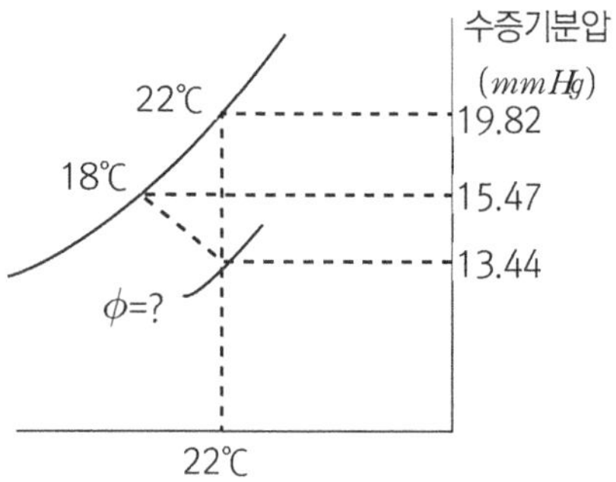

풀이 건구온도 22 [℃], 습구온도 18 [℃]일 때의 수증기 분압은

$$p_w = p_s - \frac{P}{1,500}(t - t')$$

$$= 15.47 - \frac{760}{1,500}(22 - 18) = 13.443 \ [mmHg]$$

$$\therefore \phi = \frac{p_w}{p_s} = \frac{13.443}{19.82} = 0.678 \ (67.8 \ [\%])$$

예제 11-4

표준대기압에서 20 [℃] 포화습공기의 비체적을 구하시오.
(단, 20 [℃]의 수증기분압은 17.5 [$mmHg$] 이다)

풀이 $V = (29.27 + 47.06\, x)\dfrac{T}{p}$ 에서

$$x = 0.622 \times \frac{p_w}{p - p_w} = 0.622 \times \frac{17.5}{760 - 17.5} = 0.01466 \ [kgf/kgf']$$

$$\therefore \ V = 29.27 + 47.06 \times 0.01466) \times \frac{293}{1.033 \times 10^4} = 0.849 \ [m^3/kgf]$$

예제 11-5

대기압, 절대습도 0.0215 [kg/kg']인 습공기의 노점온도는 몇 [℃]인가? 단, 압력 0.03, 0.04 [kgf/cm^2] 에서의 포화온도는 23.775, 28.645 [℃]이다.

풀이 $x = 0.622\dfrac{P_w}{P - P_w}$ 이므로 수증기분압 P_w는

$$P_w = \frac{Px}{x + 0.622} = \frac{1.0332 \times 0.0215}{0.0215 + 0.622} = 0.0345 \ [kgf/cm^2]$$

이 압력에 대한 포화온도(t'' ℃)는 보간법으로 구한다.

$0.03\ [kgf/cm^2]$ → 23.775 [℃]

$0.04\ [kgf/cm^2]$ → 28.645 [℃] 이므로

$$t'' = 23.775 + \frac{0.0345 - 0.03}{0.04 - 0.03}(28.645 - 23.775) = 26\,[℃]$$

예제 11-6

상대습도 60 [%], 건구온도 25 [℃]인 습공기의 수증기분압은 얼마인가? 단, 25 [℃] 포화수증기의 압력은 23.8 [$mmHg$] 이다.

풀이 $\phi = \dfrac{P_v}{P_s} \times 100\,[\%]$에서

$$P_v = 0.6 \times 23.8 = 14.28\,[mmHg]$$

12

습공기 선도

습공기의 건구온도, 습구온도, 절대습도, 상대습도, 포화도, 노점온도 등의 상태량을 하나의 선도 위에 나타낸 것이 습공기선도이며 이들 중에서 두 개 이상의 상태량이 정해지면 다른 상태량들은 습공기선도로부터 구할 수 있다.

습공기 선도에는 i-x 선도, t-x 선도, t-i 선도 등이 있으나 엔탈피와 절대습도를 사표좌표를 취하여 그린 i-x 선도가 가장 많이 이용된다. 따라서 여기서는 i(h)-x 선도을 중심으로 설명한다.

12.1 습공기 선도의 구성과 판독

습공기가 대기압 상태에서의의 상태량을 나타낸 것으로 **건구온도(DB), 습구온도(WB), 노점온도(DP), 상대습도(RH), 절대습도(x), 포화도(ψ), 엔탈피(i), 비체적(v)**을 나타내는 선으로 구성되어 있다.

그림 12-1에서 공기의 상태가 건구온도 29℃, 습구온도 23.8℃인 경우 이를 나타내는 점은 A이며, 열역학적 상태량은 다음과 같다.

① 상대습도 RH ϕ = 65%

② 엔탈피 $h = 17\ kcal/kgf$

③ 노점온도 t'' = 21.5℃

④ 비체적 $v = 0.878\ m^3/kgf$

⑤ 절대습도 $x = 0.0165\ kgf/kgf'$

⑥ 포화도 = $\dfrac{x}{x_S} = \dfrac{0.0165}{0.0255} = 0.647\,(64.7\%)$

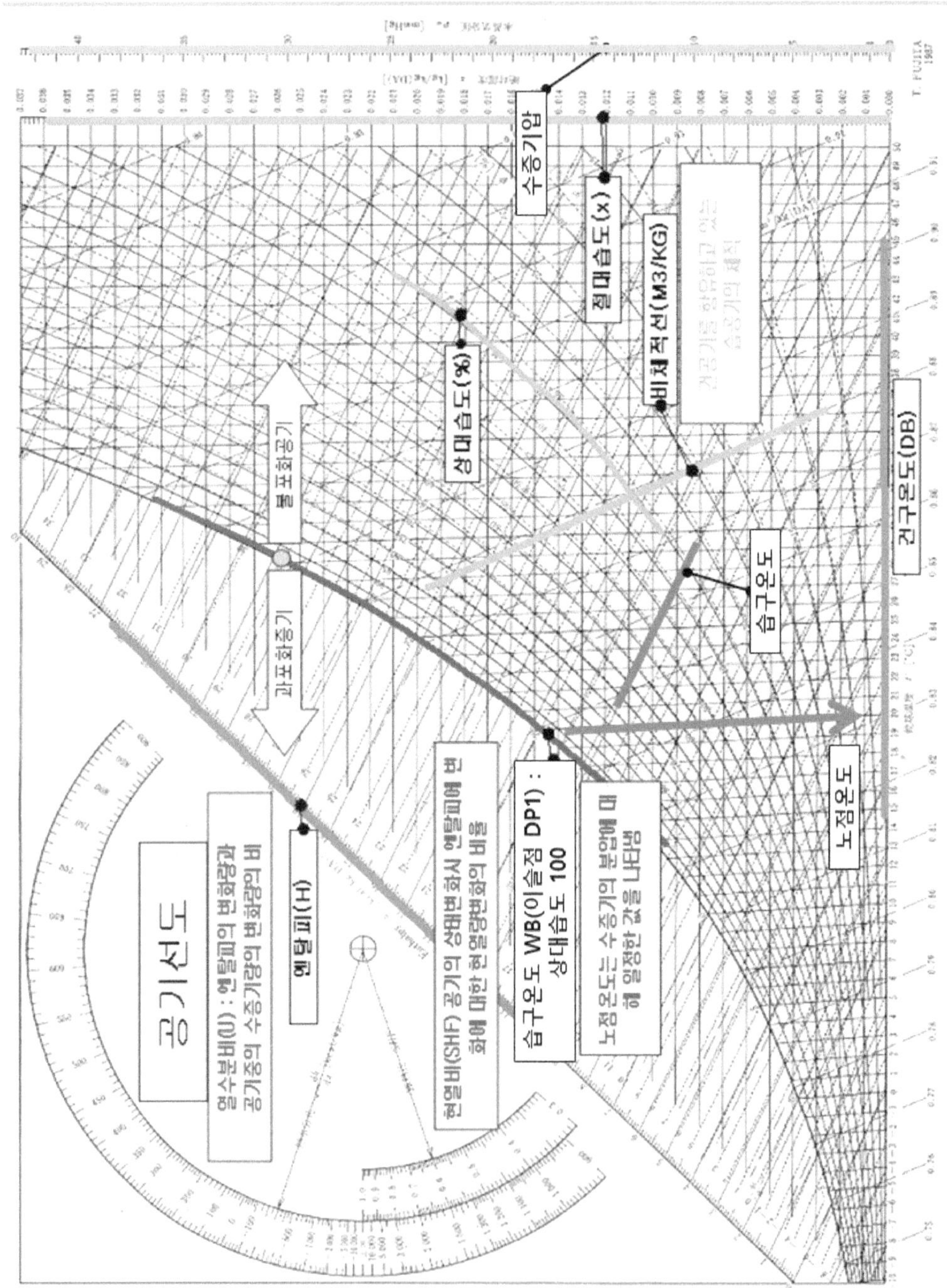
공기선도
열수분비(U) : 엔탈피의 변화량과 공기중의 수증기량의 변화량의 비
엔탈피(H)
현열비(SHF) 공기의 상태변화시 엔탈피의 변화에 대한 현열량변화의 비율
습구온도 WB(이슬점 DP1) : 상대습도 100
노점온도는 수증기의 분압에 대해 일정한 값을 나타냄
과포화증기
불포화공기
상대습도(%)
수증기압
절대습도(x)
비체적선(M3/KG)
건공기를 함유하고 있는 습공기의 체적
습구온도
건구온도(DB)
노점온도

그림 12-1 습공기선도

12.2 습공기 선도의 변화와 계산

습공기가 **가열**과 **냉각**, **가습**과 **감습** 등에 의하여 상태가 변화할 때 습공기선도 상에서 이를 판독하는 방법을 다음 그림 12-2에 나타냈다.

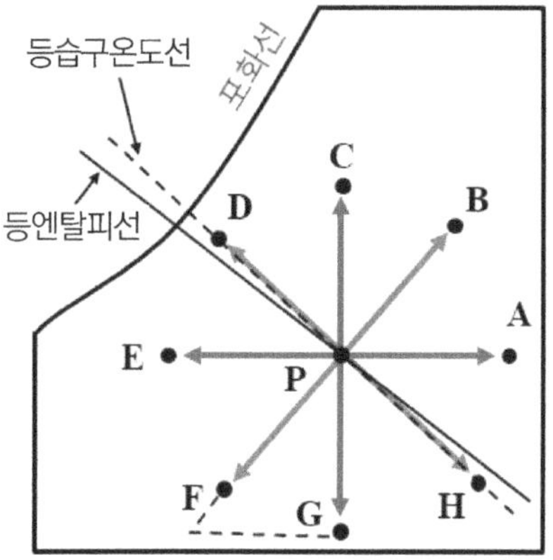

$\overrightarrow{PA}$: 가열변화
$\overrightarrow{PB}$: 가열 가습 변화
$\overrightarrow{PC}$: 등온 가습 변화
$\overrightarrow{PD}$: 냉각 가습 변화(단열 가습)
$\overrightarrow{PE}$: 냉각 변화
$\overrightarrow{PF}$: 냉각 감습 변화
$\overrightarrow{PG}$: 등온 감습 변화
$\overrightarrow{PH}$: 가열 감습 변화

그림 12-2 습공기선도의 상태변화

12.2.1 가열 또는 냉각

공기의 가열 또는 냉각에서 수증기량에 변화가 없는 경우(예를 들어 전열기로 가열) 에는 그림 12-3과 같이 상태변화하며, 이 경우 상대습도는 변하지만 절대습도는 일정하게 된다.

이 때 필요한 열량은

$$
\begin{aligned}
q_s &= G\cdot(h_2-h_1) = G\cdot C_p(t_2-t_1) \\
&= \frac{Q}{V}\cdot C_p(t_2-t_1) \\
&= Q\cdot\gamma\cdot C_p(t_2-t_1)
\end{aligned}
$$

그러므로 필요한 열량은 다음과 같다.

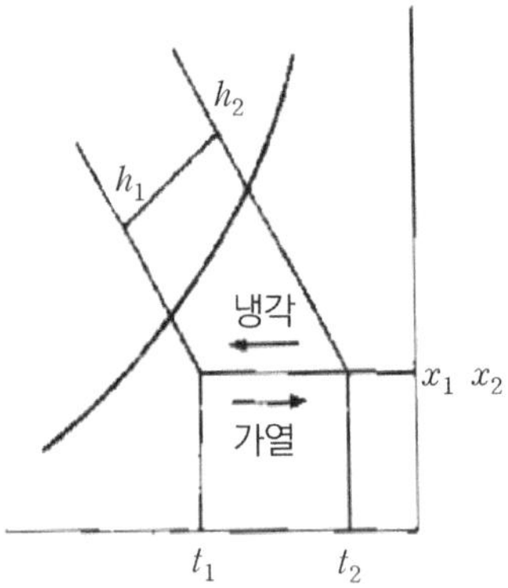

그림 12-3 가열 또는 냉각

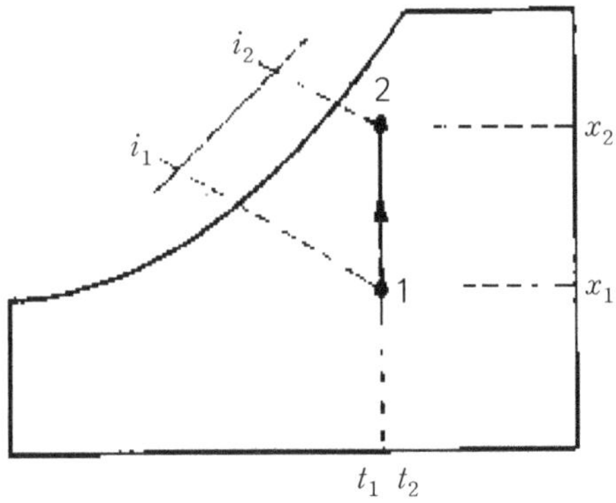

그림 12-4 가습 또는 감습

$$q_s = 0.24\,G\,(t_2 - t_1)$$
$$= 0.28\,Q\,(t_2 - t_1)$$

여기서

q_s : 현열량 [$kcal/kgf$]　　G : 공기량 [kgf/h]

Q : 공기량 [m^3/h]　　v : 비체적 [m^3/kgf]

C_p : 공기의 정압비열 (0.24 [$kcal/kgf$ ℃])　　t : 건구온도 [℃]

냉각 시 냉각코일의 표면온도가 통과공기의 노점온도 이상일 때는 절대습도가 일정한 상태에서 냉각되고 냉각코일의 표면온도가 노점온도 이하일 때는 냉각과 동시에 제습이 된다.

12.2.2 가습 또는 감습

그림 12-4와 같이 온도는 변화하지 않고 절대습도만 변화할 때는 등온선 상을 따라 변화하게 되지만 실제로 이러한 변화는 일어나지 않는다.

$$L = G(x_2 - x_1) \ [kgf/h]$$

$$q_L = G(h_2 - h_1) = L\gamma = 597.1 \times 1.2 \times Q(x_2 - x_1)$$

$$\fallingdotseq 715\, Q(x_2 - x_1) \ [kcal/h]$$

여기서 L :가습량 $[kgf/h]$, G : 공기량 $[kgf/h]$, Q :공기량 $[m^3/h]$이며, 공기의 비중량은 온도에 따라 변화하지만 1.2 $[kgf/m^3]$로 하며, 0 [℃]에서 물의 증발의 잠열 $(h'' - h')$은 597.1 $[kcal/kgf]$이다.

12.2.3 온도와 습도가 동시에 변화하는 경우

그림 12-5와 같이 점 1에서 점2로 가열·가습하는 경우

- 가습량 $\triangle x = x_2 - x_1$,
- 온도상승 $\triangle t = t_2 - t_1$,
- 엔탈피 증가 $\triangle h = h_2 - h_1$ 가 되며
- 잠열부하 $q_L = h_2 - h_3$,
- 현열부하 $q_S = h_3 - h_1$ 가 된다.

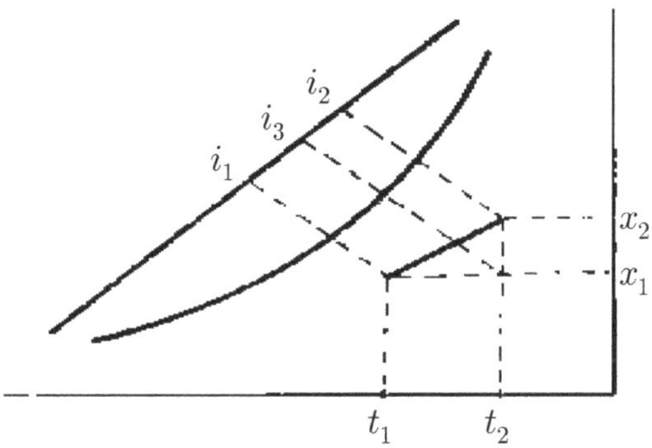

그림 12-5 가열.가습

그러므로 상태변화를 위하여 필요한 **총열량**은

$$q_T = (h_3 - h_1) + (h_2 - h_3) = h_2 - h_1 = q_S + q_L$$

총열량 중에서 현열량이 차지하는 비율을 **현열비(Sensible heat factor: SHF)**라고 하며 다음과 같이 표시된다.

$$SHF = \frac{q_S}{q_S + q_L} = \frac{h_3 - h_1}{h_2 - h_1} = \frac{C_p(t_3 - t_1)}{C_p(t_2 - t_1) + \gamma(x_2 - x_1)}$$

이 현열비는 현열부하와 잠열부하의 비가 일정할 때에는 풍량과 관계없이 일정하며, 공기선도 상에서는 최초의 점 1과 최종점 2는 기울기가 일정한 직선상에 존재하게 된다.

절대습도 변화에 대한 엔탈피 변화의 비를 **열수분비(U)**라고 하며, 이는 현열비와 함께 공기의 상태를 파악하는데 유용하다.

$$U = \frac{di}{dx} = \frac{h_2 - h_1}{x_2 - x_3}$$

12.2.4 공기의 혼합

외기와 실내환기를 혼합하는 것으로 공기조화장치에서 가장 많이 나타나는 현상이다.

상태 A의 공기 m_A [kg/h] 와 상태 B의 공기 m_B [kg/h] 가 혼합되는 경우 혼합공기의 상태점 C를 공기선도에서 구하는 방법에 대하여 알아보자. 그림 12-6과 같이 이미 알고 있는 상태점 A, B를 공기선도 상에 표시하고 이 두 점 사이를 직선으로 연결한다.

이 때 혼합공기의 상태는 직선 AB상의 점 C로 나타내며, 점 C는 $m_A : m_B$ 와 같은 혼합비에 의하여 결정된다.

지금 혼합의 과정에서 열의 손실이 없다고 가정할 때 혼합 후 공기온도를 t_C [℃] 로 하면 $t_A < t_C < t_B$ 이므로 열량변화는 다음과 같다.

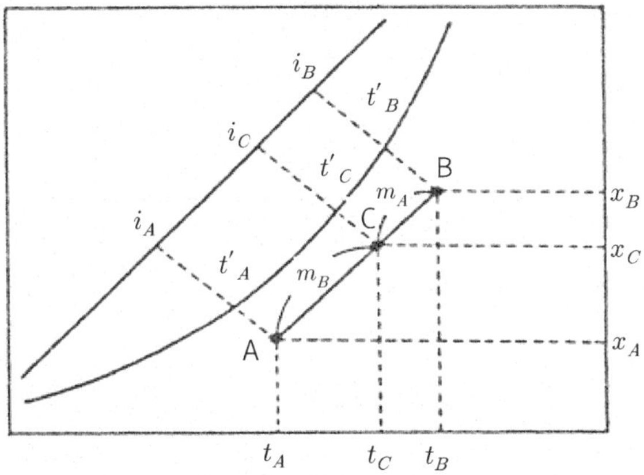

그림 12-6 공기의 혼합

- 공기 B의 손실열량은 $0.24\, m_B (t_B - t_C)$ [kcal/h]
- 공기 A의 취득열량은 $0.24\, m_A (t_C - t_A)$ [kcal/h]

이 두 열량은 서로 같으므로

$$0.24\, m_A (t_C - t_A) = 0.24\, m_B (t_B - t_C)$$

$$t_C = \frac{m_A}{m_A + m_B} \cdot t_A + \frac{m_B}{m_A + m_B} \cdot t_B \qquad [℃]$$

같은 방법으로 습도와 엔탈피를 구하면 다음과 같다.

$$x_C = \frac{m_A}{m_A + m_B} \cdot x_A + \frac{m_B}{m_A + m_B} \cdot x_B \qquad [kgf/kgf']$$

$$h_C = \frac{m_A}{m_A + m_B} \cdot h_A + \frac{m_B}{m_A + m_B} \cdot h_B \qquad [kcal/kgf]$$

즉 공기 A와 B를 단열 혼합하는 경우의 혼합공기의 상태는 공기선도 상에서 AB의 선분을 그어 중량비로 내분하는 점 C 로 표시되고 습공기 선도에서 온도, 습도, 엔탈피 등의 상태량을 읽을 수 있다.

12.2.5 장치에 따른 습공기선도 변화의 예

그림 12-7의 공기조화 장치에서 외기와 환기의 혼합, 냉각, 재열되는 상황에서 상태의 변화는 다음과 같다.

상태	건구온도	상대습도	절대습도	엔탈피
외기혼합(①→③)	감소	감소	감소	감소
환기혼합(②→③)	상승	상승	상승	상승
냉각(③→④)	감소	상승	감소	감소
재열(④→⑤)	상승	감소	일정	상승

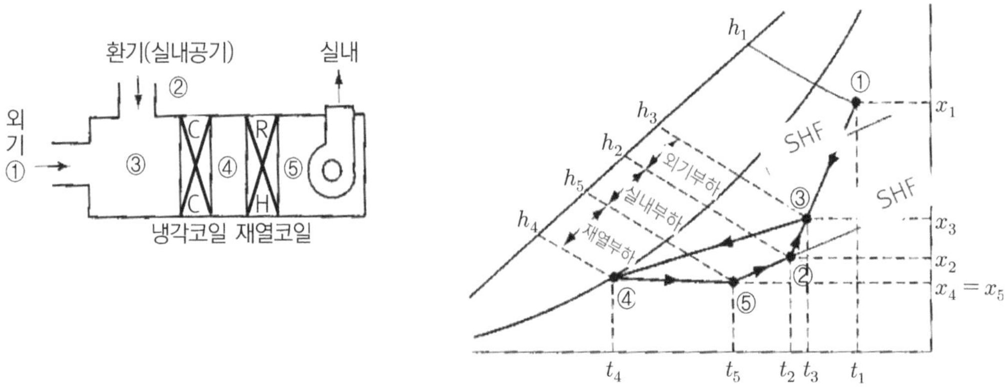

그림 12-7 장치와 습공기선도

AHU에서의 부하 계산은 다음과 같다.

㉠ 외기부하 $q_s = G(h_3 - h_2) = 1.2Q(h_3 - h_2)$

㉡ 실내부하 $q_R = G(h_2 - h_5) = 1.2Q(h_2 - h_5)$

㉢ 재열부하 $q_{RH} = G(h_5 - h_4) = 1.2Q(h_5 - h_4)$

$$= 0.24\,G(t_5 - t_4) = 0.29\,Q(t_5 - t_4)$$

㉣ 냉각코일부하 = 외기부하 + 실내부하 + 재열부하

$$q_{cc} = G(h_3 - h_2) + G(h_2 - h_5) + G(h_5 - h_4)$$

$$= G(h_3 - h_4) = 1.2\,Q(h_3 - h_4)$$

$$= 0.24\,G(t_3 - t_4) = 0.29\,Q(t_3 - t_4)$$

㉤ 냉각코일에 의한 감습량(L, kgf/h)

$$L = G(x_3 - x_4) = 1.2\,Q(x_3 - x_4)$$

㉥ 송풍량

$$G\;[kgf/h] = \frac{q_s}{0.24\,(t_2 - t_5)} \quad , \quad Q\,[m^3/h] = \frac{q_s}{0.29\,(t_2 - t_5)}$$

12.2.6 장치 노점온도(ADP) 바이패스 계수(BF)

현열비(SHF)가 일정한 경우 그림에 나타낸 바와 같이 A의 상태인 실내공기를 B상태로 냉방할 경우 노점온도는 A-B의 연장선상과 포화곡선이 만나는 점 C가 된다.

즉 점 C의 온도로 송풍하는 경우 송풍량을 최소한으로 할 수 있으며 점 C 에서는 건구온도, 습구온도, 노점온도가 같게 된다. 이 온도를 **장치 노점온노(Apparatus dew point : ADP)**라고 한다.

공기가 냉각코일 또는 가열코일을 통과할 때 코일과 접촉하지 않고 그대로 통과하는 공기의 비율을 **바이패스 계수(By-pass factor : BF)**라고 하며 이는 코일의 구조, 공기의 흐름 속도, 열교환기의 면적, 공기흐름의 난류상태, 표면의 청결도 등의 영향을 받는다.

BF가 작을수록 코일의 성능이 우수하게 되며 일반적으로 코일의 열수가 증가할수록, 코일의 간격이 적을수록, 코일의 전열면적이 클수록, ADP가 낮을수록 또 송풍량이 적정하게 되면 BF는 감소하게 된다.

그리고 코일과 완전히 접촉하는 공기의 비율을 **접촉계수(Contact factor : CF)**라고 한다.

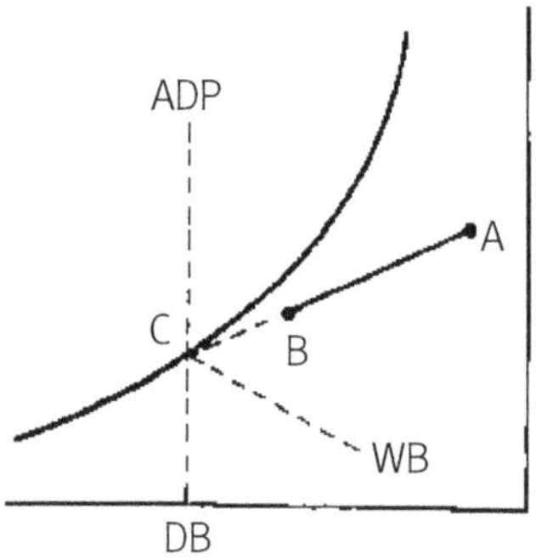

BF와 CF는 다음과 같이 구한다.

$$BF = \frac{B - C}{A - C}, \quad CF = \frac{A - B}{A - C}$$

공기의 송풍량은 다음의 식으로 계산한다.

$$G = \frac{q_{SH}}{0.24\,(t_r - t_d)} \quad [kgf/h]$$

$$Q = \frac{q_{SH}}{0.28\,(t_r - t_d)} \quad [m^3/h]$$

By pass factor를 고려한 풍량은 다음과 같다.

$$Q = \frac{q_{SH}}{0.28\,(t_r - t_d)(1 - BF)} \quad [m^3/h]$$

공기의 비열은 $C_a = 0.24$ $[kcal/kgf$ ℃$]$

$= 0.28$ $[kcal/m^3$ ℃$]$ (공기온도25 [℃] 일 때)

식에서 t_r, t_d 는 실내온도, 송풍공기 온도를 나타낸다.

$(t_r - t_d)$를 **송풍온도차**라고 하며, 이 온도차가 크면 풍량은 감소하지만 실내온도분포가 악화되고, 이 온도차를 작게 하면 풍량이 증가하여 냉기를 느껴 불쾌하게 된다. 일반적으로 이 온도차는 취출구의 형상, 성능과 천정높이에 의하여 결정되며 냉방 시에는 10~15℃, 난방 시에는 10~20℃ 정도이다.

예제 12-1

건구온도 10 [℃], SH 0.0038 [kgf/kgf'] 의 공기 1,000 [kgf/h] 를 건구온도 30 [℃]로 가열할 때 필요한 열량은?

풀이 $q_s = G\,C_p\,(t_2 - t_1)$ =1,000×0.24(30-10) = 4,800 [$kcal/h$]

또는 $q_s = G\,(h_2 - h_1)$ = 1,000×(9.6-4.8) = 4,800 [$kcal/h$]

예제 12-2

건구온도 10 [℃], SH 0.0038 [kgf/kgf']의 공기 1,000 [kgf/h] 를 건구온도 26 [℃], SH 0.017 [kgf/kgf']로 가열, 가습할 때 필요한 열량, 가습수량, SHF를 구하시오.

풀이 $q_T = G\,(h_2 - h_1)$ = 1,000×(16.6-4.8) = 11,800 [kgf/h]

$L = G\,(x_2 - x_1)$ = 1,000×(0.017-0.0038) = 13.2 [kgf/h]

$$\text{SHF} = \frac{q_S}{q_T} = \frac{q_S}{q_S + q_L} = \frac{8.6 - 4.8}{16.6 - 4.8} = 0.332$$

예제 12-3

DB 27 [℃], SH 0.011 [kgf/kgf']의 공기 700 [kgf/h]와 DB 35 [℃], SH 0.024 [kgf/kgf']의 공기 300 [kgf/h]의 공기를 혼합할 때 온도, 습도, 엔탈피를 구하시오.

풀이 온도 : $\dfrac{27 \times 7 + 35 \times 3}{10}$ = 29.4 [℃]

습도 : $x_3 = \dfrac{0.011 \times 7 + 0.024 \times 3}{10}$ = 0.0149 [kgf/kgf']

엔탈피 : $i_3 = \dfrac{23.2 \times 3 + 13.2 \times 7}{10}$ = 16.2 [$kcal/kgf'$]

예제 12-4

다음은 전부 외기로 공급하는 공기조화기를 사용하는 시스템을 나타낸 것이다. 다음과 같은 조건일 때 물음에 답하시오.

① 실내공기 : DB 22 [℃], 상대습도 50 [%]
외기 : DB 0 [℃], 상대습도 50 [%]
② 실내난방부하 $q_S = 43{,}200\ [kcal/h]$, $q_L = 0\ [kcal/h]$
③ 급기량 10,000 [CMH]
④ 가습은 증기를 이용하였으며, 엔탈피는 640 $[kcal/kgf]$ 이다.

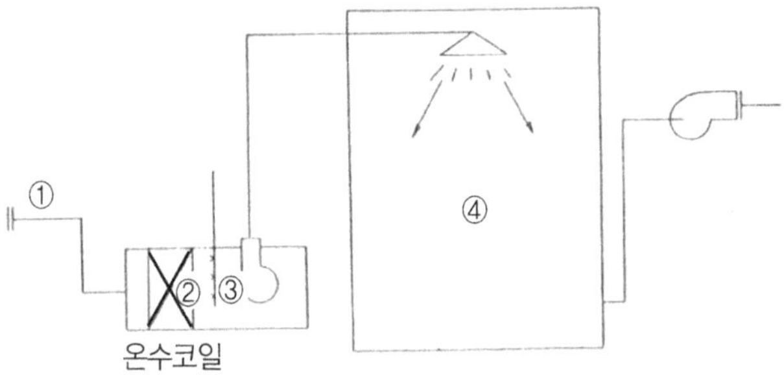

풀이

(1) 취출공기의 건구온도는?

$$q_S = 0.29\,Q\,(t_d - t_r)\text{에서}$$

$$t_d = 22 + \frac{43{,}200}{0.29 \times 10{,}000} = 36.896 = 36.9\ [℃]$$

(2) 이 시스템을 공기선도에 나타내시오.

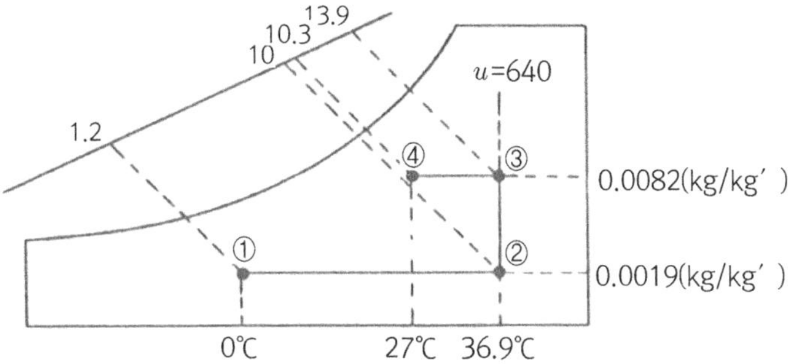

(3) 공조기의 온수코일의 가열량은?

온수코일 가열량 $G(h_2 - h_1) = Q\gamma(h_2 - h_1)$

$$= 10{,}000 \times 1.2 \times (10 - 1.2) = 105{,}600\ [kcal/h]$$

(4) 공기는 표준상태로 할 때 가습량은 몇 $[kgf/h]$인가?

$L = Q \cdot \gamma(x_3 - x_2)$

$= 10{,}000 \times 1.2 \times (0.0082 - 0.0019) = 75.6\ kgf/h$

13

공기조화용 각종 기기

2편 공기조화

13.1 공기여과기(AF)

공기여과기(Air filter, AF)는 외기 및 재순환 공기를 실내로 보낼 때 공기 중의 먼지를 제거하는 장치이며 사람의 폐로 침입하는 먼지는 5 μm이하의 먼지이고 이들이 공중에 떠다니는 먼지의 85%이상을 차지하고 있어 공기여과의 대상이 된다.

먼지 측정법은 여과법, 임핀져법(Impinger), 흡착법, 전기침착법, Thindarometer 법이 있으며, 측정기는 코니미터(Konimeter), 노면식 진애기, Thindarometer가 있다.

필터 입구와 출구 공기 중의 먼지량을 C_1, C_2 라 할 때 에어필터의 성능(η_t)은 다음 식으로 구한다.

$$\eta_t\,[\%] = \frac{C_1 - C_2}{C_1} \times 100$$

공기여과기에는 유니트형(건식, 습식, 점식), 자동형, 전기집진기 등이 있고 이를 그림 13-1에 나타냈다.

유니트형은 보울지 혹은 금속제의 틀속에 여과재를 넣은 것이며 그라스 울, 종이, 솜 등을 사용하는 것을 건식이라 하며, 한번 사용한 후에는 버린다. 동이나 알루미늄 등의 금속섬유상의 것을 점착용에 적셔서 사용하는 것을 점식이라 하며 기름으로 세정 재생하여 여러 번 사용할 수 있다.

비닐 등 합성섬유를 사용한 것은 물이나 중성세제로 씻고 약간의 점착유를 뿌려 재생한 후 다시 사용할 수 있다.

자동형은 대형장치에 사용되며 집진효율은 약 20% 정도가 된다.

여기서는 특별한 경우의 전기집진기와 고성능 필터에 대하여 기술한다.

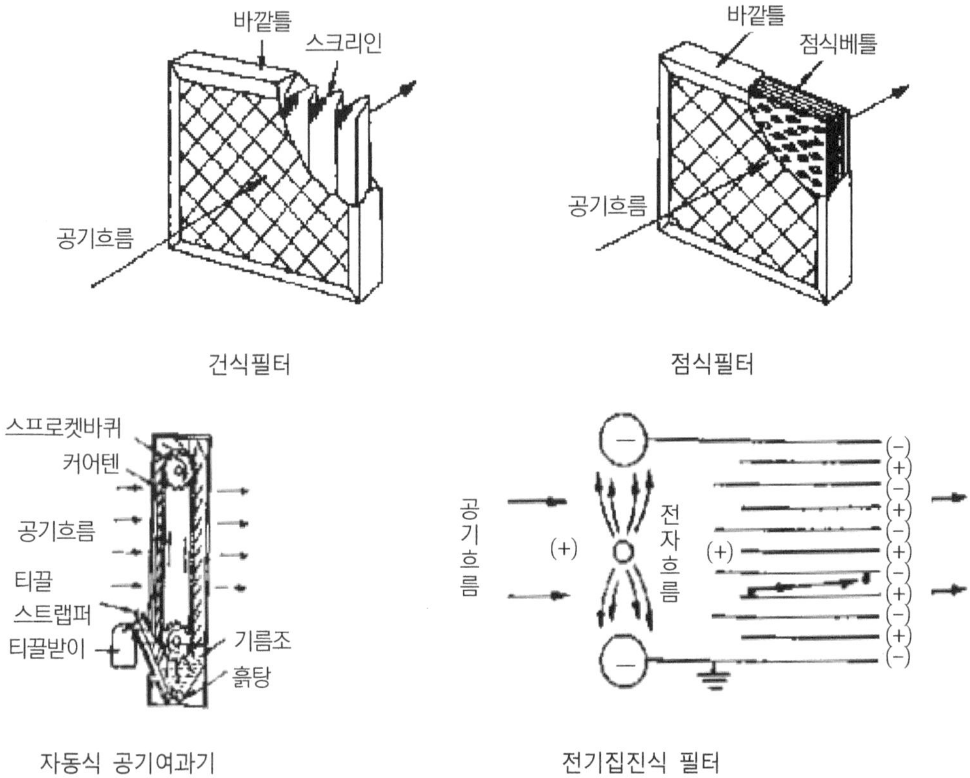

그림 13-1 각종 공기여과기

13.1.1 전기집진기(Electronic type)

공조용 전기집진기는 2단 하전식으로 되어 있으며 정전기를 이용하여 먼지를 제거한다. 가격이 비싸지만 주로 병원, 정밀기계실, 백화점, 고급빌딩 등에 사용된다. 담배연기의 제거에 사용되기도 한다.

이 방식에는 집진부를 물로 씻어서 먼지를 제거하는 세정식, 집진전극에서 재비산을 이용하는 응집식, 여재를 유전체를 사용하여 집진부로 한 유전체식이 있다.

13.1.2 고성능 필터(HEPA)

고성능 필터(HEPA: High efficiency particulate air filter)는 주로 병원 수술실, 방사선물질 취급소, 크린룸 등에 사용된다.

여과 효율은 99.79% 이상이며 여과재로 글래스 파이버, 아스베스토스 파이버가 사용된다. 또한 공기제항이 25~200 $mmAq$ 정도로 크다.

[클린룸(Clean room)]

청정대상이 주로 공기 중의 미세먼지의 미립자인 경우는 정밀측정실, 반도체공장, 필름공장 등과 같은 Industrial clean room과 분진의 미립자뿐만 아니라 세균, 바이러스, 곰팡이 등 무균실로서 유전지공학, 수술실, 제약공장에 적용되는 Bio clean room이 있다.

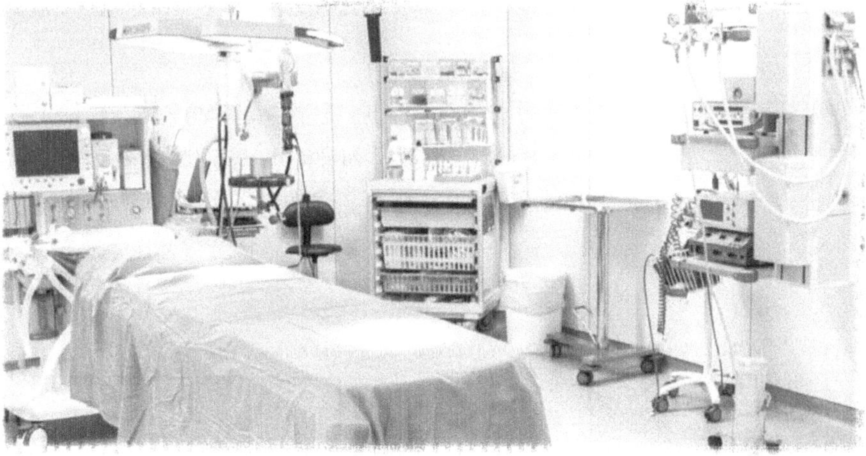

13.2 공기세정기(AW)

공기세정기(Air washer : AW)에서는 통과공기에 온수 또는 냉수를 공급하여 공기를 깨끗하게 세정하고 물과 공기와의 직접 접촉에 의해 공기를 냉각 감습 또는 가열 감습하게 된다. 습식공기 여과기로 5 μm이하의 진애의 집진효율은 10-20% 에 불과하다. 주로 방직공장 등에서 공기의 습도조절 목적으로 이용된다.

13.2.1 공기세정기의 구조

공기세정기의 종류에는 노즐형, 분무형, 충전형이 있다.

노 즐형(횡형 저속식)은 가장 일반적으로 사용되고 있으며, 전면풍속은 2-3 m/s가 주로 사용된다.

분무형(횡형 고속식)은 전면풍속이 5-8 m/s이며 단면적을 소형으로 한 것이다. 분무형(유닛형 고속식)은 전면풍속 10 m/s전후를 많이 사용하며, 공장생산형이고 천정에 매달아 사용할 때가 많다. 충전형(캐필러리형)은 그라스 울을 충전물로 사용하며 길이는 1 m 이내이다.

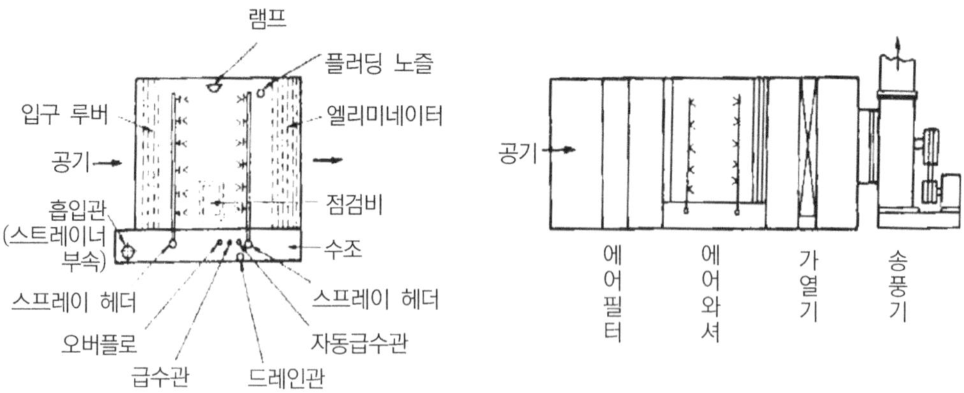

그림 13-2 공기세정기의 구조

구조는 그림 13-2와 같으며 각 장치의 역할은 다음과 같다.

① 엘리미네이터(Eliminator) : 강판을 지그재그 형태로 접은 것이며 출구공기에 섞여 나가는 비산수를 제거하는 역할을 한다.

② 루버(louver) : 입구공기의 난류를 정류해주는 역할을 하며 비산수의 방지에도 효과가 있다.

③ 플러딩 노즐(Flooding nozzle) : 물을 분무시켜 엘리미네이터에 부착된 먼지를 세정한다.

④ 분무노즐(Spray nozzle) : 물은 1.5-2 atg의 압력으로 스프레이 헤더로 보내지며 스탠드 파이프를 따라 올라가 분무노즐에서 미세한 물방울로 되어 원추형으로 분무된다.

스트레이 헤더 수에 의해 1 뱅크, 2뱅크 등으로 나뉜다.

공기세정기에서 분무수의 온도가 입구공기의 습구온도보다 낮을 경우에는 **냉각 감습**이 되며, 분무수를 재순환시켜 열의 수수(受授)가 없을 경우에는 **증발 냉각**이 된다.

또한 분무수 온도가 입구공기의 습구온도보다 높을 경우에는 **가열가습**이 된다.

13.2.2 공기세정기의 단면적과 수공기비

풍량이 G $[kgf/h]$ 또는 Q $[m^3/h]$이고 세정기를 통과하는 공기의 속도를 v_a (대략 2~3 $[m/s]$ 로 설정)일 때 공기 세정기의 필요 단면적은 다음과 같다.

$Q = A\,v_a$ 이고 표준 공기의 비중량은 1.2 $[kgf/m^3]$ 이므로

$$A = \frac{G}{4300\,v_a} = \frac{Q}{3600\,v_a}\ [m^2]$$

분무 수량 L $[l/\text{min}]$은 수공기비로부터 구한다.

공기세정기에서 물과 공기사이에 열교환이 일어나게 되며 이때 주고받은 열량의 합은 서로 같다. 예를 들어 가열·가습할 경우 공기가 얻은 열량이 $h_2 - h_1$ 이고 물이 빼앗긴 열량이 $h_{w1} - h_{w2}$ 이므로 수량 L $[kgf/h]$와 공기량 G $[kgf/h]$ 사이에는 다음의 관계가 성립한다.

$$L(h_{w1} - h_{w2}) = G(h_2 - h_1), \qquad \frac{L}{G} = \frac{h_2 - h_1}{h_{w1} - h_{w2}}$$

여기서 **L/G를 수(물)공기비**라고 하며, 분무수량은 다음과 같다.

$$L = G\frac{h_2 - h_1}{h_{w1} - h_{w2}}$$

분무수의 압력은 일반적으로 1~2 $[kgf/cm^2]$으로 한다.

표 13-1 수공기비(L/G)

	1뱅크	2뱅크
가습 냉각감습	0.2-0.6 0.4-1.0	0.4-1.2 0.8-2.0
공기통과 면적 당 물량	90 l /min 1 뱅크 평행류 180 l /min 2 뱅크 대향류	
L/G	〈 1 〉 1 〉 1.5	1 뱅크 평행류 2 뱅크 대향류 3 뱅크

13.3 가습장치(Humidifier)

가습방법으로는 수 분무형, 고압수 분무형, 증기 분사형이 있으며, 그 외에도 가습팬에 의한 방법과 방적공장, 인쇄공장, 연초공장 등과 같이 높은 실내 습도가 요구되는 장소에 적합한 실내에 직접 가습하는 방법이 있다.

13.3.1 수 분무형

지름이 1 mm이하인 소형의 분무노즐을 이용하여 물 또는 온수를 공기 중에 분무하고 이를 증발시켜 공기의 습도를 증가시키는 방법이다. 이때 분무수량에 대한 증발수량의 비율(가습효율)은 30% 정도이므로 나머지의 물방울도 가능한 많이 증발시키기 위하여 분무수를 가열코일에 분무하는 경우가 많다. 공기의 상태변화는 열수분비=수온의 방향으로 변화한다.

$$\text{가습효율}\,(\eta H) = \frac{\text{증발수량}}{\text{분무수량}}$$

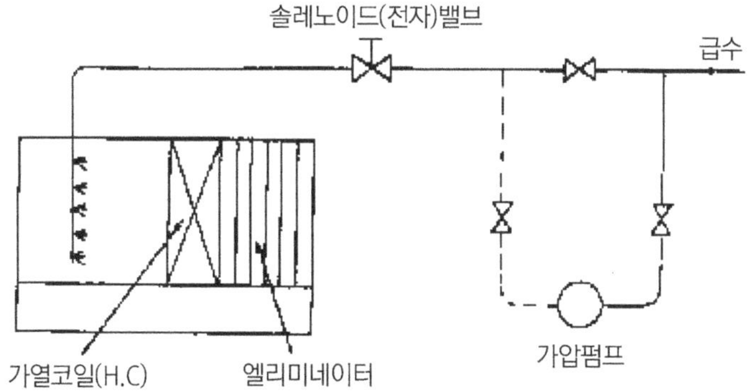

그림 13-3 물 또는 온수를 분무 가습할 경우

13.3.2 고압수 분무형

1~4 atg(게이지 압력)의 고압수를 분무하는 방식으로 분무량의 거의가 유효한 가습이 되어 분무수의 량이 적어도 되므로 재순환 펌프는 필요치 않다. 대형설비에서는 AW, 소규모 설비에서는 고압수 분무가 유리하다.

13.3.3 증기 분사형

공조기 또는 덕트 내에 증기관을 설치하고 노즐로부터 증기를 분출하여 습도를 조절하는 방식으로 효율은 거의 100%이며 증기분사압력은 소음을 고려하여 0.3 atg 이하로 한다.

공기의 상태는

u (열수분비) $= 597.3 + 0.441\, t_s$(증기의 온도, t_s)로 변화한다.

예제 13-1

풍량 1,000 $= G(x_2 - x_1) = 1{,}000\,(0.00726 - 0.00565) = 1.61$ $[kgf/h]$의 절대습도 $x = 0.00565$ $[kgf/kgf']$, 건구온도 16.3 [℃]인 공기를 온수분무로 절대습도 0.00726 $[kgf/kgf']$ 까지 가습할 때 분무수량을 구하시오. (단, 온수온도를 40 [℃]로 하고 가습효율은 30 [%]로 한다)

풀이 가습량(L) $= G(x_2 - x_1) = 1{,}000\,(0.00726 - 0.00565) = 1.61$ $[kgf/h]$

가습효율이 30 [%]이므로 분무수량 $L' = \dfrac{1.61}{0.3} = 5.366$ $[kgf/h]$

예제 13-2

풍량 1,000 $[kgf/h]$의 공기 ($DB = 16.3\,[℃]$, $x = 0.00565\,[kgf/kgf']$)를 엔탈피가 641 $[kcal/kgf]$인 증기를 이용하여 $x = 0.00726$ $[kgf/kgf']$까지 가습할 때 필요한 증기량을 구하시오.

풀이 가습열량 $= G(h_2 - h_1) = 1{,}000\,(7.91 - 6.84) = 1{,}070\ [kcal/h]$

필요 증기량$(G_s) = \dfrac{\text{가습열량}}{h_s} = \dfrac{1{,}070}{641} = 1.669\ [kgf/h]$

13.4 감습 장치(Dehumidifier)

13.4.1 냉각 감습 장치

노점 제어 감습, 냉각코일 또는 공기세정기를 이용하는 방법이다.

다음은 소형제습장치와 대형제습장치의 개략도와 공기선도 상의 상태변화를 나타낸 것이다.

제습효율은 위에 나타낸 공기선도로부터 다음과 같이 구한다.

$$\text{제습효율}\ (\ \eta_{deh}\ ) = \frac{B}{A} = \frac{\Delta x\ \cdot\ \gamma}{h_1 - h_2}$$

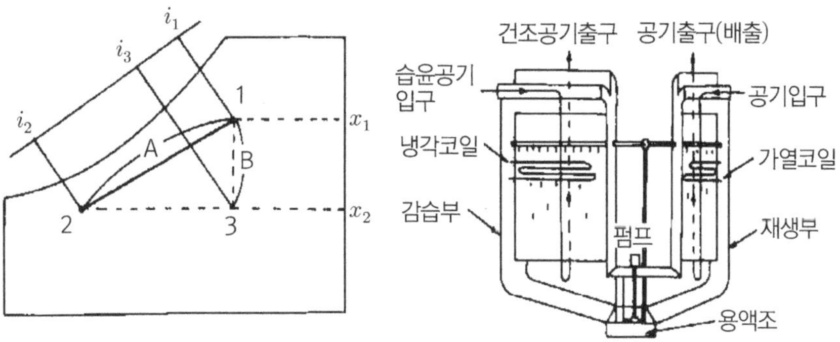

(Katuabar식 감습장치)

그림 13-4 냉각-감습

13.4.2 흡수식 감습장치(액체제습장치)

염화리듐, 취화리듐 또는 트리 에틸렌 그리콜과 같은 흡수성이 큰 액체흡수제를 이용하여 공기 중의 수분을 제거하는 방법이다. 이 장치는 공기 중의 수분을 제거하는 제습기와 수분을 흡수한 액을 가열하여 수분을 대기 중으로 방출하는 재생기로 구성된다.

13.4.3 흡착식 감습장치

실리카겔, 활성알루미나, 애드졸과 같은 반고체 또는 고체 흡수제를 사용하는 방법이며 냉동장치와 병용하여 극저습도를 요구하는 곳에 사용된다.

13.4.4 압축감습장치

공기를 압축한 후 급격히 팽창시켜 온도를 낮추고 수증기를 응축시켜 제거하거나, 압축한 공기를 냉각하면 포화절대습도가 저하하는 성질을 이용하여 고압트랩에서 수증기를 분리하는 방법이다. 그러나 동력소비가 커서 일반적으로 사용되지 않는 방법이다.

[제습기의 원리]

제습기가 공기 중의 습기를 제거하는 방식은 냉각식과 건조식으로 나눌 수 있다. 건조식은 화학물질인 흡습제를 이용하는 방식으로 공기 중의 습기를 직접 흡수하거나 흡착시킨다. 흡습제가 습기를 더 이상 흡수하지 못하면 흡습제를 가열하여 습기를 다시 분리하는 방식이다. 이 방식은 밀폐된 공간에서 소량의 수분을 제거하는 데 유용하다.

흡습제에는 수분을 흡착하는 능력이 뛰어난 다공성 물질인 실리카겔(Silica gel), 알루미나겔(Alumina gel), 몰레큘러시브(Molecular sieves) 등이 있다.

냉각식 제습기는 공기 중의 수증기를 물로 응축시켜 습기를 조절한다. 수증기를 응축시키기 위해서는 **노점(Dew point)** 이하로 공기의 온도를 내려야 하며 냉각을 위해 R-22 냉매를 이용한다.

그림에 나타낸 바와 같이 습공기를 팬으로 흡인한 후 냉각장치(증발기)로 통과시킨다. 냉각장치를 통과한 공기의 온도가 낮아지고, 공기가 노점에 도달해 공기 중의 수증기가 물이 응결되어 냉각관에 맺혀 물통에 떨어져 모인다.

수분이 제거된 건조한 공기는 응축기를 거치는 동안 냉매를 응축하고 자신은 덥혀져 실내로 방출된다. 상대습도가 높을수록 공기 중의 수증기가 물로 변하기 쉬워 제습에 효과적이다.

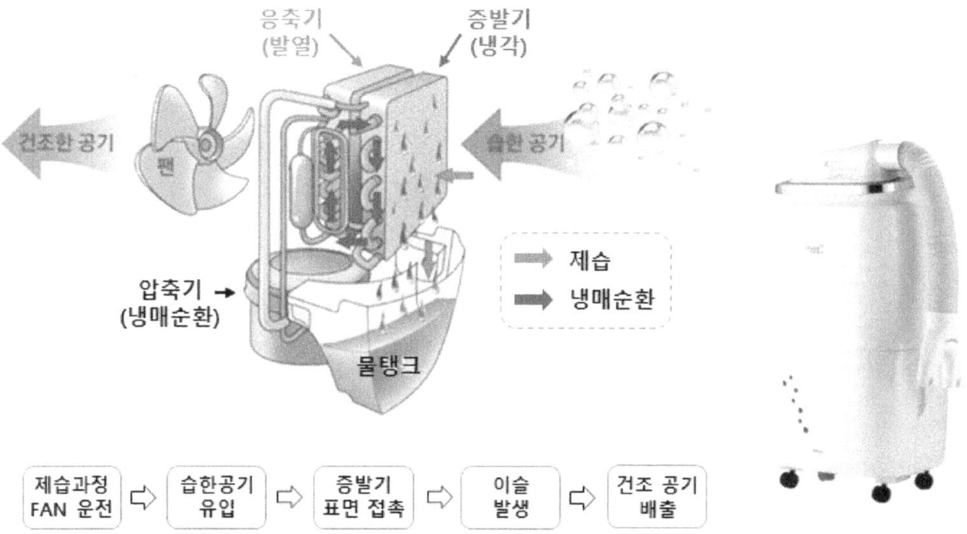

가정용 제습기의 용량은 국내 KS표준환경기준에 의거하여 온도 27℃, 상대습도 60%의 실내조건에서 24시간 연속 가동할 때 제거되는 응축수의 양으로 나타낸다.

이러한 유형의 제습 외에 전자식으로 제습을 하는 기기들도 찾아볼 수 있다. 전자식 제습은 펠티에 효과(Peltier effect)를 이용한 열전냉각 방식으로 작동한다. 펠티에 효과는 다른 두 금속의 양 단면을 서로 연결하고 전기를 통하게 하면 그 양 단면에서 발열과 냉각이 동시에 일어나는 현상이다.

전자 제습기는 이 효과를 적용한 열전반도체 소자를 사용하며, 냉각되는 금속판 쪽에서 공기 중의 수증기가 응축되어 밖으로 배출된다. 이러한 전자 제습기는 소음이 없고 소형화가 가능해 카메라나 보청기와 같은 정밀기기의 보관을 위한 제습함에 이용된다.

13.5 냉각탑(Cooling tower)

냉동기에서 응축기의 냉각수로 한번 사용한 냉각수의 온도를 떨어뜨려 재차 냉각수로 사용할 수 있도록 냉각시키는 장치를 **냉각탑(Cooling tower)**이라고 한다.

강제 통풍형 냉각탑의 설계기준은 다음과 같다.

① 수공기비 L/G = 0.8~1.4 평균치로서 1 전후의 값을 취한다.

② 탑 내의 공기속도 $v_a[m/s]$ = 1.4 ~ 2.2 $[m/s]$이고, 일반적으로 1.5 $[m/s]$를 이용한다.

③ 물량 L $[kgf/h]$ 1 냉동톤 당 670~900 $[kgf/h]$로 한다.

④ 공기량 G $[kgf/h]$는 1냉동톤 당 600~840 $[kgf/h]$ 범위로 하고, 단위 면적당 3600~9000 $[kgf/h]$로 한다.

탑 입구 및 출구수온이 각 각 t_{w1}, t_{w2} 이고 L, G $[kgf/h]$는 수량 및 공기량, h_2, h_1 는 입구 및 출구 공기의 엔탈피, A 는 탑의 단면적 $[m^2]$, q_{CT} 냉각열량 $[kcal/h]$, v_a 를 공기속도 $[m/s]$라 하면 다음의 관계가 성립한다.

$$t_{w1} - t_{w2} = \frac{q_{CT}}{L}, \qquad h_2 - h_1 = \frac{q_{CT}}{G},$$

$$A = \frac{G}{4{,}300\, v_a}$$

탑의 유효높이는 $h = \dfrac{q_{CT}}{K_a \cdot A \cdot MED}$ $[m]$

여기서 K_a : 총괄 이동계수이며

대수평균 엔탈피 차 MED = Mean enthalpy difference

$$MED = \frac{\Delta h_1 - \Delta h_2}{\ln(\Delta h_1 / \Delta h_2)} \quad [kcal]\text{이다.}$$

예제 13-3

냉동기의 냉각수량 42,000 $[kgf/h]$, 냉각수 입구온도 38 [℃], 외기 습구온도 27 [℃], 응축(냉각)열량 210,000 $[kcal/h]$로 하여 역류형의 냉각탑에서 냉각탑 출구의 수온과 냉각탑 출구의 공기온도는 몇 [℃]인가? 그리고 냉각탑의 설계 조건을 논하시오.

풀이 온도 38 [℃]로 들어온 물은 냉각탑에서 냉각되어 출구로 나오게 되는데 그 때의 냉각수 온도 t_{w2} 는 다음과 같이 된다.

$t_{w2} = t_{w1} - (q_{CT} / L)$ = 38-(210,000/42,000) = 33 [℃]

수공기비(L/G)를 1로 하면 공기량은 $G = L = 42,000\ [kgf/h]$

WB 27 [℃] 공기의 엔탈피는 20.3 $[kcal/kgf]$ 이므로 냉각탑을 나가는 공기의 엔탈피 h_2 는

$$h_2 = h_1 + \frac{q_{CT}}{G} = 20.3 + \frac{210,000}{42,000} = 25.3\ [kcal/kgf]\ \text{가 된다.}$$

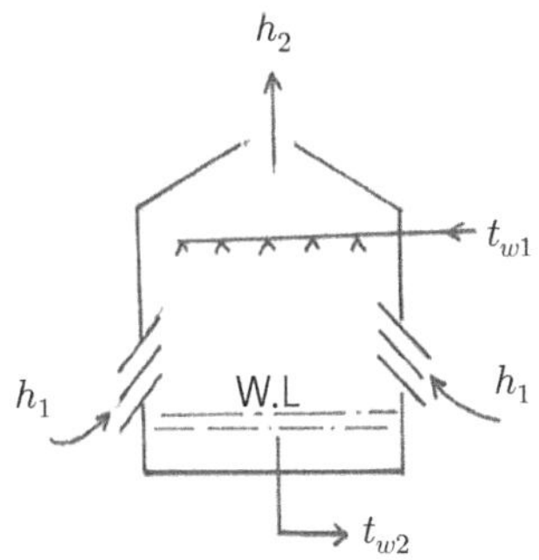

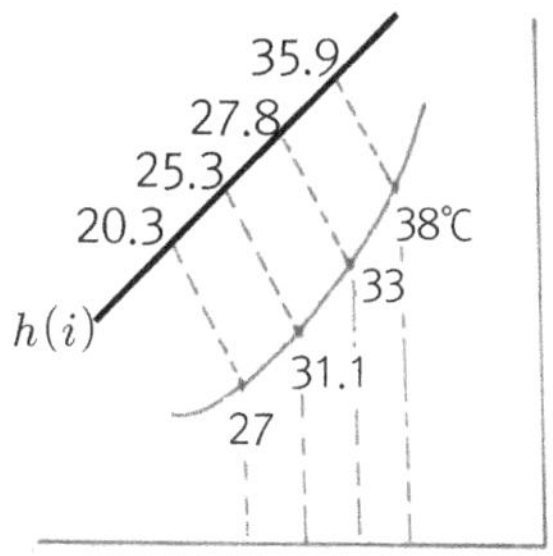

습공기 선도에서 엔탈피가 25.3 $[kcal/kgf]$ 인 공기의 WB는 31.1 [℃] 가 된다.

즉 냉각탑으로 들어가는 공기는 WB 27 [℃]로 들어가서 WB 31.1 [℃]로 가열되어 나오며, 냉각수는 38 [℃]로 들어가서 33 [℃]로 냉각되어 냉각탑을 나온다.

이 조건으로 냉각탑을 설계한다면,

$$\Delta h_1 = h_{w2} - h_1 = 27.8 - 20.3 = 7.5$$

$\Delta h_2 = h_{w1} - h_2 = 35.9 - 25.3 = 10.6$ 이므로

$$MED = \frac{\Delta h_1 - \Delta h_2}{\ln(\Delta h_1 / \Delta h_2)} = 8.96\ [kcal]$$

탑 단면적은 $A = \dfrac{G}{4{,}300\, v_a}$에서 v_a = 1.5 [m/s]로 하면

$$A = 42{,}000/(4{,}300 \times 1.5) = 6.51\ [m^2] \fallingdotseq 6.6\ [m^2]$$

$$= 3{,}000\,[mm] \times 2200\ [mm]$$

$L/A = 42{,}000/6.6 = 6{,}360\ [kgf/m^2h] = 6.36\ [\text{ton}/m^2h]$ 이므로 총괄이동계수에서 $K_a = 2{,}150\ [kcal/m^2h\Delta_t]$가 얻어진다.

그러므로 탑의 유효높이는

$$h = \frac{q_{CT}}{K_a \cdot A \cdot MED} = \frac{210{,}000}{2{,}150 \times 6.6 \times 8.96} = 1.652\ [m]$$

여기에 외기 취입구, 엘리미네이터, 노즐 기타의 스페이스를 포함하여 탑 전체 높이는 4000 [mm] 정도가 된다.

스프레이 노즐은 분무압 1.75 [kgf/cm^2]로 하고, 노즐의 분무 물량을 구하는 그림으로부터 물량을 구하면 8.15 [l/min]가 된다.

따라서 노즐은 $N = \dfrac{42{,}000}{8.15 \times 60} = 86$ [개] 가 된다.

13.6 냉수코일(Chilled water coil)

동관에 알루미늄의 핀을 달아서 전열면을 증가시킨 것으로 여기에 냉수를 통과시켜 관의 외부를 통과하는 공기를 냉각 혹은 감습시키는 장치를 냉수코일이라고 한다. 설계시의 주의 사항은 다음과 같다.

① 공기류와 수류는 역류형이 되도록 한다.
② 관내의 물의 속도는 0.5-1.5 m/s로 한다.
③ 입구 및 출구의 수온 차는 5-10℃로 한다.
④ 출구공기의 건구온도와 입구온도의 차는 3-5℃이상으로 한다.
⑤ 물량은 일반적으로 1 냉동톤 당 7-15 l/min으로 한다.

설계 시 각 요소의 계산은 다음과 같다.

(1) 냉수코일의 전열면적 $A\,[m^2]$

$$A = \frac{G}{4300\,v_a}$$

여기서 v_a : 공기의 속도 $[m/s]$ 일반적으로 2~3 $[m/s]$로 한다.

G : 공기량 $[kgf/h]$

(2) 냉각수량 L[l/min]

$$L = \frac{q_{CC}}{t_{w2} - t_{w1}}$$

여기서 q_{CC} : 처리열량 $[kcal/h]$

t_{w1}, t_{w2} : 냉수코일의 입구 및 출구수온 [℃]

(3) 유속 v_w[m/s]

$$v_w = \frac{aL}{n}$$

여기서 n : 관의 수 [개]

a : 계수 (두께 1 [mm], 외경 15.8 [mm]일 때 a = 0.111)

(4) 열수 N(열)

$$N = \frac{q_{CC}}{K \cdot A \cdot F_w \cdot MTD}$$

여기서 K : 코일의 열통과율 [$kcal/m^2 \cdot h \cdot MTD \cdot$열]

F_w : 습한계수

MTD : 대수평균온도차 [℃]

13.7 송풍기(Fan)

공기조화장치에서 가장 많이 사용되고 있는 팬 또는 송풍기는 원심송풍기와 축류송풍기가 있다. 원심송풍기(Centrifugal fan)에는 다익형(前曲型), 터보형(後曲型), 리버스형 및 직선익형이 있고, 축류송풍기(Axial flow fan)에는 프로펠러형, 관내축류형(Tube axial fan), 베인축류형(Vane axial fan)이 있다.

원심송풍기는 공기의 송출방향이 축에 직각인데 반하여 축류송풍기는 축과 평행하게 공기가 흐른다. 일정 출력에서 전곡형 송풍기는 비교적 저속도로 운전하나 후곡형 송풍기와 리버스형은 고속운전하므로 후자의 기계효율이 더 좋다.

13.7.1 송풍기의 분류

송풍기를 풍압에 의하여 분류하면

① **선풍기** : 대기압 상태에서 흡입하고 공기의 압력상승은 거의 없다.

②Turbo)Fan : 대기압 상태에서 공기를 흡입하고 압력상승은 1000 $mmAq$(1 mAq) 미만인 경우 Fan이라 칭한다.

③ Blower : 대기압 하에서 공기를 흡입하고 압력상승은 1000 $mmAq$ 이상이 된다.

일반적으로 공조용으로 사용되는 풍압은 300 $mmAq$ 이하이다.

13.7.2 소요동력

(1) 기동력(이론동력)

송풍기의 풍량을 Q $[m^3/\text{sec}]$, 전압이 P_T $[kgf/m^2]$일 때,

이론동력은

$$\text{공기동력} = \frac{\gamma QH}{102} = \frac{QP_T}{102}\ [kW]$$

(2) 축동력(실제동력)

$$\text{축동력} = \frac{QP_T}{102 \times \eta_T}\ [kW] = \frac{QP_s}{102 \times \eta_s}\ [kW]$$

13.7.3 송풍기의 상사법칙

(1) 회전수 변화에 따른 법칙

동일한 덕트를 사용하나 송풍기의 회전수(N)가 서로 다를 경우

$$\text{풍량} \quad Q_2 = \left(\frac{N_2}{N_1}\right) Q_1$$

정압 $P_{2s} = (\frac{N_2}{N_1})^2 P_{1s}$

동력 $L_2 = (\frac{N_2}{N_1})^3 L_1$

(2) 송풍기의 회전수가 일정하나 임펠러 직경(D)이 다른 경우

$$Q_2 = (\frac{D_2}{D_1})^3 Q_1 \qquad P_{2s} = (\frac{D_2}{D_1})^2 P_{1s} \qquad L_2 = (\frac{D_2}{D_1})^5 L_1$$

$$\therefore \quad Q_2 = (\frac{D_2}{D_1})^3 (\frac{N_2}{N_1}) Q_1$$

$$P_{2s} = (\frac{D_2}{D_1})^2 (\frac{N_2}{N_1})^2 Q_1$$

$$L_2 = (\frac{D_2}{D_1})^5 (\frac{N_2}{N_1})^3 Q_1$$

13.7.4 맥동현상(Surging)

송풍기에 특별한 외란을 가하지 않았는데도 압력과 풍량에 비교적 큰 주기적 변동현상이 생기는 것을 **서징현상**이라고 한다. 비교적 적은 용량과 저압의 송풍기에서 서징현상이 발생하면 주기적인 굉음이 일어날 정도이기 때문에 운전은 계속할 수 있으나 대용량, 고압의 송풍기에서는 압력과 풍량의 맥동이 심해지기 때문에 송풍기와 관계통 전체에 진동이 커져 운전을 계속할 수 없게 된다.

서징현상의 발생원인은 원심펌프와 마찬가지로 H-Q곡선의 우상(右上)특성인 불안정한 운전상태와 저압조(貯壓槽)역할로써의 송출관로와의 역학적 불안정상태로 해석되고 있다.

서징 방지방법은 다음과 같다.

① 방풍(放風)에 의한 방법.

가장 간단한 방법이나 방풍할 때 소음이 많이 나며 비경제적인 방법이다. 또한 방풍되는 기체는 위험이 없는 가스에 한정된다.

② 회전속도의 조절로 서어징 영역 밖에서 운전되도록 한다.

③ 두 밸브의 조작에 의한 방법

송풍기의 송출관 속에 두 개의 밸브를 삽입하여 두 밸브 사이의 용적을 일정치 이상으로 취하여 저항을 가함으로서 서어징을 방지하는 방법이다. 구 밸브 사이의 용적은 배관을 이용하거나 탱크류를 이용하여도 무방하다.

④ 흡입밸브 또는 흡입 베인의 교축으로 조절하는 방법

특히 냉동장치인 원심식 압축기에서 서징 현상이 발생하는 경우 송풍기에서 나타나는 현상 외에 추가로 일어나는 현상은 다음과 같다.

① 응축압력이 한계치 이하로 감소한다.

② 증발압력은 규정치 아상으로 상승한다.

예제 13-4

그림과 같은 배기덕트 계통에서 측정한 풍량은 3,000 $[m^3/h]$이고, 각 위치에서 측정한 전압 및 정압은 다음 표와 같다. 송풍기의 전압과 정압 $[mmAq]$, 송풍기의 공기동력 $[kW]$을 구하시오. 단, ② 및 ③ 위치와 송풍기 사이의 손실압력은 무시하며, 1 $[kW]$ = 367,200 $[kgf \cdot m/h]$이다.

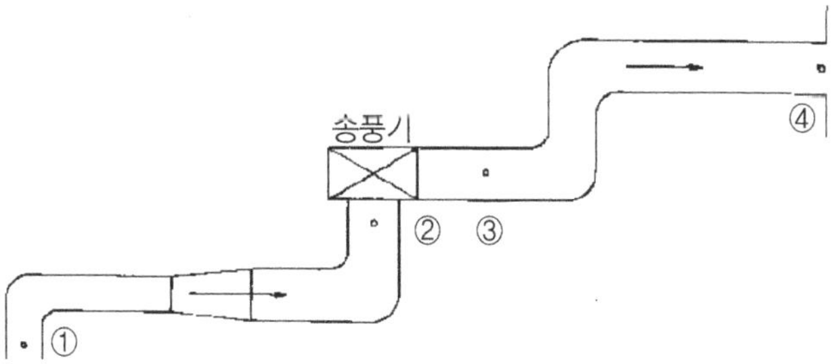

위치	전압(mmAq)	정압(mmAq)
①	-7.5	-16.3
②	-16.1	-20.8
③	10.6	5.9
④	4.7	0

풀이 전압을 P_T , 정압을 P_S 라고 하면

송풍기의 전압 $P_T = P_{T3} - P_{T2}$ = 10.6-(-16.1) = 26.7 $[mmAq]$

송풍기의 정압 P_S = P_T - 동압 = 26.7-(10.6-5.9) = 22.0 $[mmAq]$

또는 P_S = P_{S3} - P_{T2} = 5.9-(-16.1) = 22.0 $[mmAq]$

덕트계의 압력손실 = 송풍기의 전압 = 26.7 $[mmAq]$

효율 η_γ = 1로 할 때 송풍기의 공기동력 = $\dfrac{Q \cdot P_T}{6,120}$

1 $[kW]$ = 102 $[kgfm/s]$ = 6,120 $[kgfm/\min]$ = 367,200 $[kgfm/h]$이므로

공기동력 = $\dfrac{Q \cdot P_T}{367,200} = \dfrac{3,000 \times 26.7}{367,200} = 0.218\,[kW]$

예제 13-5

그림과 같은 덕트가 있다. 단, 덕트의 마찰계수 λ= 0.02, 직관 부분의 길이는 10 $[m]$, 국부저항 해당 길이는 10 $[m]$이다. 단, 국부저항 해당 길이에 흡입구 압력손실도 포함된 것으로 한다.

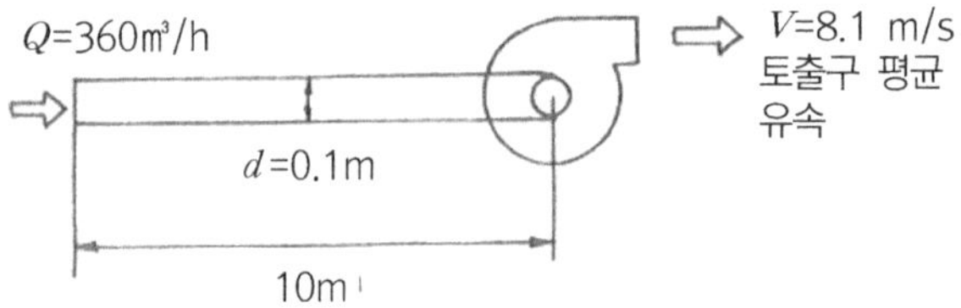

압력손실의 계산은 다음 식 $\Delta H = \lambda \cdot \dfrac{l}{d}\left(\dfrac{V}{4.05}\right)^2$ $[mmAq]$에 따른다.

여기서 덕트의 길이와 직경은 l $[m]$와 d $[m]$, 공기속도 V $[m/s]$이다.

단, 축동력은 다음 식을 따른다.

송풍기의 축동력 $[kW]$ = $\dfrac{Q \cdot P_S}{6120\,\eta_S}$, 여기서 송풍기의 효율 η_S = 0.5,

Q : 송풍량 $[m^3/\min]$, P_S : 송풍기의 정압 $[mmAq]$

(1) 덕트의 송풍전압을 구하시오.

(2) 축동력을 구하시오.

풀이 다음 그림에서 송풍기 전압 P_t , 정압 P_S , 동압 P_v 이며, 하첨자 1, 2는 각각 송풍기 입구와 출구를 나타낸다.

$P_T = P_{t2} - P_{t1}$, $P_S = P_T - P_{v2}$ 가 된다.

(1) 덕트 내의 풍속을 V_1 으로 하면

$$V_1 = \frac{360}{3600 \times \frac{\pi}{4} \times 0.1^2} = 12.7 \ [m/s]$$

송풍기 흡입구이므로

$$P_{t1} = 0.02 \times \frac{10+10}{0.1} \times (\frac{12.7}{4.05})^2 = -39.3 \ [kgf/m^2] = -39.3 \ [mmAq]$$

$$P_{t2} = P_{v2} = (\frac{8.1}{4.05})^2 = 4.0 \ [mmAq]$$

∴ 송풍기의 송풍전압 P_t = 4.0-(-39.3) = 43.3 $[mmAq]$

(2) P_S = 43.3 - 4 = 39.3 $[mmAq]$이므로 주어진 식에 대입하면

$$\therefore \text{송풍기의 축동력} = \frac{\frac{360}{60} \times 39.3}{6120 \times 0.5} = 0.077 \ [kW]$$

13.8 펌프(Pump)

공기조화 및 냉동시스템에서 파이프, 덕트 및 도관에 의한 유체의 분배는 필수적인 분야이며 특히 물과 공기는 공조시스템에서 매우 중요한 작동유체이다. 이 분배시스템에서 취급하는 유체는 기체, 증기, 액체 및 액체와 증기의 혼합물(2상 유동)상태로 존재한다.

공기조화 및 냉동시스템에서 쓰이는 펌프는 냉각수 펌프, 냉수펌프, 보급수펌프, 살수펌프, 브라인펌프, 냉매펌프, 윤활유펌프 등이 있다. 구조상으로 보아 원심펌프가 공기조화 및 냉동시스템에서 가장 많이 사용되고 있는 펌프의 형태이다.

원심펌프에서 가장 핵심이 되는 부분은 임펠러와 케이싱이다. 임펠러의 중앙으로 들어온 유체는 임펠러의 회전운동에 의하여 임펠러의 출구에서 높은 운동에너지를 갖게 되고 이는 볼류트와 디퓨져에서 정압에너지로 변환되어 바깥으로 흐르게 된다. 여러 형태의 임펠러와 케이싱이 있으나 작동원리는 동일하다.

공기조화에서는 각종 펌프의 작동원리와 구조를 깊이 있게 다룰 분야가 아니므로 여기서는 펌프의 기초이론에 대한 요점만을 간략히 정리한다.

13.8.1 펌프의 양정

$$H = h_a + h_p + h_v + h_f + h_t$$

여기서 H : 펌프의 소요양정 $[mH_2O]$

h_a : 실양정 (흡입 실양정 + 토출 실양정 $[mH_2O]$)

h_p : 압력 수두차($\dfrac{P^o - p'}{\gamma}$, 양면이 대기 개방일 때에는 0)

h_v : 속도 수두차 (흡입 유속이 2 $[m/s]$ 이하일 경우에는 무시한다)

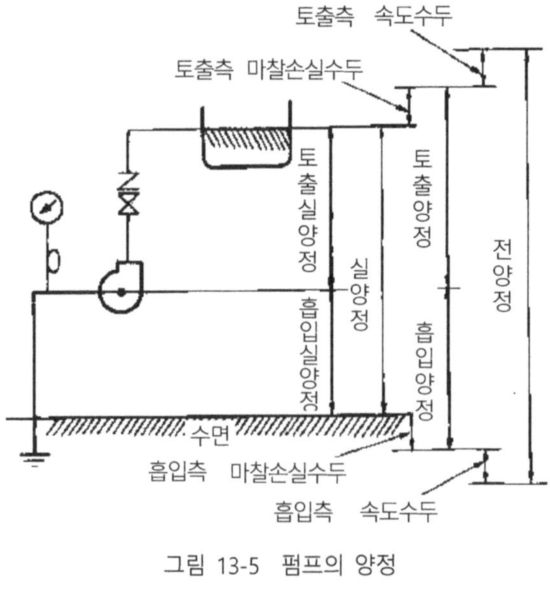

그림 13-5 펌프의 양정

h_f : 배관 마찰손실 수두 $[mH_2O]$

h_t : 국부손실 수두(밸브, 엘보우, 응축기, 쿨링타워 등의 손실수두 $[mH_2O]$)

펌프를 직렬연결하면 양정은 증가하나 송수량은 일정하고, 펌프를 병렬연결하면 양정은 일정하나 송수량은 증가한다.

13.8.2 펌프의 운전동력

(1) 수동력(이론능력, L_w)

유체를 어느 높이(전양정)까지 올리는데 필요한 이론동력 즉 펌프가 물에 가하는 동력을 수동력이라 한다.

$$L_w = \frac{\gamma\, Q\, H}{75}\ [PS] \ = \frac{\gamma\, Q\, H}{102}\ [kW]$$

여기서 Q : 유량 $[m^3/s]$, H : 양정 $[mH_2O]$,

γ : 유체의 비중량 $[kgf/m^3]$ 이다.

(2) 축동력(S)

펌프를 실세로 운전하는데 필요한 동력이며 수동력을 펌프의 효율(η_p)로 나눈 값이다.

$$S\,[kW] = \frac{L\,[kW]}{\eta_p}$$

(3) 원동기 출력(P)

펌프를 구동하는 필요한 원동기의 동력은

$$P = \frac{S\,(1+\alpha)}{\eta_t}\ [kW] = \frac{\gamma\, Q\, H\ (1+\alpha)}{102\,\eta_p \cdot \eta_t}\ [kW]$$

여기서 α : 여유율 (10~20 [%]),

η_t : 전달효율
(직결인 경우 1.0, V-belt 걸이인 경우 0.95, 평벨트 걸이인 경우 0.9~0.93)

13.8.3 펌프의 상사법칙

같은 펌프를 서로 다른 회전수로 운전하는 경우 회전수와 유량, 양정, 축동력 및 효율과의 관계를 나타낸 것으로 상사법칙은 회전수의 변화가 20% 이내일 때 성립한다.

$$Q_2 = (\frac{N_2}{N_1})Q_1 , \qquad H_2 = (\frac{N_2}{N_1})^2 H_1 ,$$

$$P_2 = (\frac{N_2}{N_1})^3 P_1 , \qquad \eta_2 = \eta_1$$

토출량은 회전수에 비례하며, 양정은 회전수의 제곱에 비례하며, 동력은 회전수의 3승에 비례한다.

13.8.4 비교회전도(Specific speed)

한 회전차를 형상과 운전상태를 상사하게 유지하면서 그 크기를 바꾸어 단위 송출량(m^3/min)에서 단위 양정으로 되게 할 때 그 회전차에 최대로 적합한 회전수를 원래의 회전차의 **비교회전도(Specific speed, N_s)**라 하며, **비속도**라고도 한다.

$$N_s = N \frac{Q^{1/2}}{H^{3/4}}$$

13.8.5 유효흡입양정(NPSH)

펌프의 이론적인 흡입양정은 상온의 물의 경우 대기압 하에서 약 10 m이나 실제로는 흡입관내의 손실, 임펠러 입구에서의 손실, 증기발생 등으로 인하여 약 6 m 정도가 된다. 따라서 유효흡입양정(Net Positive suction head, NPSH)의 계산이 필요하다.

물의 온도가 높아질수록 펌프의 흡입양정은 감소되어 100℃의 온수에서의 흡입양정은 이론적으로 0 m가 되며, 실제는 흡입수면이 펌프보다 더 높아야만 한다.(예제 13.7 참조)

또한 펌프의 흡입 높이는 액체의 비중량에 반비례하며 휘발성액체는 상당히 낮아진다.

① 펌프에서 얻어지는 NPSH(H_{sv} $[mH_2O]$)

$$NPSH = \frac{P}{\gamma} - \left(\frac{P_v}{\gamma} + Z_s + hf_s\right)$$

여기서 P : 대기압 (10,332 $[kgf/m^2]$)

γ : 액체의 비중량 $[kgf/m^3]$

P_v : 수온에 해당하는 포화증기압 $[kgf/m^2]$

Z_s : 흡입실양정 $[mH_2O]$

hf_s : 흡입관의 마찰손실 수두 $[mH_2O]$

② 펌프가 필요로 하는 NPSH(h_{sv} $[mH_2O]$)

$$NPSH' = \alpha \cdot H$$

여기서 α : Thoma 계수 = NPSH/H

H : 펌프의 전양정 $[mH_2O]$

③ 캐비테이션을 막기 위해서는 펌프설비에서 얻어지는 NPSH(H_{sv})를 펌프가 필요로 하는 NPSH(h_{sv})보다 크게 하여야 한다. 즉 유효흡입수두를 필요흡입수두보다 크게 해야 한다.

$$H_{sv} = (1.3 \sim 1.4) h_{sv}$$

예제 13-6

펌프에서 수직높이 30 [m]의 고가 수조와 5 [m] 아래의 지하수까지를 50 [mm] 파이프로 접속하였다. 매초 2 [m] 속도로 양수할 때의 펌프의 전양정, 유량, 축동력을 구하시오. 단, 파이프 1 [m] 당 저항은 3 [$mmAq$]이고, 기타 저항은 무시한다. 그리고 펌프의 효율은 75 [%]이다.

풀이 ① 펌프의 전양정 H는

$$H = h_a + h_p + h_v + h_l + h_\zeta \quad \text{여기서} \quad h_p = 0, \quad h_\zeta = 0(\text{무시한다})$$

$$H = (30+5) + \left(\frac{2^2}{2\times 9.8}\right) + (0.003 \times 35) = 35.31 \ [mAq]$$

② 펌프의 유량

$$Q = AV = \frac{\pi}{4} \times D_P^2 \times v = \frac{\pi}{4} \times (0.05)^2 \times 2 = 0.00393 \ [m^3/s]$$

③ 펌프의 축동력

$$L_s = \frac{\gamma Q H}{\eta_P \times S} = \frac{10^3 \times 0.00393 \times 35.31}{0.75 \times 102} = 1.814 \ [kW]$$

예제 13-7

그림과 같은 보일러 급수펌프 설비에서 환수 온도가 90 [℃]인 경우 하트웰 탱크의 수위는 펌프보다 얼마나 높게 해야 하는가? 여기서 펌프는 3단 볼류트 펌프로 하고 토출량은 1.5 [m^3/min], 전양정은 60 [m], 회전수는 1500 [rpm], 토오마의 캐비테이션 계수는 α = 0.09, 흡입관의 마찰손실은 3 [mAq]로 한다.

풀이 펌프가 3단이므로 1단당 양정은 60/3 = 20 [m]

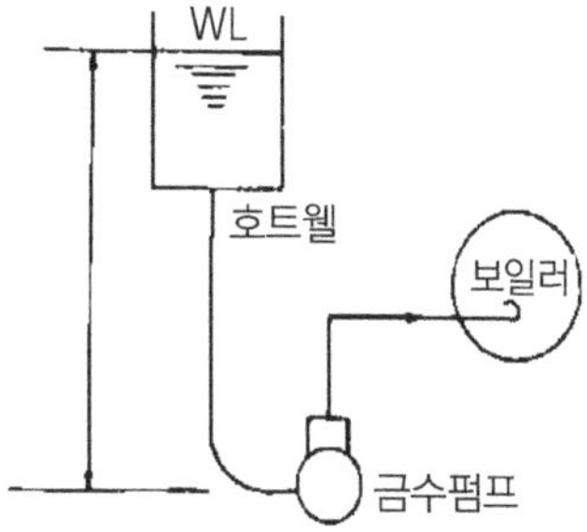

펌프가 필요로 하는 NPSH는

$$h_{SV} = \alpha \times H = 0.09 \times 20 = 1.8\ [m]$$

펌프설비가 확보하여야 하는 NPSH는

$H_{SV} = (1.3 \sim 1.4) h_{SV}$이므로

$$H_{SV} = 1.4 \times 1.8 = 2.5\ [m]$$

하트웰의 필요 높이는

$H_{SV} = \dfrac{P_a}{\gamma} - \left(\dfrac{P_V}{\gamma} + Z_S + h_S f\right)$ 에서

$$Z_S = \frac{10332}{965} - \left(\frac{7150}{965} + 2.5 + 3\right) = -2.2\ [m]$$

따라서 하트웰은 펌프보다 2.2 [m] 높게 할 필요가 있다.

(90 [℃]에 상당하는 포화압력은 7,150 [kgf/m^2], 90℃ 포화수의 비중량은 965 [kgf/m^3]이다.)

위 문제와 동일한 조건에서 환수의 온도를 150 [℃]로 하면 흡입실양정은 -47.2 [m]가 되며, 180 [℃]로 하면 -109.2 [m]가 된다.

예제 13-8

회전수 800 [rpm], 토출량 1.5 [m^3/min], 동력 12 [kW]인 펌프의 토출량을 1.8 [m^3/min]로 높이기 위해서는 회전수를 얼마로 해야 하는가? 또 그때의 동력은 얼마가 되는가?

풀이 회전수 $N_2 = N_1 \times \dfrac{Q_2}{Q_1} = 800 \times \dfrac{1.8}{1.5} = 960\ [rpm]$

필요 동력 $P = P_1 \times \left(\dfrac{N_2}{N_1}\right)^3 = 12 \times \left(\dfrac{960}{800}\right)^3 = 20.8\ [kW]$

13.8.6 공동현상(Cavitation)

흡입배관이 가늘거나 흡입양정이 높거나 임펠러 입구의 원주속도가 고속인 경우 임펠러 입구에 국부적으로 고진공현상이 발생하여 유체 중에 함유되어 있는 공기가 유리되거나 또는 유체가 증발하여 작은 기포가 많이 발생하는 현상을 말한다. 이 기포는 유체의 흐름과 함께 이동하여 고압부로 나오게 되면 압력작용이 갑자기 없어진다. 이와 같이 기포의 발생과 소멸이 반복되면 펌프의 소음과 진동이 발생하며, 펌프의 양정곡선 및 효율곡선의 저하를 초래하고, 임펠러를 침식시키는 원인이 된다. 심할 경우 양수가 불가능해 진다.

공동현상을 방지하는 방법은 다음과 같다.

① 펌프의 설치 위치를 낮춘다.
② 펌프의 회전수를 작게 하여 흡입비교 회전도를 적게 한다.
③ 단흡입인 경우에는 양흡입 펌프로 한다.
④ 2대 이상의 펌프를 사용한다. 즉 유량이 부족할 경우 2대 이상의 펌프를 병렬로 운전하고 양정이 부족할 경우에는 2대 이상의 펌프를 직렬로 연결하여 사용하여야 공동현상을 방지할 수 있다.
⑤ 흡입관 지름을 유량에 맞추어 흡입관에서의 손실을 작게 한다.
⑥ NPSH(H_{SV}) = 1.3 ~1.4 NPSH'(h_{SV})로 한다.

13.8.7 수격작용(Water hammering action)

관속을 충만하게 흐르고 있는 유체의 속도를 급격히 변화시키면 이 액체에 큰 압력의 변화가 발생하여 관을 치는 고음이 발생하게 된다. 이러한 현상을 수격작용이라고 한다.

이를 방지하기 위한 방법은 다음과 같다.

① 관의 직경을 크게 하거나 유체의 속도를 낮게 한다.
② 펌프에 플라이휠을 부착하여 펌프의 속도가 급격히 변화하는 것을 방지한다.
③ 서지펌프를 설치한다.
④ 밸브는 펌프 송출구 가까이에 설치하고 밸브를 적당히 제어한다.

부록

부록 1. 포화액의 열적 성질

종류	온도 tK	밀도 ρ (kg/m^3)	비열 c_p(kJ/kgK)	점성 $\mu \cdot 10^2$(Ns/m^2)	동점성 $\upsilon \cdot 10^6$(m^2/s)	열전도률 $k \cdot 10^3$ (W/mK)	온도전도율 $\alpha \cdot 10^7$ (m^2/s)	프란틀수 Pr
엔진오일	273	889.1	1.796	385	4280	147	0.910	47000
	280	895.3	1.827	217	2430	144	0.880	27500
	290	890.0	1.868	99.9	1120	145	0.872	12900
	300	884.1	1.909	48.6	550	145	0.859	6400
	310	877.9	1.951	25.3	288	145	0.847	3400
	320	871.8	1.993	14.1	161	143	0.823	1965
	330	865.8	2.035	8.36	96.6	141	0.800	1205
	340	859.9	2.076	5.31	61.7	139	0.779	793
	350	853.9	2.118	3.56	41.7	138	0.763	546
	360	847.8	2.161	2.52	29.7	138	0.753	395
	370	841.8	2.206	1.86	22.0	137	0.738	300
	380	836.0	2.250	1.41	16.9	136	0.723	233
	390	830.6	2.294	1.10	13.3	135	0.709	187
	400	825.1	2.337	0.874	10.6	134	0.695	152
	410	818.9	2.381	0.698	8.52	133	0.682	125
	420	812.1	2.427	0.564	6.94	133	0.675	103
	430	806.5	2.471	0.470	5.83	132	0.662	88
에틸렌그리콜	273	1130.8	2.294	6.51	57.6	242	0.933	617
	280	1125.8	2.323	4.20	37.3	244	0.933	400
	290	1118.8	2.368	2.47	22.1	248	0.936	236
	300	1114.4	2.415	1.57	14.1	252	0.939	151
	310	1103.7	2.460	1.07	9.65	255	0.939	103
	320	1096.2	2.505	0.757	6.91	258	0.940	73.5
	330	1089.5	2.549	0.561	5.15	260	0.936	55.0
	340	1083.8	2.592	0.431	3.98	261	0.929	42.8
	350	1079.0	2.637	0.342	3.17	261	0.917	34.6
	360	1074.0	2.682	0.278	2.59	261	0.906	28.6
	370	1066.7	2.728	0.228	2.14	262	0.900	23.7
	373	1058.5	2.742	0.215	2.03	263	0.906	22.4
프레온 (R-12)	230	1528.4	0.8816	0.0457	0.299	68	0.505	5.9
	240	1498.0	0.8923	0.0385	0.257	69	0.516	5.0
	250	1469.5	0.9037	0.0354	0.241	70	0.527	4.6
	260	1439.0	0.9163	0.0322	0.224	73	0.554	4.0
	270	1407.2	0.9301	0.0304	0.216	73	0.558	3.9
	280	1374.4	0.9450	0.0283	0.206	73	0.562	3.7
	290	1340.5	0.9609	0.0265	0.198	73	0.567	3.5
	300	1305.8	0.9781	0.0254	0.195	72	0.564	3.5
	310	1268.9	0.9963	0.0244	0.192	69	0.546	3.4
	320	1128.6	1.0155	0.0233	0.190	68	0.545	3.5
글리세린	273	1276.0	2.261	1060	8310	282	0.977	85000
	280	1271.9	2.298	534	4200	284	0.972	43200
	290	1265.8	2.367	185	1460	286	0.955	15300
	300	1259.9	2.427	79.9	634	286	0.935	6780
	310	1253.9	2.490	35.2	281	286	0.916	3060
	320	1247.2	2.564	21.0	168	287	0.897	1870
수은	273	13595	0.1404	0.1688	0.1240	8180	42.85	0.0290
	300	13529	0.1393	0.1523	0.1125	8540	45.30	0.0248
	350	13407	0.1377	0.1309	0.0976	9180	49.75	0.0196
	400	13287	0.1365	0.1171	0.0882	9800	54.05	0.0163
	450	13167	0.1357	0.1075	0.0816	10400	58.10	0.0140
	500	13048	0.1353	0.1007	0.0771	10950	61.90	0.0125
	550	12929	0.1352	0.0953	0.0737	11450	65.55	0.0112
	600	12809	0.1355	0.0911	0.0711	11950	68.80	0.0105

Data from : Fondamental of Heat and Mass Transfer, F. P. Incropera & D. P. Witt, 2002, Wiley

부록 2. 기체의 열적 성질

종류	온도 tK	밀도 ρ (kg/m^3)	비열 c_p(kJ/kgK)	점성 $\mu \cdot 10^7$(Ns/m^2)	동점성 $\upsilon \cdot 10^6$ (m^2/s)	열전도률 $k \cdot 10^3$ (W/mK)	온도전도율 $\alpha \cdot 10^6$ (m^2/s)	프란틀수 Pr
수소	250	0.09693	14.06	78.9	81.4	157	115	0.707
	300	0.08078	14.31	89.6	111.0	183	158	0.701
	350	0.06924	14.43	98.6	143.0	204	204	0.700
	400	0.06059	14.48	108.2	179.0	226	258	0.695
	450	0.05386	14.50	117.2	218.0	247	316	0.689
	500	0.04848	14.52	126.4	261.0	266	378	0.691
	550	0.04407	14.53	134.3	305.0	285	445	0.685
질소	250	1.3488	1.042	154.9	11.48	22.2	15.8	0.727
	300	1.1233	1.041	178.2	15.86	25.9	22.1	0.716
	350	0.9625	1.042	200.0	20.78	29.3	29.2	0.711
	400	0.8425	1.045	220.4	26.16	32.7	37.1	0.704
	450	0.7485	1.050	239.6	32.01	35.8	45.6	0.703
	500	0.6739	1.056	257.7	38.24	38.9	54.7	0.700
	550	0.6124	1.065	274.7	44.86	41.7	63.9	0.702
이산화탄소	280	1.9022	0.830	140	7.36	15.20	9.63	0.765
	300	1.7730	0.851	149	8.40	16.55	11.00	0.766
	340	1.5618	0.891	165	10.60	19.70	14.20	0.746
	380	1.3961	0.926	181	13.00	22.75	17.60	0.737
	400	1.3257	0.942	190	14.30	24.30	19.50	0.737
	450	1.1782	0.981	210	17.80	28.30	24.50	0.728
	500	1.0594	1.020	213	21.80	32.50	30.10	0.725
산소	250	1.542	0.915	178.6	11.58	22.6	16.0	0.723
	300	1.284	0.920	207.2	16.14	26.8	22.7	0.711
	350	1.100	0.929	233.5	21.23	29.6	29.0	0.733
	400	0.9620	0.942	258.2	26.84	33.0	36.4	0.737
	450	0.8554	0.956	281.4	32.90	36.3	44.4	0.741
	500	0.7698	0.972	303.3	39.40	41.2	55.1	0.716
	550	0.6998	0.988	324.0	46.30	44.1	63.8	0.726
일산화탄소	280	1.2038	1.042	166	13.8	23.6	18.8	0.733
	300	1.1233	1.043	175	15.6	25.0	21.3	0.730
	340	0.9909	1.044	193	19.5	27.8	26.9	0.725
	380	0.8864	1.047	210	23.7	30.5	32.9	0.729
	400	0.8421	1.049	218	25.9	31.8	36.0	0.719
	450	0.7483	1.055	237	31.7	35.0	44.3	0.714
	500	0.67352	1.065	254	37.7	38.1	53.1	0.710
암모니아	300	0.6894	2.158	101.5	14.7	24.7	16.6	0.887
	320	0.6448	2.170	109.0	16.9	27.2	19.4	0.870
	340	0.6059	2.192	116.5	19.2	29.3	22.1	0.872
	360	0.5716	2.221	124.0	21.7	31.6	24.9	0.872
	380	0.5410	2.254	131.0	24.2	34.0	27.9	0.869
	400	0.5136	2.287	138.0	26.9	37.0	31.5	0.853
	500	0.4101	2.467	173.0	42.2	52.5	51.9	0.813
헬륨	220	0.2216	5.193	160	72.2	123.1	107	0.675
	260	0.1875	5.193	180	96.0	137	141	0.682
	300	0.1625	5.193	199	122.0	152	180	0.682
	350	–	5.193	221	–	170	–	–
	400	0.1219	5.193	243	199.0	187	295	0.675
	450	–	5.193	263	–	204	–	–
	500	0.09754	5.193	283	290	220	434	0.668
산소	250	1.542	0.915	178.6	11.58	22.6	16.0	0.723
	300	1.284	0.920	207.2	16.14	26.8	22.7	0.711
	350	1.100	0.929	233.5	21.23	29.6	29.0	0.733
	400	0.9620	0.942	258.2	26.84	33.0	36.4	0.737
	450	0.8554	0.956	281.4	32.90	36.3	44.4	0.741
	500	0.7698	0.972	303.3	39.40	41.2	55.1	0.716
	550	0.6998	0.988	324.0	46.30	44.1	63.8	0.726
공기	250	1.3947	1.006	159.6	11.44	22.3	15.9	0.720
	300	1.1614	1.007	184.6	15.89	26.3	22.5	0.707
	350	0.9950	1.009	208.2	20.92	30.0	29.9	0.700
	400	0.8711	1.014	230.1	26.41	33.8	38.3	0.690
	450	0.7740	1.021	250.7	32.39	37.3	47.2	0.686
	500	0.6964	1.030	270.1	38.79	40.7	56.7	0.684
	550	0.6329	1.040	288.4	45.57	43.9	66.7	0.683

Data from : Fundamental of Heat and Mass Transfer, F. P. Incropera & D. P. Witt, 2002, Wiley

부록 3. 물의 열적 성질

온도 tK	비체적 v(m³/kg)	비열 c_p(kJ/kgK)	점성 $\mu \cdot 10^6$(Ns/m²)	열전도률 $k \cdot 10^3$ (W/mK)	팽창계수 $\beta \cdot 10^6$ (K⁻¹)	프란틀수 Pr
273.15	1.000	4.217	1750	569	-68.05	12.99
280	1.000	4.198	1422	582	46.04	10.26
290	1.001	4.184	1080	598	174.0	7.56
300	1.003	4.179	855	613	276.1	5.83
310	1.007	4.178	695	628	361.9	4.62
320	1.011	4.180	577	640	436.7	3.77
330	1.016	4.184	489	650	504.0	3.15
340	1.021	4.188	420	660	566.0	2.66
350	1.027	4.195	365	668	624.2	2.29
360	1.034	4.203	324	674	697.9	2.02
370	1.041	4.214	289	679	728.7	1.80
373.15	1.044	4.217	279	680	750.1	1.76
380	1.049	4.226	260	683	788.0	1.61
390	1.058	4.239	237	686	841.0	1.47
400	1.067	4.256	217	688	896.0	1.34
410	1.077	4.278	200	688	952.0	1.24
420	1.088	4.302	185	688	1010.0	1.16
430	1.099	4.331	173	685	-	1.09
440	1.110	4.360	162	682	-	1.04
450	1.123	4.400	152	678	-	0.99
460	1.137	4.440	143	673	-	0.95
470	1.152	4.480	136	667	-	0.92
480	1.167	4.530	129	660	-	0.89
490	1.184	4.590	124	651	-	0.87
500	1.203	4.660	118	642	-	0.86

Data from : Fundamental of Heat and Mass Transfer, F. P. Incropera & D. P. Witt, 2002, Wiley

부록 4. 금속의 열적 성질

재료	300 K에서 물성값			
	융해점(K)	밀도(kg/m^3)	정압비열(J/kgK)	열전도율(W/mK)
구리	1358	8933	385	401
구리합금(10%Al)	1293	8800	420	52
구리합금(11%Su)	1104	8780	355	54
구리합금(30%Zn)	1188	8530	380	110
구리합금(45%Ni)	1493	8920	384	23
금	1336	19300	129	317
납	601	11340	129	138
니켈	1728	8900	444	90.7
마그네슘	923	1740	1024	156
몰리부덴	2894	10240	251	138
백금	2045	21450	113	71.6
붕소	2573	2500	1107	27.0
스테인레스강(AISI302)	1670	8055	480	15.1
스테인레스강(AISI304)	1670	7900	477	14.9
스테인레스강(AISI316)	1670	8238	468	13.4
스테인레스강(AISI347)	1670	7978	480	14.2
실리콘	1685	2330	712	148
아연	693	7140	389	116
알루미늄	933	2702	903	237
우라늄	1406	1906	116	27.6
은	1235	10500	235	429
이리듐	2720	22500	130	147
주석	505	7310	227	66.6
철	1810	7870	447	80.2
카드뮴	594	8650	231	96.8
카드뮴	594	8650	231	96.8
코발트	1769	8862	421	99.2
크롬	2118	7160	449	93.7
탄소강	7854	434	60.5	17.7
텅스텐	3360	19300	132	174
티타늄	1953	4500	522	21.9
팔라듐	1827	12020	244	71.8

Data from : Fundamental of Heat and Mass Transfer, F. P. Incropera & D. P. Witt, 2002, Wiley

부록 5. 비금속의 열적 성질

재료	300 K에서 물성값		
	밀도(kg/m³)	정압비열(J/kgK)	열전도율(W/mK)
가죽	998	-	0.159
경화고무 (고밀도)	1190	-	0.16
경화고무 (저밀도)	1100	2010	0.13
다공유리판	145	1000	0.058
단열점토벽돌	2645	960	1.0
모래	1515	800	0.27
목재(단풍나무, 오크)	720	1255	0.16
목재(전나무, 소나무)	510	1380	0.12
미네랄섬유판	265	-	0.049
바나나 (수분함유율 75.7%)	980	3350	0.481
사과 (수분함유율 75%)	840	3600	0.513
사람 근육	-	-	0.41
사람 지방층	-	-	0.2
사람 피부	-	-	0.37
석고보드	800	-	0.17
석면-시멘트 보드	1920	-	0.58
솜, 목화	80	1300	0.06
시멘트 몰탈	1860	780	0.72
시멘트 벽돌	1920	835	0.72
아스팔트	2115	920	0.062
외장 벽돌	2083	-	1.3
유리섬유 (종이마감)	16	-	0.046
유리섬유 (코팅마감)	32	-	0.038
유리판	2500	750	1.4
점토	1460	880	1.3
종이	930	1340	0.180
콘크리트	2300	880	1.4
콜크	120	1800	0.039
타일, 방음	290	1340	0.058
프라스틱보드 (고밀도)	1000	1300	0.170
프라스틱보드 (저밀도)	590	1300	0.078
하드보드(톱밥압착, 고밀도)	1010	1380	0.15
하드보드(톱밥압착,일반)	640	1170	0.094
합판	545	1215	0.12

Data from : Fundamental of Heat and Mass Transfer, F. P. Incropera & D. P. Witt, 2002, Wiley

부록 6. 냉매 일람표(I)

냉매 번호	화 학 명	화 학 식	분자량	비등점 (℃)	독성
할로카본(할로겐화 탄화수소)					
11	Trichlorofluoromethane	CCl_3F	137.4	24	A1
12	Dichlorodifluoromethane	CCl_2F_2	120.9	-30	A1
12B1	Bromochlorodifluoromethane	$CBrClF_2$	165.4	-4	
13	Chlorotrifluoromethane	$CClF_3$	104.5	-81	A1
14	Tetrafluoromethane(carbon tetrafluoride)	CF_4	88.0	-128	A1
21	Dichlorofluoromethane	$CHCl_2F$	102.9	9	B1
22	Chlorodifluoromethane	$CHClF_2$	86.5	-41	A1
23	Trifluoromethane	CHF_3	70.0	-82	A1
30	Dichloromethane (methylene chloride)	CH_2Cl_2	84.9	40	B2
31	Chlorofluoromethane	CH_2ClF	68.5	-9	
32	Difluoromethane (methylene fluoride)	CH_2F_2	52.0	-52	A2
40	Chloromethane (methyl chloride)	CH_3Cl	50.4	-24	B2
41	Fluoromethane (methyl fluoride)	CH_3F	34.0		
113	1,1,2-trichloro-1,2,2-trifluoroethane	CCl_2FCClF_2	187.4	48	A1
114	1,2-dichloro-1,1,2,2-tetrafluoroethane	$CClF_2CClF_2$	170.9	4	A1
115	Chloropentafluoroethane	$CClF_2CF_3$	154.5	-39	A1
116	Hexafluoroethane	CF_3CF_3	138.0	-78	A1
123	2,2-dichloro-1,1,1-trifluoroethane	$CHCl_2CF_3$	153.0	27	B1
124	2-chloro-1,1,1,2-tetrafluoroethane	$CHClFCF_3$	136.5	-12	A1
125	Pentafluoroethane	CHF_2CF_3	120.0	-49	A1
134a	1,1,1,2-tetrafluoroethane	CH_2FCF_3	102.0	-26	A1
141b	1,1-dichloro-1-fluoroethane	CH_3CCl_2F	117.0	32	
142b	1-chloro-1,1-difluoroethane	CH_3CClF_2	100.5	-10	A2
143a	1,1,1-trifluoroethane	CH_3CF_3	84.0	-47	A2
152a	1,1-difluoroethane	CH_3CHF_2	66.0	-25	A2
E170	Dimethyl ether	CH_3OCH_3	46.0	-25	A3
218	Octafluoropropane	$CH_3CF_2CF_3$	188.0	-37	A1
236fa	1,1,1,3,3,3-hexafluoropropane	$CF_3CH_2CF_3$	152.0	-1	A1
245a	1,1,1,3,3-pentafluoropropane	$CF_3CH_2CHF_2$	134.0	15	B1
환식 유기 화합물					
C316	Dichlorohexafluorocyclobutane	$C_4Cl_2F_6$	233.0	60	
C317	Monochloroheptafluorocyclobutane	C_4ClF_7	216.5	25	
C318	Octafluorocyclobutane	C_4F_8	200.0	-6	A1
탄화 수소					
50	Methane	CH_4	16.0	-161	A3
170	Ethane	CH_3CH_3	30.0	-89	A3
290	Propane	$CH_3CH_2CH_3$	44.0	-42	A3
600	Butane	$CH_3CH_2CH_2CH_3$	58.1	0	A3
600a	Isobutane	$CH(CH_3)_2CH_3$	58.1	-12	A3
산소 화합물					
610	Ethyl ether	$CH_3CH_2OCH_2CH_3$	74.1	35	
611	Methyl formate	$HCOOCH_3$	60.0	32	B2
유황 화합물					
620	Sulfur Hexafluoride	SF_6	126.0	64	
질소 화합물					
630	Methyl amine	CH_3NH_2	31.1	-7	
631	Ethyl amine	$CH_3CH_2NH_2$	45.1	17	
무기 화합물					
702	Hydrogen	H_2	2.0	-253	A3
704	Helium	He	4.0	-269	A1
717	Ammonia	NH_3	17.0	-33	B2
718	Water	H_2O	18.0	100	A1
720	Neon	Ne	20.2	-246	A1
728	Nitrogen	N_2	28.1	-196	A1
732	Oxygen	O_2	32.0	-183	

부록 6. 냉매 일람표(II)

냉매 번호	화 학 명	화 학 식	분자량	비등점 (℃)	독성
할로카본(할로겐화 탄화수소)					
11	Trichlorofluoromethane	CCl_3F	137.4	24	A1
12	Dichlorodifluoromethane	CCl_2F_2	120.9	-30	A1
12B1	Bromochlorodifluoromethane	$CBrClF_2$	165.4	-4	
13	Chlorotrifluoromethane	$CClF_3$	104.5	-81	A1
14	Tetrafluoromethane(carbon tetrafluoride)	CF_4	88.0	-128	A1
21	Dichlorofluoromethane	$CHCl_2F$	102.9	9	B1
22	Chlorodifluoromethane	$CHClF_2$	86.5	-41	A1
23	Trifluoromethane	CHF_3	70.0	-82	A1
30	Dichloromethane (methylene chloride)	CH_2Cl_2	84.9	40	B2
31	Chlorofluoromethane	CH_2ClF	68.5	-9	
32	Difluoromethane (methylene fluoride)	CH_2F_2	52.0	-52	A2
40	Chloromethane (methyl chloride)	CH_3Cl	50.4	-24	B2
41	Fluoromethane (methyl fluoride)	CH_3F	34.0		
113	1,1,2-trichloro-1,2,2-trifluoroethane	CCl_2FCClF_2	187.4	48	A1
114	1,2-dichloro-1,1,2,2-tetrafluoroethane	$CClF_2CClF_2$	170.9	4	A1
115	Chloropentafluoroethane	$CClF_2CF_3$	154.5	-39	A1
116	Hexafluoroethane	CF_3CF_3	138.0	-78	A1
123	2,2-dichloro-1,1,1-trifluoroethane	$CHCl_2CF_3$	153.0	27	B1
124	2-chloro-1,1,1,2-tetrafluoroethane	$CHClFCF_3$	136.5	-12	A1
125	Pentafluoroethane	CHF_2CF_3	120.0	-49	A1
134a	1,1,1,2-tetrafluoroethane	CH_2FCF_3	102.0	-26	A1
141b	1,1-dichloro-1-fluoroethane	CH_3CCl_2F	117.0	32	
142b	1-chloro-1,1-difluoroethane	CH_3CClF_2	100.5	-10	A2
143a	1,1,1-trifluoroethane	CH_3CF_3	84.0	-47	A2
152a	1,1-difluoroethane	CH_3CHF_2	66.0	-25	A2
E170	Dimethyl ether	CH_3OCH_3	46.0	-25	A3
218	Octafluoropropane	$CH_3CF_2CF_3$	188.0	-37	A1
236fa	1,1,1,3,3,3-hexafluoropropane	$CF_3CH_2CF_3$	152.0	-1	A1
245a	1,1,1,3,3-pentafluoropropane	$CF_3CH_2CHF_2$	134.0	15	B1
환식 유기 화합물					
C316	Dichlorohexafluorocyclobutane	$C_4Cl_2F_6$	233.0	60	
C317	Monochloroheptafluorocyclobutane	C_4ClF_7	216.5	25	
C318	Octafluorocyclobutane	C_4F_8	200.0	-6	A1
탄화 수소					
50	Methane	CH_4	16.0	-161	A3
170	Ethane	CH_3CH_3	30.0	-89	A3
290	Propane	$CH_3CH_2CH_3$	44.0	-42	A3
600	Butane	$CH_3CH_2CH_2CH_3$	58.1	0	A3
600a	Isobutane	$CH(CH_3)_2CH_3$	58.1	-12	A3
산소 화합물					
610	Ethyl ether	$CH_3CH_2OCH_2CH_3$	74.1	35	
611	Methyl formate	$HCOOCH_3$	60.0	32	B2
유황 화합물					
620	Sulfur Hexafluoride	SF_6	126.0	64	
질소 화합물					
630	Methyl amine	CH_3NH_2	31.1	-7	
631	Ethyl amine	$CH_3CH_2NH_2$	45.1	17	
무기 화합물					
702	Hydrogen	H_2	2.0	-253	A3
704	Helium	He	4.0	-269	A1
717	Ammonia	NH_3	17.0	-33	B2
718	Water	H_2O	18.0	100	A1
720	Neon	Ne	20.2	-246	A1
728	Nitrogen	N_2	28.1	-196	A1
732	Oxygen	O_2	32.0	-183	

부록 7. 냉매의 특성값($t_e = -15$℃, $t_c = 30$℃, $\Delta t_{sc} = 5$℃, $\Delta t_{sh} = 0$℃)

냉 매	화학명	화학식	임계 온도 (℃)	임계 압력 kPa	표준냉동사이클 냉동능력 1 kW당 m (kg/h)	V (m^3/h)	N (kW)	성적 계수 (cop)
R-11	Trichlorofluoromethane	CCl_3F	198,01	4402,6	22,535	17,173	0,194	5,168
R-12	Dichlorodifluoromethane	CCl_2F_2	112,0	4157,6	29,683	2,702	0,204	4,902
R-13(1)	Chlorotrifluoromethane	$CClF_3$	28,8	3865	42,990	1,603	0,309	3,241
R-14(2)	Tetrafluoromethane	CF_4	-45,7	3741	60,464	1,654	0,496	2,016
R-21	Dichlorofluoromethane	$CHCl_2F$	178,5	5168	16,882	9,606	0,195	5,125
R-22	Chlorodifluoromethane	$CHClF_2$	96,0	4977,4	21,272	1,652	0,206	4,844
R-23(1)	Trifluoromethane	CHF_3	25,9	4830	24,785	1,208	0,302	3,315
R-50(3)	Methane	CH_4	-82,59	4598,8	11,773	2,948	0,629	1,589
R-113	1,1,2-trichloro-1,2,2-trifluoroethane	CCl_2FCClF_2	214,1	3437	27,810	46,838	0,197	5,084
R-114	1,2-dichloro-1,1,2,2-tetrafluoroethane	$CClF_2CClF_2$	145,7	3259	34,796	9,181	0,208	4,817
R-123	2,2-dichloro-1,1,1-trifluoroethane	$CHCl_2CF_3$	183,68	3668	24,438	21,199	0,195	5,120
R-134a	1,1,1,2-tetrafluoroethane	CH_2FCF_3	101,1	4067	23,374	2,803	0,207	4,830
R-152a	1,1-difluoroethane	CH_3CHF_2	113,26	4516,8	14,155	2,874	0,198	5,039
R-170	Ethane	CH_3CH_3	32,73	5010,2	18,091	0,597	0,298	3,358
R-290	Propane	$CH_3CH_2CH_3$	96,67	4235,93	12,280	1,894	0,209	4,790
R-C318	Octafluorocyclobutane	C_4F_8	115,3	2781	82,380	12,465	0,384	2,603
R-600	Butane	$CH_3CH_2CH_2CH_3$	150,8	3718,1	11,953	7,585	0,201	4,964
R-600a	Isobutane	$CH(CH_3)_3$	135,92	3684,55	12,988	5,167	0,204	4,905
R-717	Ammonia	NH_3	132,35	11353	3,193	1,622	0,205	4,878
R-718	Water	H_2O	374,15	22089				
R-729	Air	air	-140,65	3774,36				
R-744	Carbon dioxide	CO_2	31,06	7383,4	22,265	0,366	0,304	3,294
R-1150(1)	Ethene(ethylene)	C_2H_4	9,5	5075	15,128	0,780	0,351	2,846
R-1270	Propene(propylene)	$CH_3CH = CH_2$	91,75	4613	11,970	1,536	0,209	4,774

냉 매	조성성분 (질량%)	조성 오차범위	임계 온도 (℃)	임계 압력 kPa	표준냉동사이클 냉동능력 1 kW당 m (kg/h)	V (m^3/h)	N (kW)	성적 계수 (cop)
R-401A	R-22/R-152a/R-124 (53/13/34%)	±2 / +0,5~1,5 / ±1	96,67	4235,93	20,696	2,684	0,205	4,881
R-401B	R-22/R-152a/R-124 (61/11/28%)	±2 / +0,5~1,5 / ±1	103,68	4647,05	20,633	2,502	0,206	4,863
R-401C	R-22/R-152a/R-124 (33/15/52%)	±2 / +0,5~1,5 / ±1	110,07	4348,12	21,523	3,201	0,203	4,931
R-402A	R-125/R-290/R-22 (60/2/38%)	±2 / +0,1~1 / ±2	75,5	4134,7	29,696	1,490	0,220	4,542
R-402B	R-125/R-290/R-22 (38/2/60%)	±2 / +0,1~1 / ±2	87,05	4531,64	25,849	1,530	0,214	4,673
R-404A	R-125/R-143a/R-134a (44/52/4%)	±2 / ±1 / ±2	72,07	3731,5	29,431	1,613	0,224	4,467
R-406A	R-22/R-142b/R-600a (55/41/4%)	±2 / ±1 / ±1	114,49	4581	18,245	2,918	0,188	5,317
R-407A	R-32/R-125/R-134a (20/40/40%)	±2 / ±2 / ±2	82,36	4532,15	22,362	1,756	0,214	4,670
R-407B	R32/R125/R134a (10/70/20%)	±2 / ±2 / ±2	75,36	4130,29	28,405	1,657	0,222	4,507
R-407C	R32/R125/R134a (23/25/52%)	±2 / ±2 / ±2	86,74	4619,1	20,480	1,850	0,210	4,752
R-408A	R-22/R-143a/R-125 (47/46/7%)	±2 / ±1 / ±2	83,68	4341,83	23,194	1,598	0,257	3,889
R-409A	R-22/R-124/R-142b (60/25/15%)	±2 / ±2 / ±1	106,8	4621,76	21,268	2,681	0,244	4,102
R-410A	R-32/R-125 (50/50%)	+0,5~1,5 / +0,5~+1,5	74,67	5173,7	20,375	1,122	0,217	4,618
R-410B	R-32/R-125 (45/55%)	±1 / ±1	71,03	4779,5	21,389	1,123	0,216	4,620
R-500	R-12/R-152a (73,8/26,2%)		105,5	4423	24,488	2,295	0,205	4,884
R-502	R-22/R-115 (48,8/51,2%)		82,2	4081,8	32,544	1,628	0,217	4,609
R-507	R-125/R143a (50/50%)		70,9	3793,56	28,635	1,459	0,217	4,617
R-508A(1)	R-23/R116 (39,0/61,0%)				49,573	1,437	0,365	2,740

※ 아래첨자 1-팽창 전, 2-팽창 후, 3-압축 전, 4-압축 후

※ 위첨자 (1) t_e = -50℃, t_c = 0℃, Δt_{sc} = 5℃ (2) t_e = -100℃, t_c = -50℃, Δt_{sc} = 5℃ (3) t_e = -150℃, t_c = -100℃, Δt_{sc} = 5℃

※ 위첨자 *: 승화온도

부록 8. 냉매의 포화압력 및 온도

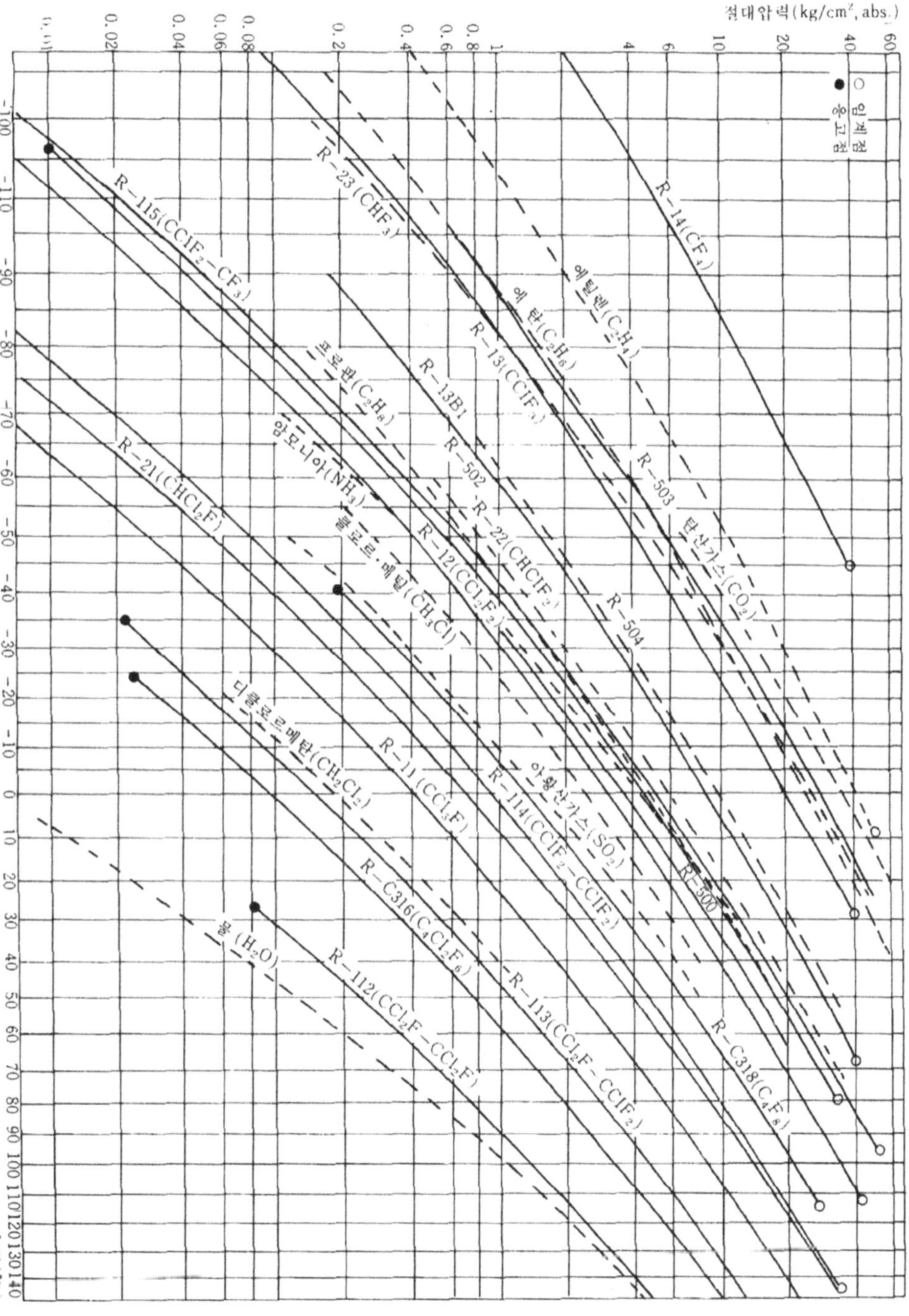

부록 9. R-12(CCl_2F_2, Dichlorodifluoromethane) 포화증기표

온도 t ℃	압력 P kPa	비체적 (m^3/kg)		비엔탈피 (kJ/kg)			비엔트로피 (kJ/kgK)	
		액(v_f)	증기(v_g)	액(h_f)	증기(h_g)	증발열(h_{fg})	액(s_f)	증기(s_g)
-89	3.09	0.000609	4.08980	121.51	310.87	189.35	0.6540	1.6822
-85	4.24	0.000612	3.03780	124.94	312.68	187.75	0.6724	1.6702
-80	6.17	0.000617	2.13869	129.22	314.97	185.75	0.6948	1.6565
-75	8.79	0.000622	1.53790	133.51	317.27	183.76	0.7168	1.6442
-70	12.27	0.000627	1.12746	137.81	319.59	181.77	0.7382	1.6330
-65	16.80	0.000632	0.84130	142.13	321.91	179.78	0.7592	1.6229
-60	22.62	0.000637	0.63801	146.46	324.24	177.79	0.7797	1.6138
-55	29.98	0.000642	0.49108	150.80	326.57	175.77	0.7998	1.6056
-50	39.15	0.000648	0.38316	155.16	328.90	173.74	0.8196	1.5982
-48	43.39	0.000650	0.34820	156.91	329.83	172.92	0.8274	1.5954
-46	47.99	0.000652	0.31704	158.66	330.76	172.10	0.8351	1.5928
-44	52.98	0.000655	0.28920	160.42	331.69	171.27	0.8428	1.5902
-42	58.36	0.000657	0.26429	162.18	332.62	170.44	0.8504	1.5878
-40	64.17	0.000660	0.24195	163.94	333.55	169.61	0.8580	1.5855
-38	70.43	0.000662	0.22187	165.71	334.47	168.76	0.8655	1.5832
-36	77.16	0.000664	0.20379	167.48	335.39	167.92	0.8730	1.5811
-34	84.38	0.000667	0.18748	169.25	336.32	167.07	0.8804	1.5790
-32	92.13	0.000669	0.17274	171.03	337.23	166.21	0.8878	1.5770
-30	100.41	0.000672	0.15940	172.80	338.15	165.35	0.8951	1.5751
-28	109.27	0.000675	0.14730	174.59	339.06	164.48	0.9024	1.5733
-26	118.72	0.000677	0.13630	176.37	339.97	163.60	0.9096	1.5716
-24	128.80	0.000680	0.12630	178.17	340.88	162.72	0.9168	1.5699
-22	139.53	0.000683	0.11718	179.96	341.79	161.83	0.9240	1.5683
-20	150.93	0.000685	0.10886	181.76	342.69	160.93	0.9311	1.5668
-18	163.05	0.000688	0.10126	183.56	343.59	160.02	0.9381	1.5653
-16	175.89	0.000691	0.09429	185.37	344.48	159.11	0.9452	1.5639
-15	182.60	0.000693	0.09103	186.28	344.93	158.65	0.9487	1.5632
-14	189.50	0.000694	0.08791	187.18	345.37	158.19	0.9521	1.5626
-12	203.90	0.000697	0.08204	189.00	346.26	157.26	0.9591	1.5613
-10	219.12	0.000700	0.07666	190.82	347.14	156.32	0.9660	1.5600
-8	235.19	0.000703	0.07170	192.64	348.02	155.37	0.9729	1.5588
-6	252.14	0.000706	0.06712	194.48	348.89	154.42	0.9797	1.5577
-4	270.01	0.000709	0.06290	196.31	349.76	153.45	0.9865	1.5566
-2	288.82	0.000713	0.05900	198.15	350.63	152.47	0.9933	1.5556
0	308.61	0.000716	0.05540	200.00	351.48	151.48	1.0000	1.5546
2	329.40	0.000719	0.05205	201.85	352.34	150.48	1.0067	1.5536
4	351.24	0.000723	0.04895	203.71	353.19	149.47	1.0134	1.5527
6	374.14	0.000726	0.04608	205.58	354.03	148.45	1.0200	1.5518
8	398.15	0.000730	0.04340	207.45	354.86	147.42	1.0266	1.5510
10	423.30	0.000733	0.04092	209.33	355.69	146.37	1.0332	1.5502
12	449.62	0.000737	0.03860	211.21	356.52	145.30	1.0398	1.5494
14	477.14	0.000741	0.03644	213.10	357.33	144.23	1.0463	1.5486
16	505.91	0.000745	0.03443	215.00	358.14	143.14	1.0529	1.5479
18	535.94	0.000748	0.03254	216.91	358.94	142.03	1.0594	1.5472
20	567.29	0.000752	0.03078	218.83	359.73	140.91	1.0658	1.5465
22	599.98	0.000757	0.02914	220.74	360.52	139.78	1.0723	1.5459
24	634.05	0.000761	0.02759	222.67	361.30	138.63	1.0787	1.5452
26	669.54	0.000765	0.02615	224.62	362.07	137.45	1.0851	1.5446
28	706.47	0.000769	0.02479	226.57	362.82	136.26	1.0915	1.5440
30	744.90	0.000774	0.02351	228.53	363.57	135.04	1.0979	1.5434
32	784.85	0.000778	0.02231	230.51	364.31	133.80	1.1043	1.5428
34	826.36	0.000783	0.02118	232.49	365.04	132.55	1.1107	1.5423
36	869.48	0.000788	0.02012	234.49	365.76	131.26	1.1171	1.5417
38	914.23	0.000793	0.01912	236.50	366.46	129.96	1.1235	1.5411
40	960.66	0.000798	0.01817	238.53	367.15	128.63	1.1298	1.5406
45	1084.32	0.000811	0.01603	243.65	368.82	125.17	1.1458	1.5392
50	1219.32	0.000826	0.01417	248.88	370.40	121.53	1.1617	1.5378
55	1366.30	0.000841	0.01254	254.21	371.87	117.66	1.1777	1.5363
60	1525.92	0.000858	0.01111	259.68	373.22	113.53	1.1938	1.5346
65	1698.84	0.000877	0.00985	265.30	374.41	109.11	1.2101	1.5328
70	1885.78	0.000897	0.00873	271.10	375.43	104.34	1.2267	1.5307
80	2304.60	0.000946	0.00682	283.34	376.78	93.45	1.2607	1.5253
90	2788.50	0.001012	0.00526	296.77	376.76	79.99	1.2969	1.5172
100	3344.06	0.001113	0.00390	312.26	374.08	61.82	1.3373	1.5030
110	3978.46	0.001364	0.00246	333.49	361.95	28.45	1.3914	1.4657
112	4157.60	0.001792	0.00179	347.37	347.37	0.00	1.4270	1.4270

Data from : McLinden, M.O., S.A.Kelin, E.W.Lemmon, and A.P. Peskin, 2000, NIST standard reference database

부록 10. R-22($CHClF_2$, Chlorodifluoromethane) 포화증기표(Ⅰ)

온도 t ℃	압력 P kPa	비체적 (m³/kg)		비엔탈피 (kJ/kg)			비엔트로피 (kJ/kgK)	
		액(v_f)	증기(v_g)	액(h_f)	증기(h_g)	증발열(h_{fg})	액(s_f)	증기(s_g)
-140	0.015	0.000600	861.443	58.55	340.93	282.38	0.2853	2.4061
-130	0.069	0.000608	201.017	67.96	345.42	277.45	0.3535	2.2917
-120	0.253	0.000617	58.2972	77.29	350.02	272.73	0.4165	2.1973
-110	0.779	0.000627	20.1289	86.63	354.73	268.10	0.4757	2.1189
-100	2.075	0.000637	8.00939	96.03	359.53	263.51	0.5316	2.0534
-95	3.233	0.000642	5.28543	100.74	361.96	261.22	0.5584	2.0247
-90	4.899	0.000647	3.58123	105.48	364.41	258.93	0.5846	1.9984
-85	7.242	0.000653	2.48562	110.24	366.86	256.62	0.6103	1.9742
-80	10.46	0.000658	1.76347	115.05	369.32	254.27	0.6355	1.9519
-75	14.80	0.000664	1.27648	119.90	371.78	251.89	0.6603	1.9314
-70	20.52	0.000670	0.94109	124.79	374.24	249.45	0.6846	1.9125
-65	27.97	0.000676	0.70558	129.74	376.69	246.95	0.7087	1.8951
-60	37.48	0.000682	0.53724	134.75	379.12	244.38	0.7324	1.8789
-58	41.96	0.000685	0.48369	136.77	380.09	243.32	0.7419	1.8728
-56	46.86	0.000687	0.43643	138.80	381.06	242.26	0.7512	1.8669
-55	49.48	0.000689	0.41489	139.81	381.54	241.72	0.7559	1.8640
-54	52.21	0.000690	0.39462	140.84	382.02	241.18	0.7606	1.8611
-52	58.04	0.000693	0.35755	142.88	382.98	240.09	0.7699	1.8555
-50	64.39	0.000695	0.32461	144.94	383.93	238.99	0.7791	1.8501
-49	67.76	0.000697	0.30951	145.98	384.40	238.43	0.7837	1.8474
-48	71.28	0.000698	0.29526	147.01	384.88	237.86	0.7883	1.8448
-47	74.94	0.000699	0.28180	148.05	385.35	237.30	0.7929	1.8422
-46	78.75	0.000701	0.26907	149.09	385.82	236.73	0.7975	1.8397
-45	82.71	0.000702	0.25703	150.14	386.29	236.15	0.8021	1.8372
-44	86.82	0.000704	0.24564	151.19	386.76	235.57	0.8066	1.8347
-43	91.10	0.000705	0.23485	152.24	387.23	234.99	0.8112	1.8322
-42	95.55	0.000706	0.22464	153.29	387.69	234.40	0.8157	1.8298
-41	100.16	0.000708	0.21496	154.34	388.16	233.81	0.8203	1.8275
-40	104.95	0.000709	0.20578	155.40	388.62	233.22	0.8248	1.8251
-39	109.92	0.000711	0.19707	156.46	389.08	232.62	0.8293	1.8228
-38	115.07	0.000712	0.18881	157.52	389.54	232.01	0.8339	1.8205
-37	120.41	0.000714	0.18096	158.59	390.00	231.41	0.8384	1.8183
-36	125.94	0.000715	0.17351	159.66	390.45	230.79	0.8429	1.8161
-35	131.68	0.000717	0.16642	160.73	390.91	230.18	0.8474	1.8139
-34	137.61	0.000718	0.15969	161.80	391.36	229.55	0.8518	1.8117
-33	143.75	0.000720	0.15329	162.88	391.81	228.93	0.8563	1.8096
-32	150.11	0.000721	0.14719	163.96	392.26	228.30	0.8608	1.8075
-31	156.68	0.000723	0.14139	165.04	392.70	227.66	0.8652	1.8054
-30	163.48	0.000725	0.13586	166.13	393.15	227.02	0.8697	1.8034
-29	170.50	0.000726	0.13060	167.22	393.59	226.37	0.8741	1.8013
-28	177.76	0.000728	0.12558	168.31	394.03	225.72	0.8786	1.7993
-27	185.25	0.000729	0.12080	169.40	394.47	225.07	0.8830	1.7974
-26	192.99	0.000731	0.11623	170.50	394.91	224.41	0.8874	1.7954
-25	200.98	0.000733	0.11187	171.60	395.34	223.74	0.8918	1.7935
-24	209.22	0.000734	0.10772	172.70	395.77	223.07	0.8963	1.7916
-23	217.72	0.000736	0.10374	173.80	396.20	222.40	0.9007	1.7897
-22	226.48	0.000738	0.09995	174.91	396.63	221.72	0.9050	1.7879
-21	235.52	0.000739	0.09632	176.02	397.05	221.03	0.9094	1.7860
-20	244.83	0.000741	0.09286	177.13	397.48	220.34	0.9138	1.7842
-19	254.42	0.000743	0.08954	178.25	397.90	219.65	0.9182	1.7824
-18	264.29	0.000744	0.08637	179.37	398.31	218.95	0.9226	1.7807
-17	274.46	0.000746	0.08333	180.49	398.73	218.24	0.9269	1.7789
-16	284.93	0.000748	0.08042	181.61	399.14	217.53	0.9313	1.7772
-15	295.70	0.000750	0.07763	182.74	399.55	216.81	0.9356	1.7755
-14	306.78	0.000751	0.07497	183.87	399.96	216.09	0.9399	1.7738
-13	318.17	0.000753	0.07241	185.00	400.37	215.36	0.9443	1.7721
-12	329.89	0.000755	0.06996	186.14	400.77	214.63	0.9486	1.7705
-11	341.93	0.000757	0.06760	187.28	401.17	213.89	0.9529	1.7688
-10	354.30	0.000759	0.06535	188.42	401.56	213.14	0.9572	1.7672
-9	367.01	0.000761	0.06318	189.57	401.96	212.39	0.9615	1.7656
-8	380.06	0.000763	0.06110	190.71	402.35	211.64	0.9658	1.7640
-7	393.47	0.000764	0.05911	191.86	402.74	210.87	0.9701	1.7624
-6	407.23	0.000766	0.05719	193.02	403.12	210.11	0.9744	1.7609
-5	421.35	0.000768	0.05534	194.17	403.51	209.33	0.9787	1.7593
-4	435.84	0.000770	0.05357	195.33	403.88	208.55	0.9830	1.7578
-3	450.70	0.000772	0.05187	196.50	404.26	207.77	0.9872	1.7563

Data from : McLinden, M.O., S.A.Kelin, E.W.Lemmon, and A.P. Peskin, 2000. NIST standard reference database

부록 10. R-22($CHClF_2$, Chlorodifluoromethane) 포화증기표(Ⅱ)

온도	압력	비체적 (m^3/kg)		비엔탈피 (kJ/kg)			비엔트로피 (kJ/kgK)	
t ℃	P kPa	액(v_f)	증기(v_g)	액(h_f)	증기(h_g)	증발열(h_{fg})	액(s_f)	증기(s_g)
−2	465.94	0.000774	0.05023	197.66	404.63	206.97	0.9915	1.7548
−1	481.57	0.000776	0.04866	198.83	405.00	206.17	0.9957	1.7533
0	497.59	0.000778	0.04714	200.00	405.37	205.37	1.0000	1.7519
1	514.01	0.000780	0.04568	201.17	405.73	204.56	1.0042	1.7504
2	530.83	0.000783	0.04427	202.35	406.09	203.74	1.0085	1.7490
3	548.06	0.000785	0.04292	203.53	406.45	202.92	1.0127	1.7475
4	565.71	0.000787	0.04162	204.72	406.80	202.09	1.0169	1.7461
5	583.78	0.000789	0.04036	205.90	407.15	201.25	1.0212	1.7447
6	602.28	0.000791	0.03915	207.09	407.50	200.41	1.0254	1.7433
7	621.22	0.000793	0.03798	208.29	407.84	199.55	1.0296	1.7419
8	640.59	0.000796	0.03685	209.48	408.18	198.70	1.0338	1.7405
9	660.42	0.000798	0.03576	210.68	408.51	197.83	1.0380	1.7392
10	680.70	0.000800	0.03472	211.88	408.84	196.96	1.0422	1.7378
11	701.44	0.000802	0.03370	213.09	409.17	196.08	1.0464	1.7365
12	722.65	0.000805	0.03273	214.30	409.49	195.19	1.0506	1.7351
13	744.33	0.000807	0.03179	215.49	409.81	194.32	1.0547	1.7338
14	766.50	0.000809	0.03087	216.70	410.13	193.42	1.0589	1.7325
15	789.15	0.000812	0.02999	217.92	410.44	192.52	1.0631	1.7312
16	812.29	0.000814	0.02914	219.15	410.75	191.60	1.0672	1.7299
17	835.93	0.000817	0.02832	220.37	411.05	190.68	1.0714	1.7286
18	860.08	0.000819	0.02752	221.60	411.35	189.74	1.0756	1.7273
19	884.75	0.000822	0.02675	222.83	411.64	188.81	1.0797	1.7260
20	909.93	0.000824	0.02601	224.07	411.93	187.86	1.0839	1.7247
21	935.64	0.000827	0.02529	225.31	412.21	186.90	1.0880	1.7234
22	961.89	0.000830	0.02459	226.56	412.49	185.94	1.0922	1.7221
23	988.67	0.000832	0.02391	227.80	412.77	184.96	1.0963	1.7209
24	1016.01	0.000835	0.02326	229.05	413.03	183.98	1.1005	1.7196
25	1043.89	0.000838	0.02263	230.31	413.30	182.99	1.1046	1.7183
26	1072.34	0.000840	0.02201	231.57	413.56	181.99	1.1087	1.7171
27	1101.36	0.000843	0.02142	232.83	413.81	180.98	1.1129	1.7158
28	1130.95	0.000846	0.02084	234.10	414.06	179.96	1.1170	1.7146
29	1161.12	0.000849	0.02029	235.37	414.30	178.93	1.1211	1.7133
30	1191.88	0.000852	0.01974	236.65	414.54	177.89	1.1253	1.7121
31	1223.24	0.000855	0.01922	237.93	414.77	176.84	1.1294	1.7108
32	1255.20	0.000858	0.01871	239.22	415.00	175.78	1.1335	1.7096
33	1287.78	0.000861	0.01822	240.51	415.22	174.71	1.1377	1.7083
34	1320.97	0.000864	0.01774	241.80	415.43	173.63	1.1418	1.7071
35	1354.79	0.000867	0.01727	243.10	415.64	172.54	1.1459	1.7058
36	1389.24	0.000871	0.01682	244.41	415.84	171.43	1.1500	1.7046
37	1424.33	0.000874	0.01638	245.71	416.03	170.32	1.1542	1.7033
38	1460.06	0.000877	0.01595	247.03	416.22	169.19	1.1583	1.7021
39	1496.46	0.000881	0.01554	248.35	416.40	168.05	1.1624	1.7008
40	1533.52	0.000884	0.01514	249.67	416.57	166.90	1.1666	1.6995
41	1571.24	0.000887	0.01475	251.00	416.74	165.73	1.1707	1.6983
42	1609.65	0.000891	0.01437	252.34	416.89	164.55	1.1748	1.6970
43	1648.74	0.000895	0.01400	253.68	417.04	163.36	1.1790	1.6957
44	1688.53	0.000898	0.01364	255.03	417.18	162.15	1.1831	1.6944
45	1729.02	0.000902	0.01329	256.38	417.32	160.93	1.1873	1.6931
46	1770.23	0.000906	0.01295	257.74	417.44	159.70	1.1914	1.6918
47	1812.15	0.000910	0.01261	259.11	417.56	158.45	1.1956	1.6905
48	1854.80	0.000914	0.01229	260.49	417.66	157.18	1.1998	1.6892
49	1898.18	0.000918	0.01198	261.87	417.76	155.90	1.2039	1.6878
50	1942.31	0.000922	0.01167	263.25	417.85	154.60	1.2081	1.6865
52	2032.84	0.000930	0.01108	266.05	417.99	151.94	1.2165	1.6838
54	2126.46	0.000939	0.01052	268.88	418.09	149.21	1.2249	1.6810
55	2174.45	0.000944	0.01025	270.31	418.13	147.82	1.2291	1.6796
56	2223.23	0.000949	0.00999	271.74	418.15	146.40	1.2333	1.6781
58	2323.24	0.000959	0.00948	274.64	418.15	143.51	1.2418	1.6752
60	2426.57	0.000969	0.00900	277.58	418.10	140.52	1.2504	1.6722
65	2699.92	0.000997	0.00789	285.13	417.70	132.56	1.2721	1.6641
70	2995.90	0.001030	0.00689	293.03	416.82	123.79	1.2944	1.6551
75	3316.07	0.001069	0.00598	301.40	415.31	113.91	1.3176	1.6448
80	3662.29	0.001118	0.00515	310.42	412.91	102.49	1.3422	1.6325
85	4036.81	0.001183	0.00436	320.50	409.11	88.61	1.3694	1.6168
90	4442.53	0.001282	0.00357	332.60	402.67	70.07	1.4015	1.5945
95	4883.48	0.001521	0.00255	351.76	386.72	34.96	1.4522	1.5472

Data from : McLinden, M.O., S.A.Kelin, E.W.Lemmon, and A.P. Peskin, 2000, NIST standard reference database

부록 11. R-134a (CH_2FCF_3, 1, 1, 1, 2-tetrafluoroethane) 포화증기표(Ⅰ)

온도 t ℃	압력 P kPa	비체적 (m^3/kg) 액(v_f)	증기(v_g)	비엔탈피 (kJ/kg) 액(h_f)	증기(h_g)	증발열(h_{fg})	비엔트로피 (kJ/kgK) 액(s_f)	증기(s_g)
-100	0.64	0.000634	21.9456	86.47	335.58	249.11	0.4899	1.9286
-99	0.71	0.000635	19.9412	87.42	336.18	248.75	0.4954	1.9238
-98	0.79	0.000636	18.1426	88.38	336.77	248.39	0.5009	1.9190
-97	0.87	0.000637	16.5265	89.34	337.36	248.03	0.5063	1.9144
-96	0.96	0.000638	15.0726	90.30	337.96	247.66	0.5118	1.9098
-95	1.05	0.000639	13.7630	91.26	338.56	247.29	0.5172	1.9053
-94	1.16	0.000640	12.5818	92.23	339.16	246.93	0.5226	1.9009
-93	1.27	0.000641	11.5151	93.20	339.76	246.56	0.5280	1.8966
-92	1.40	0.000642	10.5508	94.18	340.36	246.18	0.5334	1.8924
-91	1.53	0.000643	9.67784	95.16	340.96	245.81	0.5388	1.8883
-90	1.68	0.000644	8.88679	96.14	341.57	245.43	0.5442	1.8842
-89	1.83	0.000645	8.16911	97.12	342.18	245.05	0.5495	1.8803
-88	2.00	0.000646	7.51725	98.11	342.78	244.67	0.5549	1.8764
-87	2.18	0.000647	6.92453	99.10	343.39	244.29	0.5602	1.8726
-86	2.38	0.000648	6.38500	100.10	344.00	243.91	0.5656	1.8688
-85	2.59	0.000649	5.89337	101.10	344.61	243.52	0.5709	1.8652
-84	2.82	0.000651	5.44490	102.10	345.23	243.13	0.5762	1.8616
-83	3.06	0.000652	5.03539	103.10	345.84	242.74	0.5815	1.8581
-82	3.33	0.000653	4.66107	104.11	346.46	242.34	0.5868	1.8546
-81	3.61	0.000654	4.31859	105.13	347.07	241.95	0.5921	1.8512
-80	3.91	0.000655	4.00491	106.14	347.69	241.55	0.5974	1.8479
-79	4.23	0.000656	3.71735	107.16	348.31	241.15	0.6026	1.8447
-78	4.58	0.000657	3.45347	108.19	348.93	240.74	0.6079	1.8415
-77	4.95	0.000658	3.21111	109.22	349.55	240.33	0.6131	1.8384
-76	5.34	0.000660	2.98830	110.25	350.17	239.92	0.6184	1.8354
-75	5.76	0.000661	2.78327	111.28	350.80	239.51	0.6236	1.8324
-74	6.21	0.000662	2.59445	112.32	351.42	239.10	0.6289	1.8294
-73	6.69	0.000663	2.42039	113.36	352.04	238.68	0.6341	1.8266
-72	7.20	0.000664	2.25981	114.41	352.67	238.26	0.6393	1.8238
-71	7.74	0.000665	2.11153	115.46	353.29	237.83	0.6445	1.8210
-70	8.31	0.000667	1.97450	116.52	353.92	237.41	0.6497	1.8183
-69	8.92	0.000668	1.84776	117.57	354.55	236.97	0.6549	1.8157
-68	9.57	0.000669	1.73045	118.64	355.18	236.54	0.6601	1.8131
-67	10.26	0.000670	1.62177	119.70	355.80	236.10	0.6653	1.8106
-66	10.99	0.000671	1.52100	120.77	356.43	235.66	0.6704	1.8081
-65	11.76	0.000673	1.42751	121.85	357.06	235.22	0.6756	1.8056
-64	12.57	0.000674	1.34070	122.92	357.69	234.77	0.6808	1.8033
-63	13.43	0.000675	1.26004	124.00	358.32	234.32	0.6859	1.8009
-62	14.34	0.000676	1.18502	125.09	358.96	233.87	0.6911	1.7987
-61	15.30	0.000678	1.11521	126.18	359.59	233.41	0.6962	1.7964
-60	16.32	0.000679	1.05020	127.27	360.22	232.95	0.7014	1.7942
-59	17.39	0.000680	0.98961	128.37	360.85	232.48	0.7065	1.7921
-58	18.51	0.000681	0.93310	129.47	361.48	232.01	0.7116	1.7900
-57	19.70	0.000683	0.88037	130.58	362.11	231.54	0.7167	1.7879
-56	20.95	0.000684	0.83113	131.68	362.75	231.06	0.7218	1.7859
-55	22.26	0.000685	0.78511	132.80	363.38	230.58	0.7270	1.7839
-54	23.64	0.000686	0.74209	133.91	364.01	230.10	0.7321	1.7820
-53	25.10	0.000688	0.70182	135.04	364.65	229.61	0.7372	1.7801
-52	26.62	0.000689	0.66413	136.16	365.28	229.12	0.7423	1.7783
-51	28.22	0.000690	0.62881	137.29	365.91	228.62	0.7473	1.7765
-50	29.90	0.000692	0.59570	138.42	366.54	228.12	0.7524	1.7747
-49	31.66	0.000693	0.56464	139.56	367.18	227.62	0.7575	1.7730
-48	33.50	0.000694	0.53549	140.70	367.81	227.11	0.7626	1.7713
-47	35.43	0.000696	0.50812	141.85	368.44	226.59	0.7676	1.7696
-46	37.45	0.000697	0.48239	142.99	369.07	226.08	0.7727	1.7680
-45	39.56	0.000699	0.45820	144.15	369.70	225.55	0.7778	1.7664
-44	41.77	0.000700	0.43545	145.30	370.33	225.03	0.7828	1.7648
-43	44.08	0.000701	0.41403	146.47	370.96	224.50	0.7879	1.7633
-42	46.50	0.000703	0.39385	147.63	371.59	223.96	0.7929	1.7618
-41	49.01	0.000704	0.37484	148.80	372.22	223.43	0.7979	1.7604
-40	51.64	0.000706	0.35692	149.97	372.85	222.88	0.8030	1.7589
-39	54.38	0.000707	0.34001	151.15	373.48	222.33	0.8080	1.7575
-38	57.24	0.000708	0.32405	152.33	374.11	221.78	0.8130	1.7562
-37	60.22	0.000710	0.30898	153.51	374.74	221.23	0.8180	1.7548
-36	63.32	0.000711	0.29474	154.70	375.37	220.66	0.8231	1.7535
-35	66.55	0.000713	0.28128	155.89	375.99	220.10	0.8281	1.7523
-34	69.91	0.000714	0.26855	157.09	376.62	219.53	0.8331	1.7510
-33	73.40	0.000716	0.25651	158.29	377.24	218.95	0.8381	1.7498
-32	77.04	0.000717	0.24511	159.49	377.87	218.37	0.8431	1.7486

부록 11. R-134a (CH_2FCF_3, 1, 1, 1, 2-tetrafluoroethane) 포화증기표(Ⅱ)

온도	압력	비체적 (m^3/kg)		비엔탈피 (kJ/kg)			비엔트로피 (kJ/kgK)	
t ℃	P kPa	액(v_f)	증기(v_g)	액(h_f)	증기(h_g)	증발열(h_{fg})	액(s_f)	증기(s_g)
-31	80.81	0.000719	0.23431	160.70	378.49	217.79	0.8480	1.7474
-30	84.74	0.000720	0.22408	161.91	379.11	217.20	0.8530	1.7463
-29	88.81	0.000722	0.21438	163.13	379.73	216.61	0.8580	1.7452
-28	93.05	0.000723	0.20518	164.35	380.35	216.01	0.8630	1.7441
-27	97.44	0.000725	0.19645	165.57	380.97	215.40	0.8679	1.7430
-26	101.99	0.000726	0.18817	166.80	381.59	214.79	0.8729	1.7420
-25	106.71	0.000728	0.18030	168.03	382.21	214.18	0.8778	1.7410
-24	111.60	0.000730	0.17282	169.26	382.82	213.56	0.8828	1.7400
-23	116.67	0.000731	0.16571	170.50	383.44	212.94	0.8877	1.7390
-22	121.92	0.000733	0.15896	171.74	384.05	212.31	0.8927	1.7380
-21	127.36	0.000735	0.15253	172.99	384.67	211.68	0.8976	1.7371
-20	132.99	0.000736	0.14641	174.24	385.28	211.04	0.9025	1.7362
-19	138.81	0.000738	0.14059	175.49	385.89	210.40	0.9075	1.7353
-18	144.83	0.000739	0.13504	176.75	386.50	209.75	0.9124	1.7345
-17	151.05	0.000741	0.12975	178.01	387.11	209.10	0.9173	1.7336
-16	157.48	0.000743	0.12471	179.27	387.71	208.44	0.9222	1.7328
-15	164.13	0.000745	0.11991	180.54	388.32	207.78	0.9271	1.7320
-14	170.99	0.000746	0.11533	181.81	388.92	207.11	0.9320	1.7312
-13	178.08	0.000748	0.11095	183.09	389.52	206.44	0.9369	1.7304
-12	185.40	0.000750	0.10678	184.36	390.12	205.76	0.9418	1.7297
-11	192.95	0.000752	0.10279	185.65	390.72	205.08	0.9467	1.7289
-10	200.73	0.000753	0.09898	186.93	391.32	204.39	0.9515	1.7282
-9	208.76	0.000755	0.09534	188.22	391.92	203.69	0.9564	1.7275
-8	217.04	0.000757	0.09186	189.52	392.51	202.99	0.9613	1.7269
-7	225.57	0.000759	0.08853	190.82	393.10	202.29	0.9661	1.7262
-6	234.36	0.000761	0.08535	192.12	393.70	201.58	0.9710	1.7255
-5	243.41	0.000763	0.08230	193.42	394.28	200.86	0.9758	1.7249
-4	252.74	0.000764	0.07938	194.73	394.87	200.14	0.9807	1.7243
-3	262.33	0.000766	0.07659	196.04	395.46	199.42	0.9855	1.7237
-2	272.21	0.000768	0.07391	197.36	396.04	198.68	0.9903	1.7231
-1	282.37	0.000770	0.07135	198.68	396.62	197.95	0.9952	1.7225
0	292.82	0.000772	0.06889	200.00	397.20	197.20	1.0000	1.7220
1	303.57	0.000774	0.06653	201.33	397.78	196.45	1.0048	1.7214
2	314.62	0.000776	0.06427	202.66	398.36	195.70	1.0096	1.7209
3	325.98	0.000778	0.06210	203.99	398.93	194.94	1.0144	1.7204
4	337.65	0.000780	0.06001	205.33	399.50	194.17	1.0192	1.7199
5	349.63	0.000782	0.05801	206.67	400.07	193.40	1.0240	1.7194
6	361.95	0.000784	0.05609	208.02	400.64	192.62	1.0288	1.7189
7	374.59	0.000786	0.05425	209.37	401.21	191.84	1.0336	1.7184
8	387.56	0.000788	0.05248	210.72	401.77	191.05	1.0384	1.7179
9	400.88	0.000791	0.05077	212.08	402.33	190.25	1.0432	1.7175
10	414.55	0.000793	0.04913	213.44	402.89	189.45	1.0480	1.7170
11	428.57	0.000795	0.04756	214.80	403.44	188.64	1.0527	1.7166
12	442.94	0.000797	0.04604	216.17	404.00	187.83	1.0575	1.7162
13	457.69	0.000799	0.04458	217.54	404.55	187.01	1.0623	1.7158
14	472.80	0.000802	0.04318	218.92	405.10	186.18	1.0670	1.7154
15	488.29	0.000804	0.04183	220.30	405.64	185.34	1.0718	1.7150
16	504.16	0.000806	0.04052	221.68	406.18	184.50	1.0765	1.7146
17	520.42	0.000809	0.03927	223.07	406.72	183.66	1.0813	1.7142
18	537.08	0.000811	0.03806	224.44	407.26	182.82	1.0859	1.7139
19	554.14	0.000813	0.03690	225.84	407.80	181.96	1.0907	1.7135
20	571.60	0.000816	0.03577	227.23	408.33	181.09	1.0954	1.7132
21	589.48	0.000818	0.03469	228.64	408.86	180.22	1.1001	1.7128
22	607.78	0.000821	0.03365	230.05	409.38	179.34	1.1049	1.7125
23	626.50	0.000823	0.03264	231.46	409.91	178.45	1.1096	1.7122
24	645.66	0.000826	0.03166	232.87	410.42	177.55	1.1143	1.7118
25	665.26	0.000828	0.03072	234.29	410.94	176.65	1.1190	1.7115
26	685.30	0.000831	0.02982	235.72	411.45	175.73	1.1237	1.7112
27	705.80	0.000834	0.02894	237.15	411.96	174.81	1.1285	1.7109
28	726.75	0.000836	0.02809	238.58	412.47	173.89	1.1332	1.7106
29	748.17	0.000839	0.02727	240.02	412.97	172.95	1.1379	1.7103
30	770.06	0.000842	0.02648	241.46	413.47	172.00	1.1426	1.7100
31	792.43	0.000844	0.02572	242.91	413.96	171.05	1.1473	1.7097
32	815.28	0.000847	0.02498	244.36	414.45	170.09	1.1520	1.7094
33	838.63	0.000850	0.02426	245.82	414.94	169.12	1.1567	1.7091
34	862.47	0.000853	0.02357	247.28	415.42	168.14	1.1614	1.7088
35	886.82	0.000856	0.02290	248.75	415.90	167.15	1.1661	1.7085
36	911.68	0.000859	0.02225	250.22	416.37	166.15	1.1708	1.7082
37	937.07	0.000862	0.02162	251.70	416.84	165.14	1.1755	1.7079

부록 11. R-134a (CH_2FCF_3, 1, 1, 1, 2-tetrafluoroethane) 포화증기표(Ⅲ)

온도 t℃	압력 P kPa	비체적 (m^3/kg) 액(v_f)	비체적 (m^3/kg) 증기(v_g)	비엔탈피 (kJ/kg) 액(h_f)	비엔탈피 (kJ/kg) 증기(h_g)	비엔탈피 (kJ/kg) 증발열(h_{fg})	비엔트로피 (kJ/kgK) 액(s_f)	비엔트로피 (kJ/kgK) 증기(s_g)
38	962.98	0.000865	0.02102	253.18	417.30	164.12	1.1802	1.7077
39	989.42	0.000868	0.02043	254.67	417.76	163.09	1.1849	1.7074
40	1016.40	0.000871	0.01986	256.16	418.21	162.05	1.1896	1.7071
41	1043.94	0.000875	0.01930	257.66	418.66	161.00	1.1943	1.7068
42	1072.02	0.000878	0.01877	259.16	419.11	159.94	1.1990	1.7065
43	1100.67	0.000881	0.01825	260.67	419.54	158.87	1.2037	1.7062
44	1129.90	0.000885	0.01774	262.19	419.98	157.79	1.2084	1.7059
45	1159.69	0.000888	0.01726	263.71	420.40	156.69	1.2131	1.7056
46	1190.08	0.000892	0.01678	265.24	420.83	155.59	1.2178	1.7053
47	1221.05	0.000895	0.01632	266.77	421.24	154.47	1.2225	1.7050
48	1252.63	0.000899	0.01588	268.32	421.65	153.33	1.2273	1.7047
49	1284.82	0.000903	0.01544	269.86	422.05	152.19	1.2320	1.7044
50	1317.62	0.000906	0.01502	271.42	422.44	151.03	1.2367	1.7041
51	1351.05	0.000910	0.01461	272.98	422.83	149.85	1.2414	1.7037
52	1385.10	0.000914	0.01421	274.55	423.21	148.66	1.2462	1.7034
53	1419.80	0.000918	0.01383	276.13	423.59	147.46	1.2509	1.7030
54	1455.15	0.000922	0.01345	277.71	423.95	146.24	1.2557	1.7027
55	1491.16	0.000927	0.01309	279.30	424.31	145.01	1.2604	1.7023
56	1527.83	0.000931	0.01273	280.90	424.66	143.75	1.2652	1.7019
57	1565.17	0.000935	0.01239	282.51	424.99	142.49	1.2700	1.7015
58	1603.20	0.000940	0.01205	284.13	425.32	141.20	1.2747	1.7011
59	1641.92	0.000944	0.01172	285.75	425.64	139.89	1.2795	1.7007
60	1681.34	0.000949	0.01141	287.39	425.96	138.57	1.2843	1.7003
61	1721.47	0.000954	0.01110	289.03	426.26	137.23	1.2892	1.6998
62	1762.33	0.000959	0.01079	290.68	426.54	135.86	1.2940	1.6994
63	1803.90	0.000964	0.01050	292.35	426.82	134.47	1.2988	1.6989
64	1846.22	0.000969	0.01021	294.02	427.09	133.07	1.3037	1.6983
65	1889.29	0.000974	0.00993	295.71	427.34	131.63	1.3085	1.6978
66	1933.11	0.000979	0.00966	297.40	427.58	130.18	1.3134	1.6973
67	1977.70	0.000985	0.00940	299.11	427.81	128.70	1.3183	1.6967
68	2023.07	0.000991	0.00914	300.83	428.02	127.19	1.3232	1.6961
69	2069.24	0.000997	0.00888	302.57	428.22	125.65	1.3282	1.6954
70	2116.20	0.001003	0.00864	304.31	428.40	124.08	1.3331	1.6947
71	2163.97	0.001009	0.00840	306.07	428.56	122.49	1.3381	1.6940
72	2212.56	0.001016	0.00816	307.85	428.71	120.86	1.3431	1.6933
73	2261.99	0.001022	0.00793	309.64	428.84	119.19	1.3482	1.6925
74	2312.27	0.001029	0.00770	311.45	428.94	117.49	1.3532	1.6917
75	2363.40	0.001036	0.00748	313.27	429.03	115.76	1.3583	1.6908
76	2415.41	0.001044	0.00727	315.11	429.09	113.98	1.3635	1.6899
77	2468.30	0.001051	0.00706	316.97	429.13	112.16	1.3686	1.6889
78	2522.08	0.001060	0.00685	318.86	429.15	110.29	1.3738	1.6879
79	2576.78	0.001068	0.00665	320.77	429.13	108.36	1.3791	1.6868
80	2632.41	0.001077	0.00645	322.69	429.09	106.40	1.3844	1.6857
81	2688.98	0.001086	0.00625	324.63	429.01	104.38	1.3897	1.6844
82	2746.51	0.001095	0.00606	326.60	428.91	102.31	1.3951	1.6831
83	2805.02	0.001105	0.00587	328.61	428.75	100.14	1.4005	1.6817
84	2864.51	0.001116	0.00569	330.64	428.56	97.92	1.4061	1.6802
85	2925.02	0.001127	0.00550	332.71	428.33	95.62	1.4116	1.6786
86	2986.56	0.001139	0.00532	334.81	428.05	93.24	1.4173	1.6769
87	3049.15	0.001152	0.00514	336.95	427.71	90.75	1.4231	1.6751
88	3112.81	0.001165	0.00497	339.14	427.31	88.17	1.4289	1.6731
89	3177.58	0.001179	0.00479	341.37	426.84	85.46	1.4349	1.6709
90	3243.47	0.001195	0.00462	343.66	426.29	82.63	1.4410	1.6685
91	3310.52	0.001212	0.00444	346.01	425.65	79.64	1.4472	1.6659
92	3378.75	0.001230	0.00427	348.44	424.91	76.47	1.4537	1.6631
93	3448.22	0.001250	0.00410	350.95	424.04	73.09	1.4603	1.6599
94	3518.95	0.001273	0.00392	353.56	423.03	69.46	1.4672	1.6564
95	3591.01	0.001298	0.00375	356.30	421.83	65.53	1.4744	1.6524
96	3664.44	0.001328	0.00356	359.21	420.38	61.17	1.4820	1.6477
97	3739.35	0.001362	0.00337	362.33	418.62	56.29	1.4902	1.6422
98	3815.83	0.001405	0.00317	365.77	416.41	50.64	1.4992	1.6356
99	3894.03	0.001461	0.00295	369.72	413.48	43.77	1.5095	1.6271
100	3974.24	0.001544	0.00268	374.70	409.10	34.40	1.5225	1.6147
101	4057.05	0.001758	0.00221	384.42	398.59	14.18	1.5482	1.5861
101.1	4067.00	0.001952	0.00195	391.16	391.16	0.00	1.5661	1.5661

Data from : McLinden, M.O., S.A.Kelin, E.W.Lemmon, and A.P. Peskin. 2000. NIST standard reference database

부록 12. R-401A (R-22/152a/124 : 53.0/13.0/34.0%) 포화증기표(Ⅰ)

온도 t ℃	압력 P kPa	비체적 (m³/kg) 액(v_f)	증기(v_g)	비엔탈피 (kJ/kg) 액(h_f)	증기(h_g)	증발열(h_{fg})	비엔트로피 (kJ/kgK) 액(s_f)	증기(s_g)
-99	0.71	0.000651	21.58937	88.42	353.46	265.03	0.5257	2.0475
-95	1.06	0.000654	14.76693	92.11	355.41	263.29	0.5453	2.0232
-90	1.70	0.000659	9.45036	96.78	357.89	261.11	0.5696	1.9953
-85	2.66	0.000664	6.22550	101.52	360.43	258.91	0.5939	1.9700
-80	4.03	0.000669	4.21075	106.32	363.02	256.70	0.6179	1.9469
-75	5.96	0.000675	2.91750	111.18	365.65	254.47	0.6417	1.9260
-70	8.62	0.000680	2.06648	116.11	368.32	252.22	0.6654	1.9070
-65	12.20	0.000686	1.49352	121.10	371.03	249.93	0.6889	1.8897
-60	16.94	0.000692	1.09956	126.16	373.77	247.61	0.7123	1.8740
-58	19.22	0.000694	0.97751	128.20	374.88	246.67	0.7216	1.8681
-56	21.75	0.000696	0.87128	130.26	375.99	245.73	0.7309	1.8625
-54	24.54	0.000699	0.77857	132.32	377.10	244.78	0.7401	1.8570
-52	27.62	0.000701	0.69742	134.40	378.22	243.82	0.7493	1.8518
-50	31.00	0.000704	0.62621	136.49	379.34	242.85	0.7585	1.8468
-49	32.82	0.000705	0.59389	137.53	379.90	242.36	0.7631	1.8443
-48	34.72	0.000707	0.56356	138.59	380.46	241.87	0.7677	1.8419
-47	36.71	0.000708	0.53507	139.64	381.02	241.38	0.7722	1.8396
-46	38.79	0.000709	0.50830	140.70	381.58	240.89	0.7768	1.8373
-45	40.96	0.000711	0.48312	141.75	382.15	240.39	0.7814	1.8350
-44	43.24	0.000712	0.45943	142.82	382.71	239.89	0.7859	1.8328
-43	45.61	0.000713	0.43713	143.88	383.28	239.39	0.7905	1.8306
-42	48.09	0.000715	0.41612	144.95	383.84	238.89	0.7950	1.8285
-41	50.67	0.000716	0.39632	146.02	384.41	238.38	0.7996	1.8264
-40	53.36	0.000717	0.37765	147.09	384.97	237.88	0.8041	1.8244
-39	56.17	0.000719	0.36003	148.17	385.54	237.36	0.8086	1.8224
-38	59.10	0.000720	0.34340	149.25	386.10	236.85	0.8132	1.8204
-37	62.15	0.000722	0.32769	150.33	386.67	236.33	0.8177	1.8185
-36	65.32	0.000723	0.31284	151.42	387.23	235.81	0.8222	1.8166
-35	68.62	0.000724	0.29879	152.51	387.80	235.29	0.8267	1.8147
-34	72.05	0.000726	0.28551	153.60	388.37	234.77	0.8312	1.8129
-33	75.61	0.000727	0.27293	154.70	388.93	234.24	0.8357	1.8111
-32	79.32	0.000729	0.26102	155.79	389.50	233.71	0.8402	1.8093
-31	83.16	0.000730	0.24974	156.89	390.06	233.17	0.8447	1.8076
-30	87.16	0.000732	0.23904	158.00	390.63	232.63	0.8492	1.8059
-29	91.30	0.000733	0.22889	159.11	391.20	232.09	0.8536	1.8043
-28	95.60	0.000735	0.21926	160.22	391.76	231.55	0.8581	1.8026
-27	100.06	0.000736	0.21012	161.33	392.33	231.00	0.8626	1.8010
-26	104.68	0.000738	0.20144	162.45	392.89	230.44	0.8671	1.7995
-25	109.47	0.000740	0.19319	163.57	393.46	229.89	0.8715	1.7979
-24	114.43	0.000741	0.18535	164.69	394.02	229.33	0.8760	1.7964
-23	119.57	0.000743	0.17789	165.82	394.58	228.77	0.8804	1.7950
-22	124.88	0.000744	0.17080	166.95	395.15	228.20	0.8849	1.7935
-21	130.38	0.000746	0.16404	168.08	395.71	227.63	0.8893	1.7921
-20	136.06	0.000747	0.15761	169.22	396.27	227.05	0.8938	1.7907
-19	141.94	0.000749	0.15148	170.36	396.83	226.48	0.8982	1.7893
-18	148.02	0.000751	0.14564	171.50	397.39	225.89	0.9026	1.7880
-17	154.30	0.000752	0.14007	172.65	397.95	225.31	0.9071	1.7867
-16	160.78	0.000754	0.13476	173.80	398.51	224.71	0.9115	1.7854
-15	167.47	0.000756	0.12969	174.95	399.07	224.12	0.9159	1.7841
-14	174.38	0.000757	0.12485	176.11	399.63	223.53	0.9203	1.7829
-13	181.51	0.000759	0.12023	177.27	400.19	222.92	0.9248	1.7816
-12	188.86	0.000761	0.11582	178.43	400.74	222.31	0.9292	1.7804
-11	196.45	0.000763	0.11160	179.60	401.29	221.70	0.9336	1.7793
-10	204.26	0.000764	0.10756	180.77	401.85	221.08	0.9380	1.7781
-9	212.32	0.000766	0.10370	181.94	402.40	220.45	0.9424	1.7770
-8	220.62	0.000768	0.10001	184.02	402.95	218.93	0.9502	1.7759
-7	229.17	0.000770	0.09648	185.19	403.50	218.31	0.9545	1.7748
-6	237.98	0.000772	0.09310	186.36	404.04	217.68	0.9588	1.7737
-5	247.04	0.000774	0.08986	187.53	404.59	217.05	0.9632	1.7726
-4	256.37	0.000775	0.08675	188.71	405.13	216.42	0.9675	1.7716
-3	265.96	0.000777	0.08378	189.89	405.67	215.78	0.9718	1.7706
-2	275.83	0.000779	0.08093	191.08	406.21	215.13	0.9761	1.7695
-1	285.98	0.000781	0.07819	192.27	406.75	214.48	0.9805	1.7685
0	296.42	0.000783	0.07557	193.46	407.29	213.82	0.9848	1.7676
1	307.15	0.000785	0.07305	194.66	407.82	213.16	0.9891	1.7666
2	318.17	0.000787	0.07063	195.86	408.35	212.49	0.9934	1.7657

부록 12. R-401A (R-22/152a/124 : 53.0/13.0/34.0%) 포화증기표(II)

온도 t ℃	압력 P kPa	비체적 (m^3/kg)		비엔탈피 (kJ/kg)			비엔트로피 (kJ/kgK)	
		액(v_f)	증기(v_g)	액(h_f)	증기(h_g)	증발열(h_{fg})	액(s_f)	증기(s_g)
3	329.49	0.000789	0.06831	197.07	408.88	211.82	0.9977	1.7647
4	341.12	0.000791	0.06608	197.94	409.42	211.49	1.0008	1.7639
5	353.06	0.000793	0.06393	199.16	409.95	210.79	1.0051	1.7630
6	365.32	0.000795	0.06187	200.38	410.48	210.09	1.0095	1.7621
7	377.90	0.000797	0.05989	201.61	411.00	209.39	1.0138	1.7612
8	390.81	0.000799	0.05799	202.85	411.52	208.67	1.0182	1.7604
9	404.05	0.000801	0.05615	204.08	412.04	207.95	1.0225	1.7595
10	417.64	0.000803	0.05439	205.92	412.55	206.64	1.0289	1.7587
11	431.57	0.000805	0.05269	207.15	413.07	205.91	1.0332	1.7579
12	445.85	0.000808	0.05106	208.39	413.58	205.19	1.0375	1.7571
13	460.49	0.000810	0.04948	209.63	414.08	204.45	1.0418	1.7563
14	475.49	0.000812	0.04796	210.88	414.59	203.70	1.0461	1.7555
15	490.86	0.000814	0.04650	212.14	415.09	202.95	1.0504	1.7547
16	506.60	0.000817	0.04509	213.40	415.59	202.19	1.0547	1.7539
17	522.73	0.000819	0.04373	214.66	416.09	201.42	1.0590	1.7532
18	539.24	0.000821	0.04242	215.93	416.58	200.65	1.0633	1.7524
19	556.15	0.000823	0.04116	217.20	417.07	199.86	1.0676	1.7517
20	573.46	0.000826	0.03994	218.48	417.55	199.07	1.0719	1.7509
21	591.17	0.000828	0.03876	219.77	418.04	198.27	1.0762	1.7502
22	609.30	0.000831	0.03762	221.05	418.52	197.46	1.0805	1.7495
23	627.84	0.000833	0.03652	222.35	418.99	196.65	1.0848	1.7488
24	646.81	0.000835	0.03546	223.65	419.47	195.82	1.0891	1.7481
25	666.20	0.000838	0.03444	224.95	419.94	194.98	1.0934	1.7474
26	686.04	0.000840	0.03344	226.26	420.40	194.14	1.0977	1.7467
27	706.32	0.000843	0.03249	227.58	420.86	193.28	1.1020	1.7460
28	727.05	0.000846	0.03156	228.90	421.32	192.42	1.1063	1.7453
29	748.24	0.000848	0.03066	230.23	421.77	191.54	1.1107	1.7446
30	769.89	0.000851	0.02980	231.56	422.22	190.66	1.1150	1.7439
31	792.01	0.000853	0.02896	232.90	422.66	189.76	1.1193	1.7432
32	814.61	0.000856	0.02815	234.25	423.10	188.86	1.1237	1.7426
33	837.69	0.000859	0.02736	235.60	423.54	187.94	1.1280	1.7419
34	861.27	0.000862	0.02660	236.96	423.97	187.01	1.1324	1.7412
35	885.34	0.000864	0.02587	238.32	424.40	186.07	1.1367	1.7406
36	909.92	0.000867	0.02515	239.70	424.82	185.12	1.1411	1.7399
37	935.01	0.000870	0.02446	241.07	425.23	184.16	1.1455	1.7392
38	960.62	0.000873	0.02379	242.46	425.64	183.18	1.1498	1.7386
39	986.76	0.000876	0.02314	243.85	426.05	182.20	1.1542	1.7379
40	1013.43	0.000879	0.02251	245.25	426.45	181.20	1.1586	1.7372
41	1040.64	0.000882	0.02190	246.66	426.84	180.19	1.1630	1.7366
42	1068.40	0.000885	0.02131	248.07	427.23	179.16	1.1674	1.7359
43	1096.72	0.000888	0.02073	249.49	427.61	178.12	1.1718	1.7352
44	1125.60	0.000891	0.02018	250.92	427.99	177.07	1.1762	1.7345
45	1155.06	0.000894	0.01964	252.36	428.36	176.00	1.1806	1.7339
46	1185.09	0.000897	0.01911	253.80	428.72	174.92	1.1851	1.7332
47	1215.71	0.000901	0.01860	255.26	429.08	173.83	1.1895	1.7325
48	1246.92	0.000904	0.01811	256.72	429.43	172.71	1.1940	1.7318
49	1278.74	0.000907	0.01762	258.19	429.78	171.59	1.1985	1.7311
50	1311.17	0.000911	0.01716	259.67	430.11	170.44	1.2029	1.7304
52	1377.89	0.000917	0.01626	262.66	430.76	168.11	1.2119	1.7289
54	1447.15	0.000925	0.01541	265.68	431.38	165.70	1.2210	1.7275
56	1519.03	0.000932	0.01461	268.74	431.96	163.22	1.2301	1.7260
58	1593.58	0.000939	0.01385	271.85	432.51	160.66	1.2393	1.7244
60	1670.88	0.000947	0.01314	275.00	433.03	158.02	1.2485	1.7228
65	1876.63	0.000968	0.01150	283.09	434.12	151.04	1.2719	1.7186
70	2101.17	0.000991	0.01006	291.51	434.92	143.41	1.2959	1.7138
75	2345.74	0.001016	0.00878	300.34	435.36	135.02	1.3206	1.7084
80	2611.66	0.001044	0.00764	309.65	435.35	125.69	1.3463	1.7022
85	2900.32	0.001077	0.00662	319.58	434.77	115.20	1.3732	1.6948
90	3213.21	0.001116	0.00570	330.29	433.44	103.15	1.4018	1.6858
95	3551.92	0.001164	0.00485	342.11	431.05	88.94	1.4328	1.6744
100	3918.16	0.001230	0.00404	355.59	426.96	71.37	1.4677	1.6590
105	4313.75	0.001350	0.00324	371.94	419.70	47.76	1.5095	1.6358
108	4565.99	0.001807	0.00275	383.89	412.61	28.72	1.5398	1.6152
108.01	4603.80	0.001960	0.00196	389.11	389.11	0.00	1.5529	1.5529

Data from : McLinden, M.O., S.A.Kelin, E.W.Lemmon, and M.L.Hubber 2002. NIST standard reference database

부록 13. R-401B (R-22/152a/124 : 61.0/11.0/28.0%) 포화증기표

온도	압력	비체적 (m^3/kg)		비엔탈피 (kJ/kg)			비엔트로피 (kJ/kgK)	
t ℃	P kPa	액(v_f)	증기(v_g)	액(h_f)	증기(h_g)	증발열(h_{fg})	액(s_f)	증기(s_g)
-90	1.94	0.000658	8.44559	96.82	359.19	262.36	0.5703	2.0028
-80	4.54	0.000666	3.79776	106.42	364.31	257.89	0.6187	1.9539
-70	9.64	0.000676	1.87889	116.25	369.58	253.33	0.6664	1.9134
-60	18.81	0.000686	1.00683	126.34	374.99	248.65	0.7133	1.8798
-50	34.20	0.000698	0.57692	136.69	380.49	243.80	0.7595	1.8520
-45	45.06	0.000704	0.44631	141.96	383.26	241.29	0.7824	1.8400
-40	58.54	0.000710	0.34976	147.31	386.04	238.73	0.8051	1.8290
-35	75.09	0.000717	0.27736	152.73	388.82	236.08	0.8276	1.8190
-30	95.16	0.000725	0.22235	158.23	391.59	233.36	0.8501	1.8098
-28	104.29	0.000728	0.20412	160.45	392.70	232.25	0.8590	1.8064
-26	114.10	0.000731	0.18767	162.68	393.81	231.12	0.8680	1.8031
-24	124.62	0.000734	0.17280	164.93	394.91	229.98	0.8769	1.7999
-22	135.89	0.000737	0.15934	167.19	396.01	228.82	0.8858	1.7969
-20	147.95	0.000740	0.14713	169.46	397.11	227.65	0.8946	1.7939
-19	154.28	0.000742	0.14146	170.60	397.65	227.05	0.8991	1.7924
-18	160.82	0.000744	0.13605	171.75	398.20	226.45	0.9035	1.7910
-17	167.58	0.000745	0.13088	172.90	398.74	225.85	0.9079	1.7896
-16	174.56	0.000747	0.12596	174.05	399.29	225.24	0.9123	1.7883
-15	181.77	0.000749	0.12125	175.20	399.83	224.63	0.9168	1.7869
-14	189.18	0.000751	0.11677	176.36	400.38	224.02	0.9212	1.7856
-13	196.83	0.000753	0.11250	177.52	400.93	223.41	0.9256	1.7843
-12	204.71	0.000754	0.10841	178.68	401.46	222.78	0.9300	1.7831
-11	212.84	0.000756	0.10450	179.85	402.00	222.16	0.9344	1.7818
-10	221.22	0.000758	0.10076	181.02	402.54	221.52	0.9388	1.7806
-9	229.84	0.000760	0.09718	183.24	403.08	219.83	0.9472	1.7794
-8	238.73	0.000762	0.09375	184.40	403.61	219.21	0.9515	1.7782
-7	247.88	0.000764	0.09047	185.57	404.14	218.58	0.9558	1.7770
-6	257.30	0.000766	0.08733	186.73	404.67	217.94	0.9601	1.7759
-5	267.00	0.000768	0.08432	187.90	405.20	217.30	0.9644	1.7747
-4	276.97	0.000770	0.08143	189.08	405.73	216.65	0.9687	1.7736
-3	287.23	0.000772	0.07866	190.26	406.25	216.00	0.9730	1.7725
-2	297.80	0.000774	0.07600	191.44	406.77	215.33	0.9773	1.7714
-1	308.66	0.000776	0.07345	192.63	407.29	214.66	0.9816	1.7704
0	319.83	0.000778	0.07100	193.82	407.81	213.99	0.9859	1.7693
1	331.31	0.000780	0.06865	195.02	408.33	213.31	0.9902	1.7683
2	343.10	0.000782	0.06639	196.22	408.84	212.62	0.9945	1.7672
3	355.21	0.000785	0.06422	197.13	409.36	212.22	0.9977	1.7662
4	367.62	0.000787	0.06214	198.35	409.88	211.52	1.0021	1.7653
5	380.34	0.000789	0.06014	199.57	410.38	210.82	1.0064	1.7643
6	393.39	0.000791	0.05822	200.79	410.89	210.10	1.0107	1.7634
7	406.78	0.000794	0.05637	202.01	411.39	209.38	1.0150	1.7624
8	420.51	0.000796	0.05460	203.24	411.90	208.66	1.0193	1.7615
9	434.60	0.000798	0.05289	204.97	412.39	207.43	1.0254	1.7606
10	449.05	0.000801	0.05124	206.19	412.89	206.70	1.0297	1.7597
11	463.86	0.000803	0.04965	207.42	413.38	205.96	1.0339	1.7588
12	479.04	0.000806	0.04812	208.66	413.87	205.21	1.0382	1.7579
13	494.60	0.000808	0.04665	209.90	414.36	204.46	1.0425	1.7570
14	510.54	0.000811	0.04523	211.15	414.84	203.69	1.0468	1.7561
15	526.87	0.000813	0.04386	212.40	415.33	202.92	1.0511	1.7553
16	543.60	0.000816	0.04254	213.66	415.80	202.15	1.0553	1.7544
17	560.72	0.000819	0.04127	214.92	416.28	201.36	1.0596	1.7536
18	578.26	0.000822	0.04004	216.19	416.75	200.56	1.0639	1.7528
19	596.21	0.000824	0.03886	217.46	417.22	199.76	1.0682	1.7519
20	614.58	0.000827	0.03771	218.74	417.68	198.95	1.0725	1.7511
22	652.61	0.000833	0.03554	221.31	418.60	197.29	1.0811	1.7495
24	692.41	0.000839	0.03351	223.90	419.50	195.60	1.0897	1.7479
26	734.01	0.000845	0.03161	226.52	420.39	193.87	1.0983	1.7463
28	777.49	0.000851	0.02984	229.15	421.25	192.10	1.1069	1.7448
30	822.90	0.000858	0.02818	231.82	422.10	190.29	1.1156	1.7432
35	945.18	0.000875	0.02448	238.59	424.15	185.56	1.1373	1.7394
40	1080.74	0.000895	0.02131	245.53	426.05	180.52	1.1591	1.7356
45	1230.51	0.000916	0.01859	252.66	427.81	175.15	1.1812	1.7317
50	1395.44	0.000939	0.01625	260.01	429.39	169.39	1.2036	1.7277
60	1774.91	0.000994	0.01243	275.43	431.93	156.50	1.2493	1.7190
70	2227.87	0.001066	0.00951	292.09	433.36	141.27	1.2971	1.7087
80	2764.20	0.001164	0.00721	310.50	433.20	122.69	1.3481	1.6955

Data from : McLinden, M.O., S.A.Kelin, E.W.Lemmon, and M.L.Hubber 2002, NIST standard reference database

부록 14. R-407C (R-32/125/134a : 23.0/25.0/52.0%) 포화증기표

온도 t ℃	압력 P kPa	비체적 (m^3/kg) 액(v_f)	증기(v_g)	비엔탈피 (kJ/kg) 액(h_f)	증기(h_g)	증발열(h_{fg})	비엔트로피 (kJ/kgK) 액(s_f)	증기(s_g)
-90	3.03	0.000645	5.81818	77.54	356.64	279.10	0.4864	2.0103
-80	6.96	0.000659	2.66681	88.92	362.95	274.03	0.5451	1.9638
-70	14.52	0.000675	1.34069	100.51	369.36	268.86	0.6022	1.9256
-65	20.33	0.000682	0.97929	106.39	372.60	266.21	0.6302	1.9091
-60	27.94	0.000690	0.72800	112.34	375.84	263.50	0.6579	1.8942
-55	37.74	0.000699	0.54997	118.37	379.10	260.73	0.6854	1.8806
-50	50.18	0.000707	0.42164	124.46	382.35	257.90	0.7126	1.8683
-45	65.75	0.000716	0.32764	130.62	385.61	254.98	0.7395	1.8571
-40	84.99	0.000725	0.25776	136.87	388.85	251.98	0.7663	1.8470
-38	93.85	0.000729	0.23493	139.39	390.14	250.75	0.7769	1.8432
-36	103.43	0.000733	0.21450	141.93	391.43	249.50	0.7875	1.8396
-35	108.50	0.000735	0.20509	143.21	392.08	248.87	0.7928	1.8378
-34	113.77	0.000737	0.19617	144.48	392.72	248.24	0.7981	1.8361
-32	124.92	0.000740	0.17971	147.05	394.00	246.95	0.8087	1.8327
-30	136.92	0.000744	0.16488	149.63	395.28	245.65	0.8192	1.8295
-28	149.81	0.000748	0.15150	152.53	396.55	244.03	0.8309	1.8264
-26	163.64	0.000752	0.13942	155.13	397.82	242.69	0.8414	1.8233
-25	170.92	0.000754	0.13381	156.44	398.45	242.02	0.8466	1.8219
-24	178.46	0.000757	0.12848	157.75	399.08	241.33	0.8518	1.8204
-22	194.32	0.000761	0.11855	160.38	400.34	239.95	0.8622	1.8176
-20	211.26	0.000765	0.10954	162.63	401.58	238.95	0.8710	1.8149
-18	229.33	0.000769	0.10134	165.32	402.82	237.50	0.8815	1.8123
-16	248.59	0.000774	0.09387	168.02	404.06	236.03	0.8919	1.8098
-15	258.69	0.000776	0.09038	169.36	404.67	235.31	0.8970	1.8086
-14	269.10	0.000778	0.08705	170.72	405.28	234.55	0.9023	1.8073
-12	290.89	0.000782	0.08082	173.47	406.49	233.03	0.9127	1.8050
-10	314.04	0.000787	0.07511	176.23	407.69	231.47	0.9231	1.8027
-8	338.59	0.000792	0.06988	179.01	408.89	229.88	0.9335	1.8005
-6	364.60	0.000796	0.06508	181.81	410.07	228.26	0.9439	1.7983
-5	378.18	0.000799	0.06283	183.22	410.66	227.43	0.9491	1.7973
-4	392.14	0.000801	0.06066	184.50	411.24	226.74	0.9538	1.7962
-2	421.26	0.000806	0.05660	187.38	412.40	225.02	0.9643	1.7942
0	452.02	0.000811	0.05286	190.25	413.54	223.29	0.9748	1.7922
2	484.48	0.000816	0.04940	193.15	414.67	221.52	0.9852	1.7903
4	518.71	0.000821	0.04621	196.06	415.78	219.73	0.9956	1.7884
5	536.51	0.000824	0.04471	197.53	416.33	218.80	1.0008	1.7875
6	554.78	0.000826	0.04326	199.01	416.88	217.87	1.0061	1.7866
8	592.74	0.000832	0.04053	201.99	417.96	215.98	1.0166	1.7847
10	632.66	0.000837	0.03799	204.99	419.03	214.03	1.0271	1.7830
12	674.62	0.000843	0.03564	208.02	420.07	212.05	1.0376	1.7812
14	718.68	0.000848	0.03345	211.09	421.09	210.01	1.0481	1.7795
15	741.52	0.000851	0.03242	212.63	421.60	208.97	1.0534	1.7786
16	764.92	0.000854	0.03142	214.18	422.10	207.92	1.0587	1.7777
18	813.40	0.000860	0.02953	217.31	423.08	205.77	1.0693	1.7760
20	864.20	0.000866	0.02776	220.46	424.04	203.57	1.0799	1.7743
22	917.39	0.000872	0.02612	223.66	424.97	201.31	1.0906	1.7726
24	973.06	0.000879	0.02458	226.89	425.88	198.99	1.1013	1.7709
25	1001.84	0.000882	0.02385	228.51	426.32	197.81	1.1066	1.7701
26	1031.28	0.000885	0.02314	230.15	426.76	196.61	1.1120	1.7692
28	1092.12	0.000892	0.02179	233.46	427.61	194.15	1.1228	1.7675
30	1155.68	0.000899	0.02053	236.80	428.43	191.62	1.1337	1.7658
32	1222.04	0.000906	0.01935	240.19	429.21	189.02	1.1446	1.7640
34	1291.27	0.000913	0.01824	243.63	429.96	186.34	1.1556	1.7622
35	1327.00	0.000917	0.01771	245.36	430.33	184.96	1.1611	1.7613
36	1363.47	0.000920	0.01720	247.11	430.68	183.57	1.1666	1.7604
38	1438.73	0.000928	0.01622	250.64	431.35	180.71	1.1777	1.7585
40	1517.14	0.000936	0.01530	254.23	431.98	177.76	1.1889	1.7566
45	1727.54	0.000957	0.01322	263.44	433.36	169.92	1.2174	1.7515
50	1959.72	0.000980	0.01142	273.07	434.40	161.34	1.2466	1.7458
55	2215.28	0.001005	0.00985	283.18	435.04	151.86	1.2767	1.7395
60	2495.94	0.001034	0.00847	293.88	435.17	141.29	1.3080	1.7321
65	2803.52	0.001068	0.00725	305.33	434.66	129.33	1.3409	1.7234
70	3139.97	0.001109	0.00617	317.77	433.29	115.52	1.3761	1.7128
80	3908.00	0.001238	0.00428	347.84	426.33	78.49	1.4592	1.6014
86.74	4619.10	0.001900	0.00190	378.41	378.41	0.00	1.5403	1.5403

Data from : McLinden, M.O., S.A.Kelin, E.W.Lemmon, and M.L.Hubber 2002. NIST standard reference database

부록 15. R-410B (R-32/125 : 45.0/55.0%) 포화증기표

온도 t℃	압력 P kPa	비체적 (m³/kg) 액(v_f)	비체적 (m³/kg) 증기(v_g)	비엔탈피 (kJ/kg) 액(h_f)	비엔탈피 (kJ/kg) 증기(h_g)	비엔탈피 (kJ/kg) 증발열(h_{fg})	비엔트로피 (kJ/kgK) 액(s_f)	비엔트로피 (kJ/kgK) 증기(s_g)
-99	4.01	0.000653	4.75732	66.74	363.80	297.06	0.4014	2.1072
-95	5.72	0.000659	3.41086	71.49	366.13	294.63	0.4277	2.0816
-90	8.67	0.000665	2.30911	77.51	369.04	291.53	0.4605	2.0522
-85	12.78	0.000672	1.60437	83.60	371.96	288.35	0.4930	2.0255
-80	18.39	0.000679	1.14111	89.78	374.86	285.08	0.5252	2.0012
-75	25.88	0.000687	0.82893	96.04	377.76	281.71	0.5572	1.9789
-70	35.69	0.000694	0.61374	102.38	380.62	278.24	0.5888	1.9584
-65	48.31	0.000702	0.46232	108.81	383.45	274.64	0.6202	1.9397
-60	64.28	0.000710	0.35373	115.31	386.24	270.93	0.6513	1.9223
-58	71.75	0.000714	0.31910	117.94	387.34	269.41	0.6636	1.9158
-56	79.89	0.000717	0.28848	120.57	388.44	267.86	0.6759	1.9094
-55	84.23	0.000719	0.27451	121.90	388.98	267.08	0.6820	1.9063
-54	88.75	0.000721	0.26135	123.22	389.52	266.30	0.6881	1.9032
-52	98.37	0.000724	0.23724	125.89	390.60	264.71	0.7003	1.8972
-50	108.80	0.000728	0.21578	128.56	391.66	263.10	0.7124	1.8914
-48	120.08	0.000731	0.19662	131.25	392.72	261.46	0.7245	1.8858
-46	132.27	0.000735	0.17948	133.96	393.76	259.80	0.7365	1.8802
-45	138.72	0.000737	0.17160	135.31	394.28	258.96	0.7425	1.8776
-44	145.41	0.000738	0.16412	136.67	394.79	258.12	0.7485	1.8749
-42	159.55	0.000742	0.15033	139.40	395.81	256.41	0.7604	1.8697
-40	174.74	0.000746	0.13791	142.15	396.82	254.67	0.7723	1.8646
-38	191.04	0.000750	0.12672	144.90	397.81	252.91	0.7841	1.8596
-36	208.51	0.000754	0.11660	147.67	398.79	251.12	0.7959	1.8548
-35	217.70	0.000756	0.11191	149.06	399.28	250.21	0.8018	1.8524
-34	227.19	0.000758	0.10744	150.46	399.76	249.30	0.8076	1.8501
-32	247.15	0.000762	0.09914	153.25	400.71	247.46	0.8193	1.8455
-30	268.45	0.000766	0.09160	156.07	401.65	245.58	0.8309	1.8409
-28	291.13	0.000770	0.08474	158.89	402.57	243.68	0.8425	1.8365
-26	315.27	0.000775	0.07849	161.73	403.47	241.74	0.8541	1.8322
-25	327.91	0.000777	0.07557	163.15	403.92	240.76	0.8598	1.8301
-24	340.93	0.000779	0.07279	164.58	404.36	239.78	0.8656	1.8280
-22	368.17	0.000784	0.06757	167.45	405.23	237.78	0.8771	1.8238
-20	397.04	0.000788	0.06280	170.33	406.08	235.75	0.8885	1.8197
-18	427.63	0.000793	0.05842	173.23	406.91	233.68	0.8998	1.8157
-16	459.99	0.000798	0.05440	176.14	407.73	231.59	0.9112	1.8118
-15	476.86	0.000800	0.05252	177.60	408.13	230.52	0.9168	1.8098
-14	494.20	0.000803	0.05071	179.07	408.52	229.45	0.9225	1.8079
-12	530.31	0.000808	0.04731	182.01	409.29	227.28	0.9337	1.8041
-10	568.41	0.000813	0.04417	184.97	410.04	225.08	0.9450	1.8003
-8	608.55	0.000818	0.04129	187.94	410.78	222.83	0.9562	1.7966
-6	650.82	0.000823	0.03861	190.93	411.48	220.55	0.9673	1.7929
-5	672.78	0.000826	0.03735	192.43	411.83	219.39	0.9729	1.7911
-4	695.29	0.000829	0.03614	193.94	412.16	218.23	0.9784	1.7892
-2	742.03	0.000835	0.03385	196.96	412.82	215.86	0.9895	1.7856
0	791.11	0.000840	0.03173	200.00	413.45	213.45	1.0006	1.7820
2	842.61	0.000846	0.02976	203.06	414.06	211.00	1.0116	1.7785
4	896.62	0.000853	0.02793	206.14	414.64	208.50	1.0226	1.7749
5	924.58	0.000856	0.02706	207.69	414.92	207.23	1.0281	1.7732
6	953.20	0.000859	0.02622	209.24	415.19	205.95	1.0336	1.7714
8	1012.45	0.000865	0.02464	212.36	415.71	203.35	1.0446	1.7679
10	1074.43	0.000872	0.02316	215.50	416.20	200.70	1.0555	1.7644
12	1139.23	0.000879	0.02178	218.66	416.65	198.00	1.0665	1.7608
14	1206.94	0.000886	0.02049	221.84	417.07	195.23	1.0774	1.7573
15	1241.91	0.000890	0.01988	223.44	417.27	193.83	1.0829	1.7556
16	1277.64	0.000893	0.01928	225.05	417.46	192.41	1.0883	1.7538
18	1351.42	0.000901	0.01815	228.28	417.81	189.53	1.0993	1.7502
20	1428.36	0.000909	0.01710	231.54	418.12	186.58	1.1102	1.7466
25	1635.15	0.000930	0.01473	239.81	418.71	178.89	1.1375	1.7375
30	1863.72	0.000954	0.01271	248.30	418.99	170.70	1.1650	1.7281
35	2115.57	0.000980	0.01097	257.04	418.94	161.90	1.1928	1.7182
40	2392.29	0.001011	0.00946	266.10	418.46	152.36	1.2210	1.7076
45	2695.54	0.001046	0.00814	275.58	417.45	141.87	1.2500	1.6959
50	3027.09	0.001089	0.00698	285.63	415.74	130.11	1.2802	1.6828
55	3388.84	0.001142	0.00595	296.56	413.02	116.47	1.3124	1.6673
60	3782.82	0.001213	0.00501	308.90	408.57	99.68	1.3482	1.6474
71.03	4779.50	0.002018	0.00202	237.23	237.23	0.00	1.1373	1.1373

Data from : McLinden, M.O., S.A.Kelin, E.W.Lemmon, and M.L.Hubber 2002, NIST standard reference database

부록 16. R-717 (NH_3 Ammonia) 포화증기표(Ⅰ)

온도	압력	비체적 (m³/kg)		비엔탈피 (kJ/kg)			비엔트로피 (kJ/kgK)	
t ℃	P kPa	액(v_f)	증기(v_g)	액(h_f)	증기(h_g)	증발열(h_{fg})	액(s_f)	증기(s_g)
-77	6,41	0,001363	14,86265	-140,94	1343,24	1484,19	-0,4613	7,1053
-76	6,94	0,001365	13,80109	-136,64	1345,09	1481,73	-0,4394	7,0763
-75	7,50	0,001368	12,82650	-132,34	1346,93	1479,27	-0,4177	7,0478
-74	8,10	0,001370	11,93092	-128,03	1348,77	1476,80	-0,3960	7,0196
-73	8,75	0,001372	11,10720	-123,72	1350,61	1474,33	-0,3744	6,9917
-72	9,43	0,001374	10,34890	-119,41	1352,43	1471,84	-0,3529	6,9642
-71	10,16	0,001376	9,65020	-115,09	1354,26	1469,35	-0,3315	6,9371
-70	10,94	0,001378	9,00587	-110,78	1356,08	1466,85	-0,3102	6,9103
-69	11,77	0,001381	8,41117	-106,46	1357,89	1464,34	-0,2890	6,8839
-68	12,65	0,001383	7,86181	-102,13	1359,69	1461,83	-0,2679	6,8578
-67	13,58	0,001385	7,35392	-97,81	1361,49	1459,30	-0,2468	6,8320
-66	14,57	0,001387	6,88398	-93,48	1363,29	1456,76	-0,2259	6,8065
-65	15,63	0,001389	6,44881	-89,15	1365,07	1454,22	-0,2050	6,7814
-64	16,74	0,001392	6,04553	-84,81	1366,85	1451,66	-0,1843	6,7565
-63	17,92	0,001394	5,67150	-80,47	1368,63	1449,10	-0,1636	6,7320
-62	19,17	0,001396	5,32434	-76,13	1370,40	1446,53	-0,1430	6,7077
-61	20,50	0,001398	5,00187	-71,78	1372,16	1443,94	-0,1225	6,6838
-60	21,90	0,001401	4,70212	-67,44	1373,91	1441,35	-0,1020	6,6601
-59	23,38	0,001403	4,42328	-63,09	1375,66	1438,74	-0,0817	6,6367
-58	24,94	0,001405	4,16371	-58,73	1377,40	1436,13	-0,0614	6,6136
-57	26,58	0,001408	3,92191	-54,37	1379,13	1433,50	-0,0412	6,5908
-56	28,32	0,001410	3,69649	-50,01	1380,85	1430,86	-0,0211	6,5682
-55	30,15	0,001412	3,48621	-45,65	1382,57	1428,21	-0,0010	6,5459
-54	32,08	0,001415	3,28992	-41,28	1384,27	1425,55	0,0190	6,5239
-53	34,11	0,001417	3,10656	-36,91	1385,97	1422,88	0,0388	6,5021
-52	36,24	0,001419	2,93517	-32,53	1387,66	1420,19	0,0587	6,4805
-51	38,49	0,001422	2,77486	-28,15	1389,35	1417,50	0,0784	6,4592
-50	40,85	0,001424	2,62482	-23,77	1391,02	1414,79	0,0981	6,4382
-49	43,32	0,001427	2,48431	-19,38	1392,68	1412,07	0,1177	6,4173
-48	45,92	0,001429	2,35264	-14,99	1394,34	1409,33	0,1372	6,3967
-47	48,65	0,001432	2,22917	-10,60	1395,99	1406,59	0,1567	6,3764
-46	51,51	0,001434	2,11333	-6,20	1397,63	1403,83	0,1760	6,3562
-45	54,50	0,001436	2,00458	-1,80	1399,25	1401,06	0,1953	6,3363
-44	57,64	0,001439	1,90242	2,60	1400,87	1398,27	0,2146	6,3166
-43	60,93	0,001441	1,80641	7,01	1402,48	1395,47	0,2338	6,2971
-42	64,36	0,001444	1,71612	11,42	1404,08	1392,66	0,2529	6,2778
-41	67,96	0,001447	1,63116	15,84	1405,67	1389,83	0,2719	6,2587
-40	71,71	0,001449	1,55117	20,25	1407,25	1387,00	0,2909	6,2398
-39	75,63	0,001452	1,47582	24,68	1408,82	1384,14	0,3098	6,2211
-38	79,73	0,001454	1,40480	29,10	1410,38	1381,27	0,3286	6,2026
-37	84,01	0,001457	1,33783	33,53	1411,93	1378,39	0,3474	6,1843
-36	88,47	0,001459	1,27465	37,97	1413,46	1375,50	0,3661	6,1662
-35	93,12	0,001462	1,21501	42,40	1414,99	1372,59	0,3847	6,1483
-34	97,97	0,001465	1,15868	46,84	1416,51	1369,66	0,4033	6,1305
-33	103,02	0,001467	1,10545	51,29	1418,01	1366,72	0,4218	6,1130
-32	108,28	0,001470	1,05513	55,74	1419,50	1363,77	0,4403	6,0956
-31	113,76	0,001473	1,00753	60,19	1420,99	1360,80	0,4587	6,0783
-30	119,46	0,001476	0,96249	64,64	1422,46	1357,81	0,4770	6,0613
-29	125,38	0,001478	0,91984	69,10	1423,92	1354,81	0,4953	6,0444
-28	131,54	0,001481	0,87945	73,57	1425,36	1351,80	0,5135	6,0277
-27	137,95	0,001484	0,84117	78,03	1426,80	1348,77	0,5316	6,0111
-26	144,60	0,001487	0,80488	82,50	1428,22	1345,72	0,5497	5,9947
-25	151,50	0,001489	0,77046	86,98	1429,64	1342,66	0,5677	5,9784
-24	158,67	0,001492	0,73779	91,45	1431,04	1339,58	0,5857	5,9623
-23	166,11	0,001495	0,70678	95,93	1432,42	1336,49	0,6036	5,9464
-22	173,82	0,001498	0,67733	100,42	1433,80	1333,38	0,6214	5,9305
-21	181,82	0,001501	0,64934	104,91	1435,16	1330,25	0,6392	5,9149
-20	190,11	0,001504	0,62274	109,40	1436,51	1327,11	0,6570	5,8994
-19	198,70	0,001507	0,59744	113,89	1437,85	1323,95	0,6746	5,8840
-18	207,60	0,001509	0,57338	118,39	1439,17	1320,78	0,6923	5,8687
-17	216,81	0,001512	0,55047	122,90	1440,48	1317,59	0,7098	5,8536
-16	226,34	0,001515	0,52866	127,40	1441,78	1314,38	0,7273	5,8386
-15	236,20	0,001518	0,50789	131,91	1443,07	1311,15	0,7448	5,8238
-14	246,41	0,001521	0,48810	136,43	1444,34	1307,91	0,7622	5,8091
-13	256,95	0,001524	0,46923	140,94	1445,59	1304,65	0,7795	5,7943
-12	267,85	0,001528	0,45123	145,46	1446,84	1301,38	0,7968	5,7800
-11	279,12	0,001531	0,43407	149,99	1448,07	1298,08	0,8140	5,7657
-10	290,75	0,001534	0,41769	154,52	1449,29	1294,77	0,8312	5,7514

부록 16. R-717 (NH_3 Ammonia) 포화증기표(Ⅱ)

온도 t ℃	압력 P kPa	비체적 (m^3/kg)		비엔탈피 (kJ/kg)			비엔트로피 (kJ/kgK)	
		액(v_f)	증기(v_g)	액(h_f)	증기(h_g)	증발열(h_{fg})	액(s_f)	증기(s_g)
−9	302.77	0.001537	0.40205	159.05	1450.49	1291.44	0.8483	5.7373
−8	315.17	0.001540	0.38712	163.58	1451.68	1288.09	0.8653	5.7233
−7	327.97	0.001543	0.37285	168.12	1452.85	1284.73	0.8824	5.7094
−6	341.17	0.001546	0.35921	172.66	1454.01	1281.35	0.8993	5.6957
−5	354.79	0.001550	0.34618	177.21	1455.16	1277.95	0.9162	5.6820
−4	368.83	0.001553	0.33371	181.76	1456.29	1274.53	0.9331	5.6685
−3	383.31	0.001556	0.32178	186.32	1457.40	1271.09	0.9499	5.6550
−2	398.22	0.001559	0.31037	190.87	1458.51	1267.63	0.9666	5.6417
−1	413.59	0.001563	0.29944	195.43	1459.59	1264.16	0.9833	5.6284
0	429.41	0.001566	0.28898	200.00	1460.66	1260.66	1.0000	5.6153
1	445.71	0.001569	0.27895	204.57	1461.72	1257.15	1.0166	5.6022
2	462.48	0.001573	0.26935	209.14	1462.76	1253.62	1.0332	5.5893
3	479.74	0.001576	0.26014	213.72	1463.79	1250.07	1.0497	5.5764
4	497.50	0.001580	0.25131	218.30	1464.80	1246.50	1.0661	5.5637
5	515.76	0.001583	0.24284	222.89	1465.79	1242.91	1.0825	5.5510
6	534.54	0.001587	0.23471	227.47	1466.77	1239.30	1.0989	5.5384
7	553.85	0.001590	0.22692	232.07	1467.73	1235.66	1.1152	5.5259
8	573.70	0.001594	0.21943	236.67	1468.68	1232.01	1.1315	5.5135
9	594.09	0.001597	0.21224	241.27	1469.61	1228.34	1.1477	5.5012
10	615.04	0.001601	0.20533	245.87	1470.52	1224.65	1.1639	5.4890
11	636.55	0.001604	0.19870	250.48	1471.42	1220.94	1.1800	5.4768
12	658.64	0.001608	0.19232	255.10	1472.30	1217.21	1.1961	5.4647
13	681.32	0.001612	0.18619	259.72	1473.17	1213.45	1.2121	5.4527
14	704.59	0.001616	0.18029	264.34	1474.02	1209.67	1.2281	5.4408
15	728.48	0.001619	0.17462	268.97	1474.85	1205.88	1.2441	5.4290
16	752.98	0.001623	0.16916	273.60	1475.66	1202.06	1.2600	5.4172
17	778.11	0.001627	0.16391	278.24	1476.46	1198.21	1.2759	5.4055
18	803.88	0.001631	0.15885	282.89	1477.24	1194.35	1.2917	5.3939
19	830.30	0.001635	0.15398	287.53	1478.00	1190.46	1.3075	5.3823
20	857.38	0.001639	0.14929	292.19	1478.74	1186.55	1.3232	5.3708
21	885.13	0.001643	0.14477	296.85	1479.47	1182.62	1.3390	5.3594
22	913.56	0.001647	0.14041	301.51	1480.17	1178.66	1.3546	5.3481
23	942.69	0.001651	0.13621	306.18	1480.86	1174.68	1.3703	5.3368
24	972.52	0.001655	0.13216	310.86	1481.53	1170.68	1.3859	5.3255
25	1003.07	0.001659	0.12826	315.54	1482.19	1166.65	1.4014	5.3144
26	1034.34	0.001663	0.12449	320.23	1482.82	1162.59	1.4169	5.3033
27	1066.35	0.001667	0.12085	324.92	1483.43	1158.51	1.4324	5.2922
28	1099.11	0.001671	0.11734	329.62	1484.03	1154.41	1.4479	5.2812
29	1132.64	0.001676	0.11396	334.32	1484.60	1150.28	1.4633	5.2703
30	1166.93	0.001680	0.11069	339.04	1485.16	1146.12	1.4787	5.2594
31	1202.01	0.001684	0.10753	343.76	1485.70	1141.94	1.4940	5.2485
32	1237.88	0.001689	0.10447	348.48	1486.21	1137.73	1.5093	5.2377
33	1274.56	0.001693	0.10153	353.22	1486.71	1133.49	1.5246	5.2270
34	1312.06	0.001698	0.09867	357.96	1487.19	1129.23	1.5398	5.2163
35	1350.38	0.001702	0.09593	362.58	1487.65	1125.07	1.5547	5.2058
36	1389.55	0.001707	0.09327	367.33	1488.09	1120.75	1.5699	5.1952
37	1429.58	0.001712	0.09069	372.09	1488.50	1116.41	1.5850	5.1846
38	1470.47	0.001716	0.08820	376.86	1488.89	1112.03	1.6002	5.1741
39	1512.24	0.001721	0.08578	381.64	1489.26	1107.62	1.6153	5.1636
40	1554.89	0.001726	0.08345	386.43	1489.61	1103.19	1.6303	5.1532
41	1598.45	0.001731	0.08119	391.22	1489.94	1098.72	1.6454	5.1428
42	1642.93	0.001736	0.07900	396.02	1490.25	1094.22	1.6604	5.1325
43	1688.33	0.001740	0.07688	400.84	1490.53	1089.69	1.6754	5.1222
44	1734.67	0.001745	0.07483	405.66	1490.79	1085.13	1.6904	5.1119
45	1781.96	0.001751	0.07284	410.49	1491.02	1080.53	1.7053	5.1016
46	1830.22	0.001756	0.07092	415.34	1491.23	1075.90	1.7203	5.0914
47	1879.45	0.001761	0.06905	420.19	1491.42	1071.23	1.7352	5.0812
48	1929.68	0.001766	0.06724	425.06	1491.59	1066.53	1.7501	5.0711
49	1980.90	0.001771	0.06548	429.93	1491.73	1061.79	1.7650	5.0609
50	2033.14	0.001777	0.06378	434.82	1491.84	1057.02	1.7798	5.0508
51	2086.41	0.001782	0.06213	439.72	1491.93	1052.21	1.7947	5.0407
52	2140.72	0.001788	0.06053	444.63	1491.99	1047.36	1.8095	5.0307
53	2196.09	0.001793	0.05898	449.56	1492.03	1042.47	1.8243	5.0206
54	2252.52	0.001799	0.05747	454.50	1492.04	1037.54	1.8391	5.0106
55	2310.03	0.001805	0.05600	459.45	1492.02	1032.57	1.8539	5.0006
56	2368.64	0.001810	0.05458	464.42	1491.98	1027.56	1.8687	4.9906
57	2428.35	0.001816	0.05320	469.40	1491.91	1022.51	1.8835	4.9806
58	2489.19	0.001822	0.05186	474.39	1491.81	1017.42	1.8983	4.9707

부록 16. R-717 (NH_3 Ammonia) 포화증기표(Ⅲ)

온도	압력	비체적 (m^3/kg)		비엔탈피 (kJ/kg)			비엔트로피 (kJ/kgK)	
t ℃	P kPa	액(v_f)	증기(v_g)	액(h_f)	증기(h_g)	증발열(h_{fg})	액(s_f)	증기(s_g)
59	2551,15	0,001828	0,05056	479,40	1491,68	1012,28	1,9131	4,9607
60	2614,27	0,001834	0,04929	484,43	1491,52	1007,09	1,9278	4,9508
61	2678,55	0,001840	0,04806	489,48	1491,33	1001,86	1,9426	4,9408
62	2744,01	0,001847	0,04687	494,54	1491,12	996,58	1,9573	4,9309
63	2810,65	0,001853	0,04571	499,61	1490,87	991,25	1,9721	4,9209
64	2878,50	0,001860	0,04458	504,71	1490,58	985,87	1,9869	4,9110
65	2947,57	0,001866	0,04348	509,83	1490,27	980,44	2,0016	4,9011
66	3017,86	0,001873	0,04241	514,96	1489,93	974,96	2,0164	4,8911
67	3089,41	0,001880	0,04137	520,12	1489,55	969,43	2,0312	4,8812
68	3162,22	0,001886	0,04036	525,29	1489,13	963,84	2,0460	4,8713
69	3236,30	0,001893	0,03937	530,49	1488,68	958,19	2,0608	4,8613
70	3311,68	0,001900	0,03841	535,71	1488,20	952,49	2,0756	4,8513
71	3388,35	0,001908	0,03748	540,95	1487,68	946,72	2,0905	4,8414
72	3466,35	0,001915	0,03657	546,22	1487,12	940,90	2,1053	4,8314
73	3545,69	0,001922	0,03568	551,51	1486,52	935,01	2,1202	4,8213
74	3626,38	0,001930	0,03482	556,83	1485,89	929,06	2,1351	4,8113
75	3708,43	0,001937	0,03398	562,17	1485,21	923,04	2,1500	4,8012
76	3791,86	0,001945	0,03316	567,54	1484,49	916,95	2,1649	4,7912
77	3876,70	0,001953	0,03236	572,94	1483,74	910,79	2,1799	4,7810
78	3962,94	0,001961	0,03158	578,37	1482,93	904,56	2,1949	4,7709
79	4050,62	0,001969	0,03083	583,83	1482,09	898,26	2,2099	4,7607
80	4139,74	0,001978	0,03009	589,32	1481,19	891,87	2,2250	4,7505
81	4230,32	0,001986	0,02936	594,84	1480,26	885,41	2,2401	4,7402
82	4322,38	0,001995	0,02866	600,40	1479,27	878,87	2,2553	4,7299
83	4415,94	0,002004	0,02797	606,00	1478,23	872,24	2,2705	4,7195
84	4511,00	0,002013	0,02730	611,63	1477,14	865,52	2,2857	4,7091
85	4607,60	0,002022	0,02665	617,29	1476,00	858,71	2,3010	4,6986
86	4705,74	0,002032	0,02601	623,00	1474,81	851,81	2,3164	4,6881
87	4805,45	0,002041	0,02538	628,75	1473,56	844,81	2,3318	4,6775
88	4906,74	0,002051	0,02477	634,54	1472,25	837,70	2,3473	4,6668
89	5009,63	0,002061	0,02418	640,38	1470,88	830,50	2,3628	4,6561
90	5114,13	0,002071	0,02359	646,26	1469,45	823,18	2,3785	4,6453
91	5220,28	0,002082	0,02302	652,20	1467,95	815,76	2,3942	4,6343
92	5328,07	0,002093	0,02247	658,18	1466,39	808,21	2,4100	4,6233
93	5437,54	0,002104	0,02192	664,22	1464,76	800,55	2,4258	4,6122
94	5548,71	0,002115	0,02139	670,31	1463,06	792,75	2,4418	4,6010
95	5661,58	0,002127	0,02087	676,46	1461,28	784,82	2,4579	4,5897
96	5776,19	0,002138	0,02036	682,67	1459,43	776,76	2,4741	4,5783
97	5892,56	0,002151	0,01986	688,94	1457,49	768,55	2,4904	4,5667
98	6010,69	0,002163	0,01937	695,29	1455,47	760,19	2,5068	4,5550
99	6130,63	0,002176	0,01889	701,70	1453,37	751,67	2,5234	4,5432
100	6252,37	0,002189	0,01842	708,18	1451,16	742,98	2,5401	4,5312
101	6375,96	0,002203	0,01796	714,75	1448,87	734,12	2,5569	4,5190
102	6501,41	0,002217	0,01751	721,39	1446,47	725,08	2,5739	4,5066
103	6628,74	0,002231	0,01707	728,12	1443,96	715,84	2,5910	4,4941
104	6757,97	0,002246	0,01663	734,94	1441,34	706,40	2,6084	4,4814
105	6889,14	0,002262	0,01621	741,86	1438,60	696,74	2,6259	4,4684
106	7022,27	0,002278	0,01579	748,88	1435,73	686,85	2,6437	4,4552
107	7157,37	0,002295	0,01537	756,02	1432,74	676,72	2,6616	4,4418
108	7294,48	0,002312	0,01497	763,35	1429,55	666,21	2,6801	4,4279
109	7433,63	0,002330	0,01457	770,68	1426,28	655,59	2,6984	4,4140
110	7574,83	0,002348	0,01418	778,14	1422,84	644,70	2,7171	4,3997
111	7718,13	0,002368	0,01379	785,74	1419,24	633,49	2,7360	4,3851
112	7863,54	0,002388	0,01341	793,58	1415,40	621,81	2,7555	4,3700
113	8011,10	0,002409	0,01303	801,55	1411,38	609,83	2,7752	4,3545
114	8160,85	0,002432	0,01266	809,69	1407,14	597,44	2,7954	4,3386
115	8312,81	0,002455	0,01229	818,04	1402,66	584,63	2,8159	4,3221
116	8467,01	0,002480	0,01193	826,59	1397,92	571,33	2,8370	4,3051
117	8623,51	0,002506	0,01157	835,38	1392,90	557,51	2,8585	4,2875
118	8782,33	0,002533	0,01121	844,43	1387,55	543,12	2,8807	4,2692
119	8943,51	0,002563	0,01086	853,77	1381,84	528,07	2,9035	4,2501
120	9107,10	0,002594	0,01050	863,44	1375,74	512,30	2,9270	4,2301
125	9962,94	0,002796	0,00870	918,54	1336,69	418,15	3,0604	4,1107
130	10888,47	0,003186	0,00659	999,04	1263,91	264,87	3,2544	3,9114
132	11282,16	0,003656	0,00510	1065,59	1183,18	117,50	3,4157	3,7059
132,3	11353,00	0,004274	0,00427	1122,77	1122,77	0,00	3,5561	3,5561

Data from : McLinden, M.O., S.A.Kelin, E.W.Lemmon, and A.P. Peskin, 2000, NIST standard reference database

부록 17. 염화나트륨 브라인의 특성

NaCl의 농도 (%)	15°C에서 비열 (J/kg · K)	결정온도 (°C)	16°C에서 밀도 (kg/m³)		밀도 (kg/m³)			
			NaCl	Brine	-10°C	0°C	10°C	20°C
0	4184	0.0	0.0	1000				
5	3925	-2.9	51.7	1035		1038.1	1036.5	1034.0
6	3879	-3.6	62.5	1043		1045.8	1043.9	1041.2
7	3836	-4.3	73.4	1049		1053.7	1051.4	1048.5
8	3795	-5.0	84.6	1057		1061.2	1058.9	1055.8
9	3753	-5.8	95.9	1065		1069.0	1066.4	1063.2
10	3715	-6.6	107.2	1072		1076.8	1074.0	1070.6
11	3678	-7.3	118.8	1080		1084.8	1081.6	1078.1
12	3640	-8.2	130.3	1086		1092.4	1089.6	1085.6
13	3607	-9.1	142.2	1094		1100.3	1097.0	1093.2
14	3573	-10.1	154.3	1102		1108.2	1104.7	1100.8
15	3544	-10.9	166.5	1110	1119.4	1116.2	1112.5	1108.5
16	3515	-11.9	178.9	1118	1127.6	1124.2	1120.4	1116.2
17	3485	-13.0	191.4	1126	1135.8	1132.2	1128.3	1124.0
18	3456	-14.1	204.1	1134	1144.1	1140.3	1136.2	1131.8
19	3427	-15.3	217.0	1142	1153.4	1148.5	1144.3	1139.7
20	3402	-16.5	230.0	1150	1160.7	1156.7	1154.1	1147.7
21	3376	-17.8	243.2	1158	1169.1	1165.0	1160.5	1155.8
22	3356	-19.1	256.6	1166	1177.6	1173.3	1168.7	1163.9
23	3330	-20.6	270.0	1174	1186.1	1181.7	1177.0	1172.0
24	3310	-15.7	283.7	1182	1194.7	1190.1	1185.3	1180.3
25	3289	-8.8	297.5	1190				
25.2	0							

Data from : Dow Chemical USA. 1998, 2001, 1989. Midlland, MI.

부록 18. 염화칼슘 브라인의 특성

$CaCl_2$의 농도 (%)	15°C에서 비열 (J/kg · K)	결정온도 (°C)	16°C에서 밀도 (kg/m³)		밀도 (kg/m³)			
			$CaCl_2$	Brine	-20°C	-10°C	0°C	10°C
0	4184	0.00	0.0	999				
5	3866	-2.40	52.2	1044			1042	1041
6	3824	-2.90	63.0	1049			1051	1050
7	3757	-3.40	74.2	1059			1060	1059
8	3699	-4.10	85.5	1068			1070	1068
9	3636	-4.70	96.9	1078			1079	1077
10	3577	-5.40	108.6	1087			1088	1086
11	3523	-6.20	120.5	1095			1097	1095
12	3464	-7.10	132.5	1104			1107	1104
13	3414	-8.00	144.8	1113			1116	1114
14	3364	-9.20	157.1	1123			1126	1123
15	3318	-10.30	169.8	1132		1140	1136	1133
16	3259	-11.60	182.6	1141		1150	1145	1142
17	3209	-13.00	195.7	1152		1160	1155	1152
18	3163	-14.50	209.0	1161		1170	1165	1162
19	3121	-16.20	222.7	1171		1179	1175	1172
20	3084	-18.00	236.0	1180		1189	1185	1182
21	3050	-19.90	249.6	1189				
22	2996	-22.10	264.3	1201	1214	1210	1206	1202
23	2958	-24.40	278.7	1211				
24	2916	-26.80	293.5	1223	1235	1231	1227	1223
25	2882	-29.40	308.2	1232				
26	2853	-32.10	323.1	1242				
27	2816	-35.10	338.5	1253				
28	2782	-38.80	354.0	1264				
29	2753	-45.20	369.9	1275				
29.87	2741	-55.00	378.8	1289				
30	2732	-46.00	358.4	1294				
32	2678	-28.60	418.1	1316				
34	2636	-15.40	452.0	1339				

Data from : Dow Chemical USA. 1998, 2001, 1989. Midlland. MI.

부록 19. R12 Mollier 선도

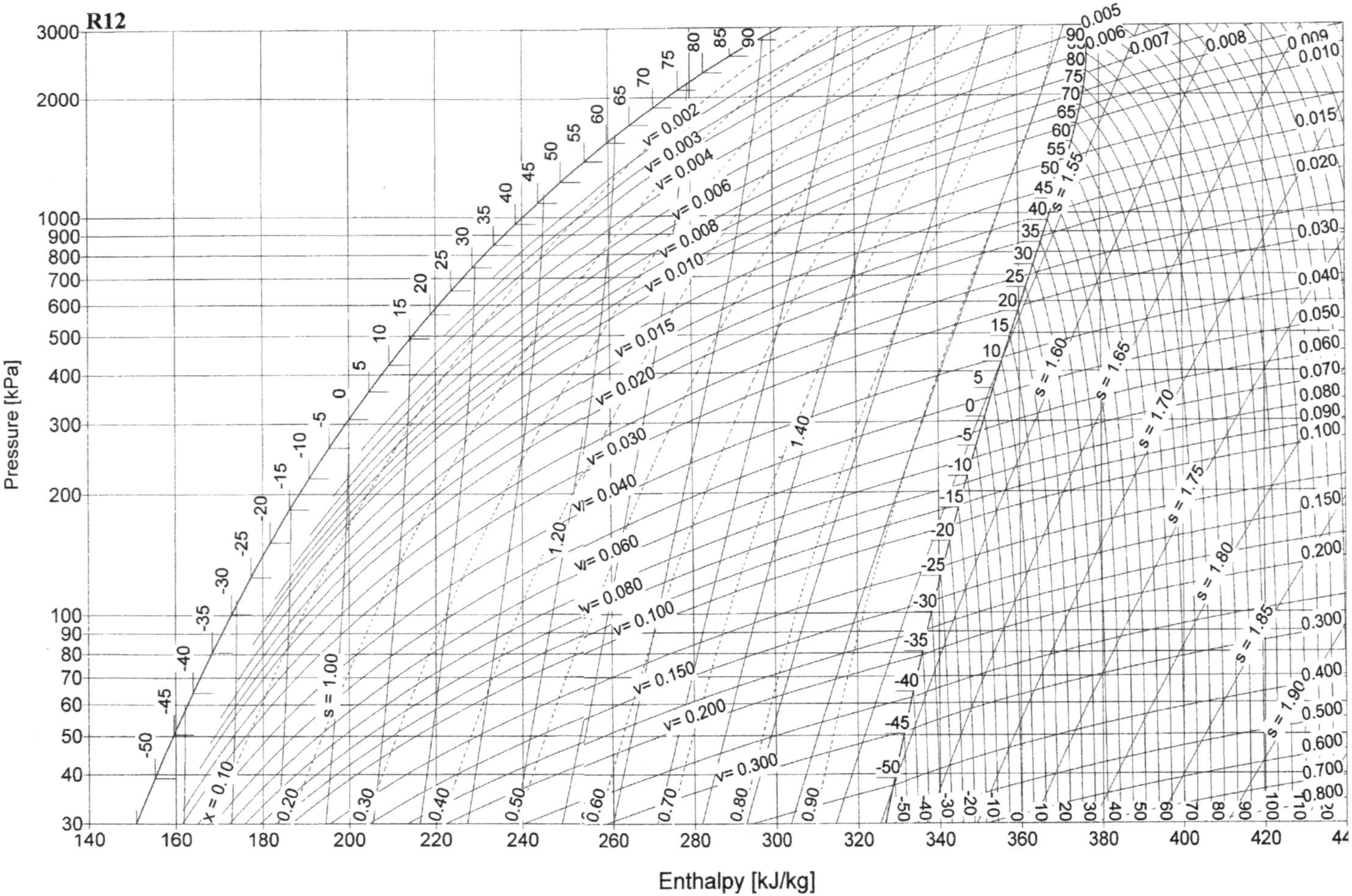

부록 20. R22 Mollier 선도

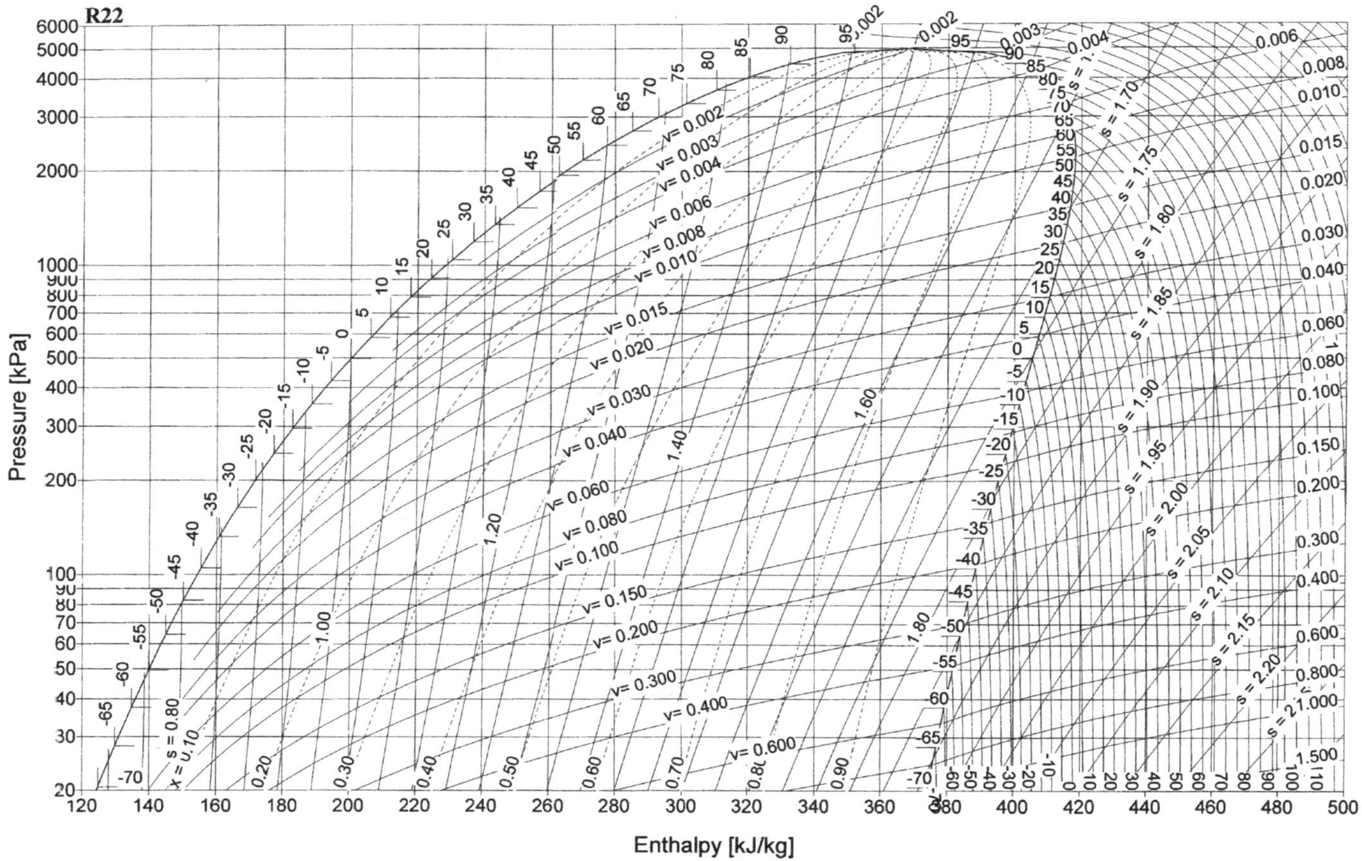

부록 21. R134a Mollier 선도

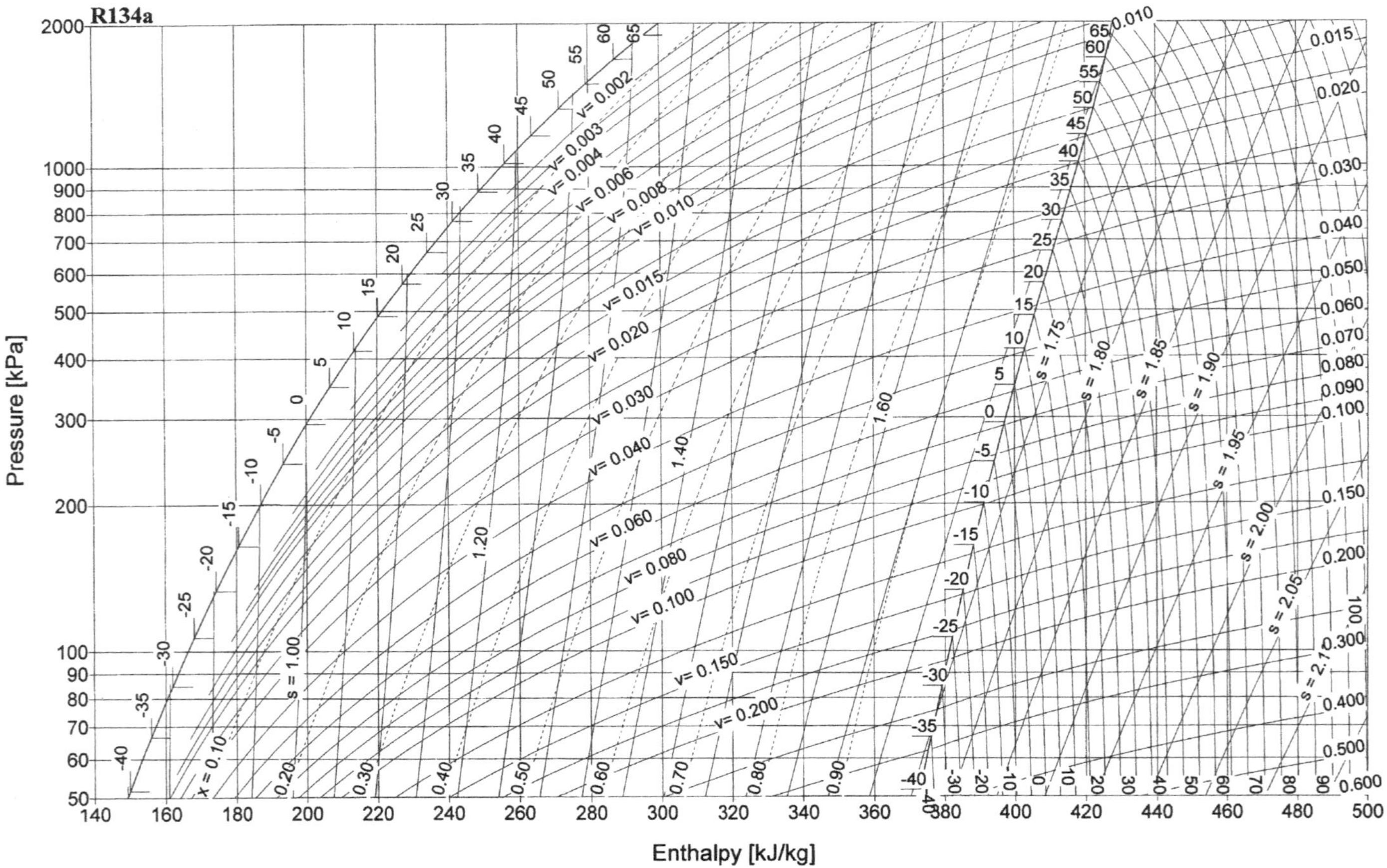

부록 22. R401A Mollier 선도

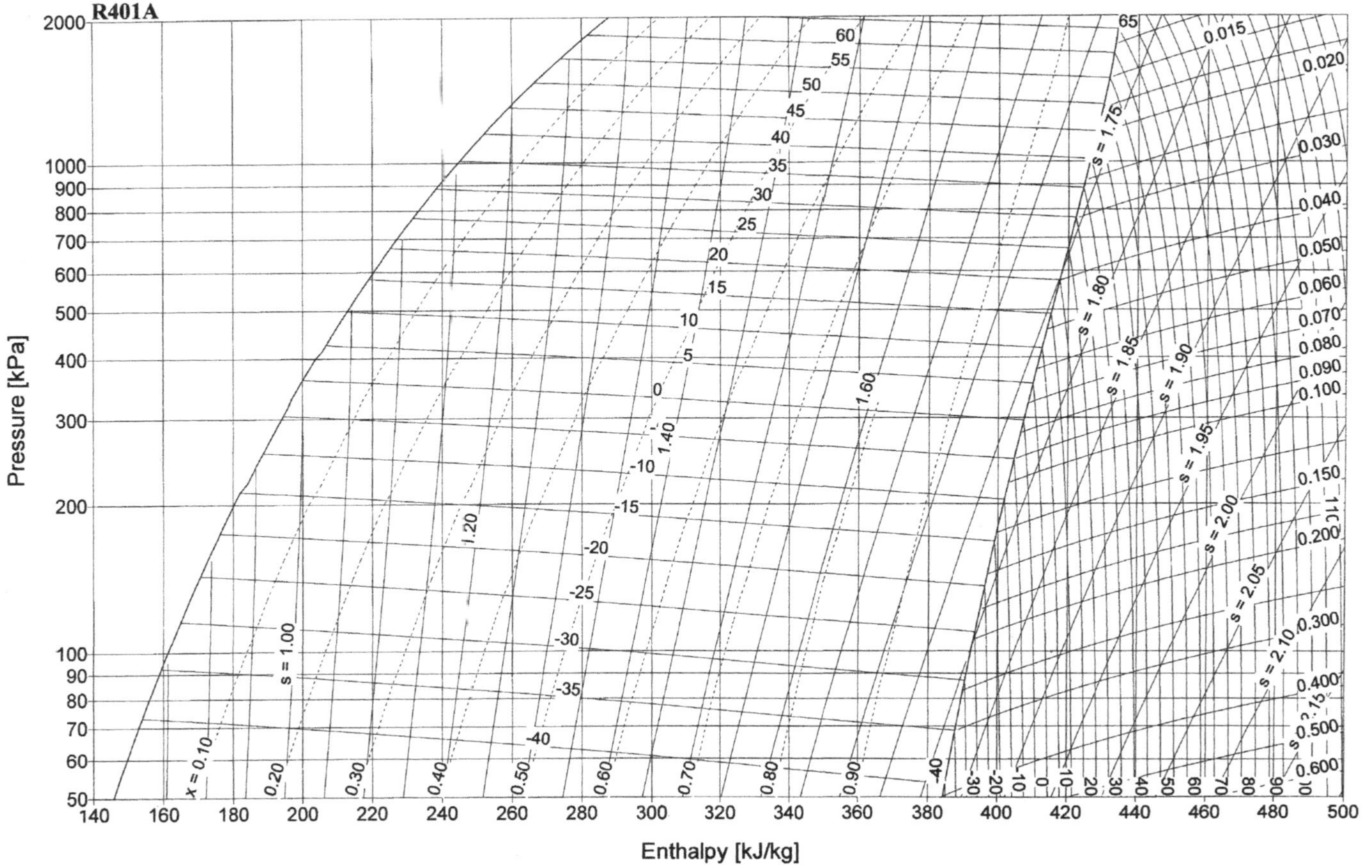

부록 23. R401B Mollier 선도

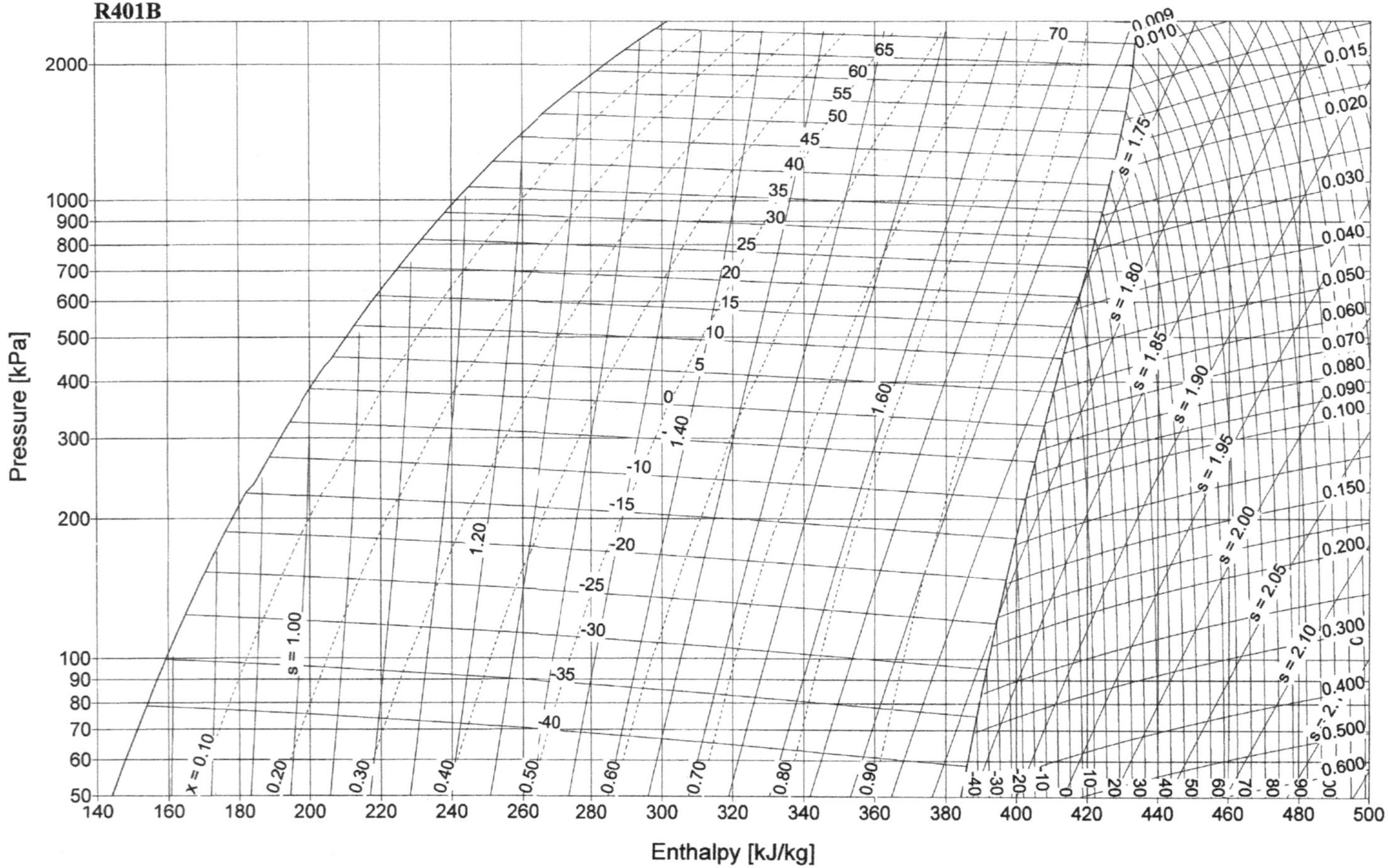

부록 24. R407C Mollier 선도

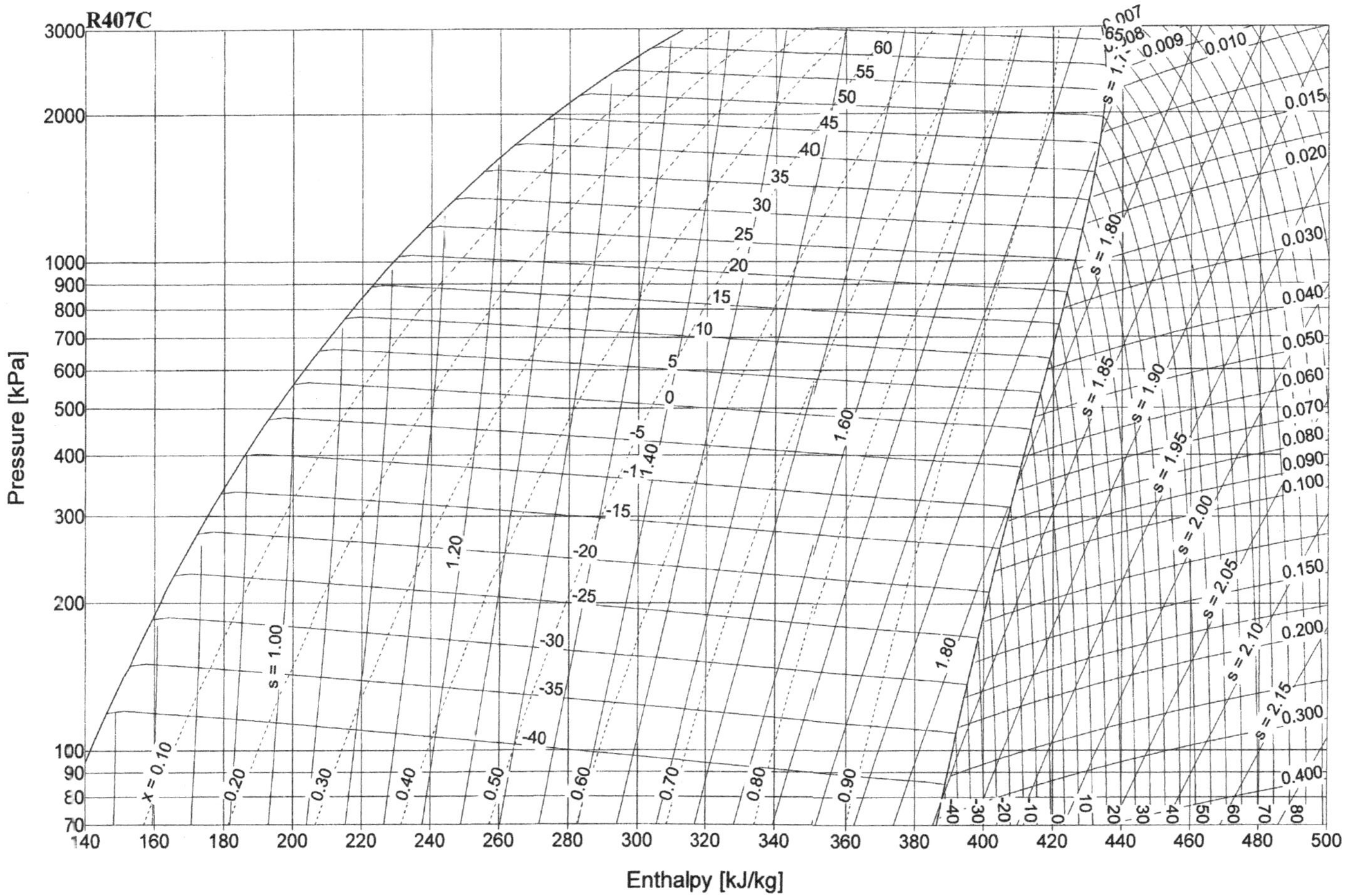

부록 25. R410B Mollier 선도

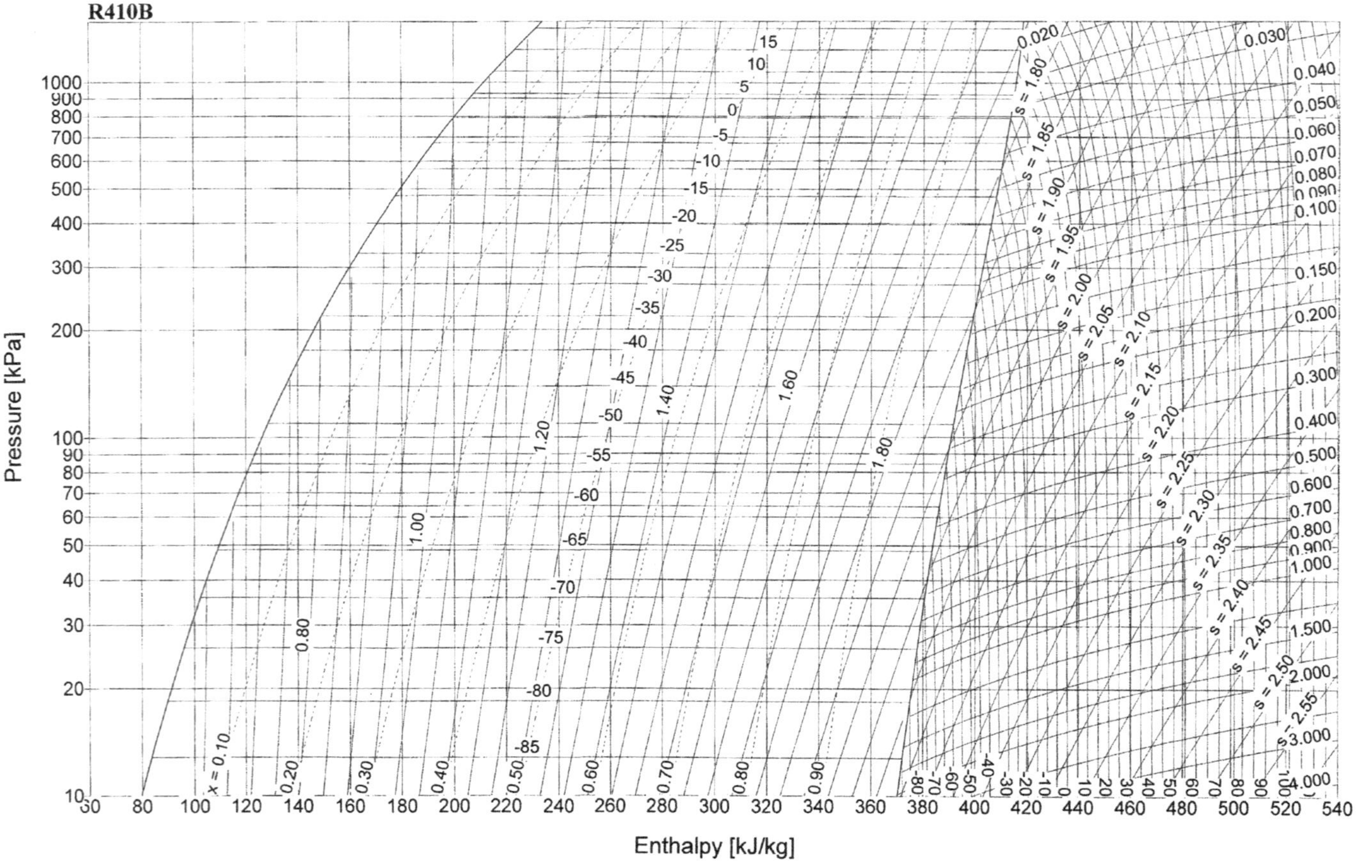

부록 26. R717 Mollier 선도

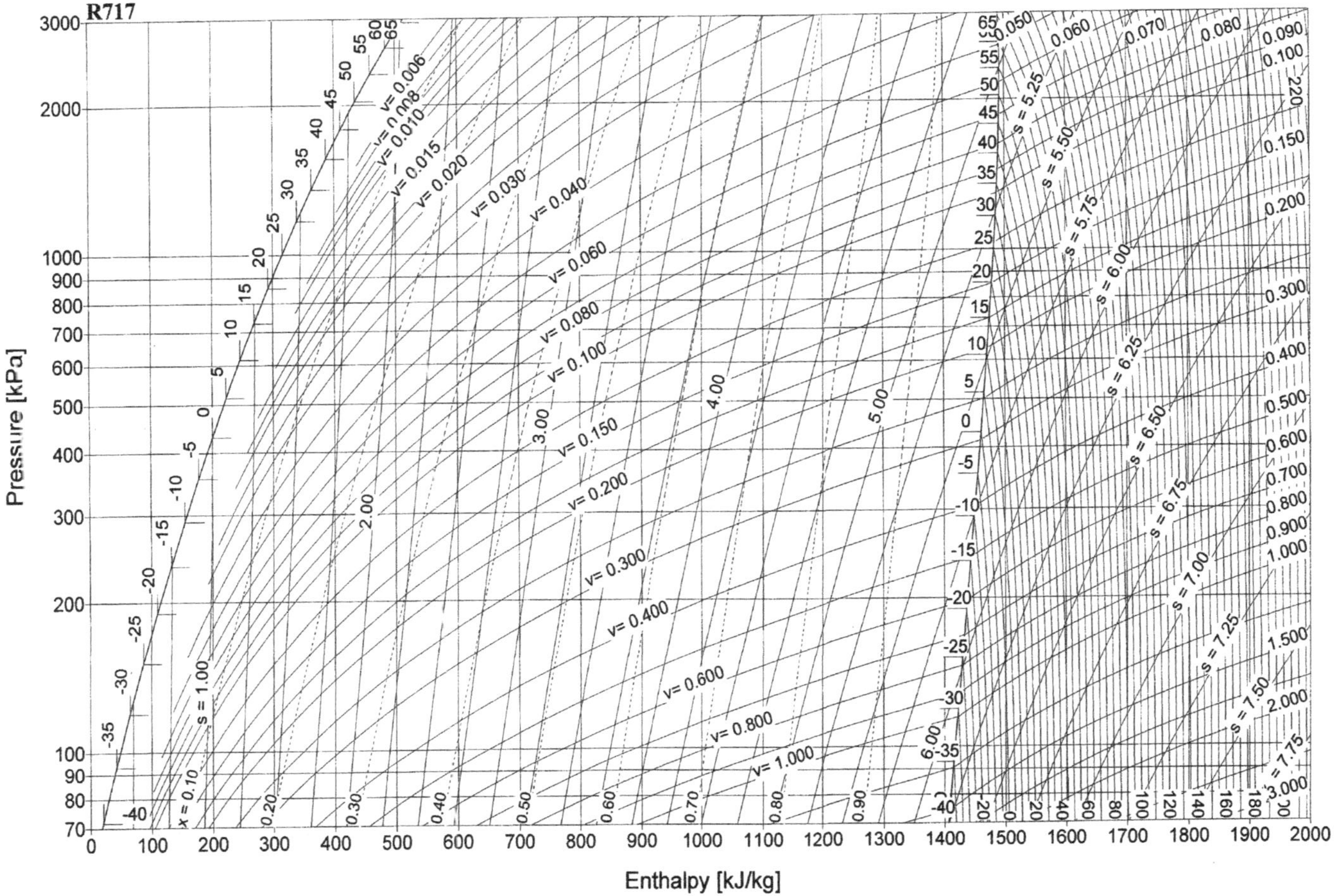

Remedying malfunctions

1. Compressor fails to start.

1) Control current circuit open owing to activated : pressure cut-outs, thermostats, motor protection device, defrosting timer
   - Pinpoint open switch and remedy cause of interruption.

2) High-pressure cut-out has cut.
   - Reset pressure cut-out and investigate cause of high condenser pressure.

3) Low pressure cur-out has cut.
   - Compressor cannot start before suction pressure has risen above set point for pressure cut-out restarting.

4) Oil pressure cut-out has cut.
   - Compressure starts at reset.
   - Check oil level.
   - Check oil foaming in crankcase.

2. Compressor starts and stops too open

1) High-pressure cut-out cuts at high pressure
   - High condenser pressure.
   - Check condenser cooling and adjust pressure cut-out to correct breaking pressure.
   - Replace detective pressure cut-out.

2) Low-pressure cut-out cuts at too low suction pressure.
   - low suction pressure.
   - If low-pressure cut-out is set too high, adjust pressure cut-out.

3) Low-pressure cut-out differential is too small between stoping and starting.
   - Increase differential pressure

4) Compressor capacity too high.
   - Check operating conditions and, if need be, reduce capacity.

5) Filter in suction line clogged.
   - Check suction filters on compressor.

6) Solenoid valve in liquid line does not close tight.
   - Check direction of flow. replace detective valve.

7) Discharge valves on compressor are leaky
   - At compressor stop, pressure equalizes relatively quickly between suction and discharge side.
   - Cleaned or change discharge valves.

3. Compressor starts but stops again immediately.

1) Motor protection cuts.
   - Look for cause of overloading.
   - If star-delta start, set starting time to minimum.

2) Low-pressure cut-out has cut.
   - Open any suction stop valve which is closed.

3) Detective oil-pressure cut-out.

4) Oil charge insufficient.
   - Top up with oil and investigate cause of oil shortage.

5) Oil pressure failing owing to formation of foam in oil.
   - Reduce capacity. sec sections 17 and 18.

4. Compressor operates continuously

1) Thermostat or low-pressure cut-out does not cut too low temperature /pressure
   - Adjust operating points.

2) Restricted supply of refrigerant to evaporator. Compressor working at too low suction pressure.
   - Remove dirt in filters and check function of expansion device as per special instructions.

3) Refrigerant charge unsufficient
   - Top up with refrigerant of correct type.

5. Abnormal noise from compressor

1) Compressor capacity too high during start-up
   - Reduce capacity

2) Oil pressure too low
   - See section 13.

3) Liquid refrigerant in suction line
   - Liquid stroke. See points 7 and 8. Adjust expansion or float valves.

4) Incorrect alignment of motor and compressor. Loose bolts in coupling
   - Check alignment as per special instructions. Tighten with torque wrench

5) Worn or defective bearings
   - Overhaul or replace.

6) Too much oil circulating through the plant, resulting in too low oil level in compressor
   - Check oil level.

- Solenoid valve, filter or jets in oil return system may be clogged.
  Leaky suction valve ring plates, piston rings and worn-out cylinder may also produce such oil consumption.

7) Capacity regulation oscillating owing to failing oil pressure
   - Low oil pressure-see section 13.

6. Too little capacity on compressor

1) Insufficient oil charge
   - Top up with fresh oil of same type and make.

2) Iced-up evaporator
   - Defrost evaporator ; adjust defrosting time if required.

3) Defective oil pump and hence failing oil pressure
   - Repair or replace oil pump

4) Defective capacity regulating system
   - Cause is most often failure in oil pressure or refrigerant in oil

7. Liquid stroke in compressor during start-up

Liquid stroke in the compressor should not occur, as in the worst instance this can cause rupture to the valve ring plates and damage to the inbuilt relief devices. Furthermore, it can result in damage to the connecting rod bearings and cylinders if the coolant degreases the faces and impairs the lubricating capacity of the oil.

1) Adsorption of(H) CFC refrigerant in oil. Sudden reduction in pressure across the oil sump(suction pressure) produces foaming
   - Reduces compressor capacity or start with throttled suction stop valve. Follow instructions in section 18.

2) Refrigerant has condensed in suction line or crankcase.
   Suction line has free fall towards compressor.
   - Heating element in crankcase should be connected for 6-8 hours before starting, so that refrigerant dissolved in oil can be boiled out before starting compressor up.
   - Start with throttled suction stop valve-stop when hammering is heard.
   - Liquid separator should be mounted in suction pipe.

8. Liquid stroke in compressor during operation

1) Refrigerant gas in liquid line
   - Expansion valve is oscillating.

2) Superheating of expansion valve is set too low
   - Adjust superheating, which should normally be 5-8℃.

9. Excessive condenser pressure

In the event of abnormally high pressures in the refrigeration system, there is a risk of damage to the compressor. At very high pressures(see pressure testing), the risk of the components in the refrigeration plant exploding can constitute a threat to life. Abnormally high pressures can occur in the case of :- extreme heating of plant parts(fire, solar radiation or other abnormal heating) ; - volumetric expansion of fluids in sealed-off premises.

1) Over filling with refrigerant
   - Refrigerant fills condenser and reduces its effective area.
     Draw off coolant.

2) Insufficient condenser cooling, e.g. if cooling water fails, fan/cooling water pump clogs, soiling, scaling or fouling of heat-transmitting surfaces

- Regulate water/air supply or reduce compressor capacity, if called for. Check condenser as per instruction for same.

3) Presence of non-condensable gases(especially air) in condenser.
   - Blow air out at condenser. Follow instructions for condenser.

10. Too low condenser pressure

1) Excessive condenser cooling
   - Regulate condenser cooling.

2) Defective piston rings or worn cylinders
   - Replace worn parts. See compressor instructions.

3) Discharge valves are defective or leaky
   - See compressor instructions. Check valve ring plates and piston rings.

4) Bypass between high-pressure side and suction side of compressor
   - Check compressor for internal leakage by performing pressure-drop test. See compressor instructions.

5) Compressor lacks capacity.
   - Check whether compressor capacity corresponds to load on plant. Reduce condenser cooling.

11. Excessive suction pressure

1) Error in setting of liquid regulation valve
   - Liquid refrigerant in suction line.
     Adjust, repair or replace expansion valve.

2) Leaky suction valves
   - Remove cylinder covers ; check valve plates. Renew if need

3) Open by-pass between suction side and high-pressure side of compressor. Safety valve leaky, or opens prematurely.
   - Check system for any by-pass detectable as a warm connection.
     Adjust or repair leaky valves.

4) Compressor lacks capacity.
   - Regulate compressor capacity. Check whether all cylinders are operating.
     Check function of capacity regulator.

12. Too low suction pressure

Abnormally low pressure in the refrigeration plant will increase the compression ratio of the compressor with a subsequent risk of damage to the compressor. The danger of air being sucked into the refrigeration plant also increases at abnormally low pressure.

1) Oil in evaporator
   - Draw off oil.

2) Refrigerant charge on plant insufficient - Check refrigerant charge.
   Bubbles in liquid line sight glass and possibly a warm liquid line
   - Charge plant with refrigerant. Find and seal any leak.

3) Freezing-up of expansion valve(HFC/HCFC plant)
   - Thaw out expansion valve with hot, wet cloths.
     Replace desiccant in drying filter.

4) Thermostatic expansion valve has lost charge
   - Valve fails to open-change valve.

5) Excessive superheating of suction gas
   - Regulate expansion valves to higher capacity.

6) Filter in liquid line clogged
   - Check and clean filter in liquid line.

7) Solenoid valve in liquid line fails to open
   - Coil may have blown. Control signal lacking.

8) Compressor has excessive capacity
   - Reduce compressor capacity. Check capacity regulating system.

13. Oil temperature too low

1) Too little oil in compressor
   - Top up compressor with oil and investigate cause of oil consumption.

2) Oil foams in compressor
   - See point 18.

3) Oil pump defective
   - Repair or replaced.

4) Bearings worn
   - Repair or replace.

5) Oil filter clogged
   - Change filter cartridge

14. Excessive discharge pipe temperature

If after approx. 1 hour`s operation, the discharge pipe temperature is more than

10℃ higher than indicated in the table, the error may be due i.a. to :

1) Excessive suction temperature as result of reduced refrigerant supply to evaporator(extensive superheating) owing to insufficient refrigerant charge.
   - Check refrigerant charge

2) Excessive suction temperature as result of reduced refrigerant supply to evaporator(extensive superheating) owing to incorrectly adjusted liquid regulating valves
   - Check thermostatic expansion valves

3) Leaky discharge valves
   - Leaking in discharge valves gives rise to generation of heat. Change defective valves.

4) Open by-pass between high and low-pressure side of compressor, e.g. leaky safety valve
   - Localize by-pass and remedy any leakages.

15. Too low discharge pipe temperature

1) Low suction temperature as result of overflow of liquid refrigerant from evaporator
   - Adjust liquid regulating valve. Increase superheating.

16. Excessive oil temperature

During operation, the heat of the compressor crankcase must be 40-70℃.

When working with R717 and R22, it may be necessary to supply the compressor with oil cooling.

- See point 14.

17. Oil level in crankcase falling

Where HFC/HCFC refrigerants are used, there will be some blending of refrigerant and oil during the initial operating period. It may therefore prove necessary to top up the oil after initial start-up of the plant.

Note : The oil level must always be visible in the oil level sight glass on the compressor.

1) Filter in solenoid valve or jet in oil return line clogged
   - Oil return pipe must be warm during operations. Clean filter.

2) Liquid in suction line and crankcase may cause foaming in oil and thus increase oil consumption
   - Examine evaporator system and check super heating of suction gas.

3) Worn-out piston rings or cylinders
   - Renew piston rings and, if need be, renew pistons and cylinder linings.

4) Solenoid valve in oil return line defective
   - Coil in solenoid valve defective.
   - Replaced coil.
   - Electrical control signal lacking

18. Heavy oil foaming in crankcase

1) Too much refrigerant dissolved in oil.
   - Before starting compressor, heating element must have been on for at least 8 hours in order to boil refrigerant out of oil. During start-up phase, capacity should be connected at a slow rate to prevent sudden drop in pressure on suction side with resultant foaming.
   - Under normal operating conditions, compressor should operate under as stable pressure conditions as possible.

19. Crankcase sweating or frosting up

1) Expansion valve sensor misplaced
   - Check positioning of expansion valve sensor cf. instructions for expansion valve.

2) Liquid regulating valve of float valve producing too much liquid
   - Increase superheating on thermostatic expansion valve.

20. Impossible to bleed plant

1) Solenoid valve leaky
   - Pinpoint and seal leak, or change leaky component.

2) Defective piston rings
   - Check and replace any defective parts.

3) Defective discharge valves
   - Check and replace any defective parts

4) Defective suction valves
   - Check and replace any defective parts.

찾아보기

ㅈ

ㅊ

ㅋ

ㅌ

ㅍ

ㅎ

2판 냉동 및 공기조화(수정판)

2021년 5월 6일 초판 인쇄
2024년 7월 30일 2 판 2쇄 발행

저 자 오정모 • 조대환
발 행 인 송기수
발 행 처 도서출판 GS인터비전
편 집 인 공예서
표지디자인 디자인붐
인 쇄 처 트윈벨미디어
등록번호 제 25100-2016-000050 호
I S B N 979-11-5576-469-5(93530)

주 소 서울 은평구 증산로 15길 69, 2층
전 화 02-976-7898
팩 스 02-6468-7898
홈페이지 gsintervision.kr
E-Mail gsinter7@gmail.com

정 가 32,000원